光明城

LUMINOCITY

看见我们的未来

新陈代谢

日本现代建筑与城市乌托邦

[美] 林中杰　著

KENZO TANGE AND THE METABOLIST MOVEMENT

URBAN UTOPIAS OF MODERN JAPAN

ZHONGJIE LIN

同济大学出版社 · 上海
TONGJI UNIVERSITY PRESS · SHANGHAI

Kenzo Tange and the Metabolist Movement: Urban Utopias of Modern Japan
ISBN 9781032149387

著作权合同登记号 图字：09-2024-0254 号

图书在版编目（CIP）数据

新陈代谢：日本现代建筑与城市乌托邦 /（美）林中杰著 . -- 上海：同济大学出版社，2025. 6. -- ISBN 978-7-5765-1685-2

Ⅰ. TU-093.13

中国国家版本馆 CIP 数据核字第 2025V5T680 号

新陈代谢：日本现代建筑与城市乌托邦

Kenzo Tange and the Metabolist Movement: Urban Utopias of Modern Japan

[美] 林中杰 著

出版人 金英伟
策划 李 争
责任编辑 王胤瑜
平面设计 邱 收
装帧设计 完 颖
责任校对 徐逢乔

版次 2025 年 6 月第 1 版
印次 2025 年 6 月第 1 次印刷
印刷 上海安枫印务有限公司
开本 710mm × 1000mm 1/16
印张 22.5
字数 335 000
书号 ISBN 978-7-5765-1685-2
定价 128.00 元
出版发行 同济大学出版社
地址 上海市四平路 1239 号
邮政编码 200092
网址 http://www.tongjipress.com.cn

英文新版致谢

2022 年，我花了大部分时间撰写并修订了本书的英文新版；但这一年，更值得铭记的是那些逝者。这一年里，尽管全世界都在努力恢复秩序，新冠疫情仍旧肆虐全球大部分地区，威胁着人们的生命并引发社会经济动荡。遗憾的是，许多知名建筑家和学者未能逃过此劫，其中就包括普利兹克建筑奖得主，也是本书前言的作者矶崎新（Arata Isozaki）。矶崎新先生在他长达近四分之三个世纪的职业生涯中，完美有力地将开创性的创造力与深刻的理论及批判加以结合，两方面成就都达到这个高度的，除他之外我想不到第二人，他的离去无疑是世界建筑界的重大损失。

这部拙作的问世离不开日本新陈代谢运动先驱们及其家人的鼎力支持。2004—2008 年间，我有幸访谈了菊竹清训（Kiyonori Kikutake）、槙文彦（Fumihiko Maki）、黑川纪章（Kisho Kurokawa）、矶崎新、丹下宪孝（Paul Tange）和黑川未来夫（Mikio Kurokawa）几位大师，随后与其中若干人保持书信联系。他们慷慨地提供了各自事务所和档案馆的研究材料，带我参观他们的建筑作品并推荐其他档案馆材料，让我十分感激。我还想对几位大师事务所的职员 Yoshiko Amiya、Takako Fujimoto、Misako Mataga、Yasuko Okuyama、Kaori Omura、Yumiko Ichikawa，以及西山卯三纪念图书馆的 Shigeru Matsumoto、大高正人建筑事务所的 Horikoshi 先生、建筑师 Toshio Ozaki 所给予的协助表达感谢。

本书的完成也极大得益于几位杰出日本学者的贡献。八束初（八束はじめ或 Hajime Yatsuka）教授对日本现代建筑史的深刻见解，特别是对第二次世界大战前后的延续性的思考对我启发颇深。2005—2006 年我在东京实地考察期间，承蒙他盛情邀请使用了他的办公空间和图书馆。大卫·斯图尔特（David Stewart）教授对我的研究提出了很多建设性的建议，他精彩的日本现代建筑专著为本书提供了宝贵的参考。我也非常感激早年带我调查日本乡土建筑的丸山欣也（Kinya Maruyama）先生，以及协助我采访和翻译的松下希和（Kiwa Matsushita）教授。

本书源自我2006年在宾夕法尼亚大学完成的博士论文。在宾大，我有幸师从几位世界顶级学者。加里·赫克（Gary Hack）教授细致地指导我的博士论文，并给予我作为一个年轻学者能得到的最大支持。大卫·莱瑟巴罗（David Leatherbarrow）教授堪称严谨治学的最高典范，本书第一版的问世离不开他向劳特利奇（Routledge）出版社的推荐。乔纳森·巴奈特（Jonathan Barnett）教授在城市设计方面的丰富知识和安妮特·菲耶罗（Annette Fierro）教授在欧洲建筑先锋派方面的研究造诣也显著提升了本书的研究水准。

在宾大的长期研究和写作中，我结识了许多兴趣相投、才华横溢的同仁，包括丁力扬、彼得·劳伦斯（Peter Laurence）、胡安·赫尔迪亚（Juan Heredia）、查尔斯·戴维斯（Charles Davis）、亚历山大·艾森施密特（Alexander Eisenschmidt）、白镇（Jin Baek）、宋河烨（Hayub Song）、弗朗斯·特鲁比亚诺（France Trubiano）、格蕾丝·杨（Grace Ong Yan）、杰弗里·奈斯比特（Jeffrey Nesbit）、童明、侯丽、刘磊、冯仕达、卡罗娜·海恩（Carola Hein）、希瑟·伍弗特（Heather Woofter）、关晟（Seng Kuan）和大岛正（Ken Oshima）。大岛教授将矶崎先生为本书撰写的前言译成英文。力扬和他太太韩晓晔翻译出本书前一版的中文译本，该书于2011年由中国建筑工业出版社出版。

我还想向其他给予我工作支持的朋友们表达谢意，特别是在过去18年间我有幸就职的两所大学的同事们，包括弗利兹·斯坦纳（Fritz Steiner）、吉妮·博奇（Genie Birch）、丽莎·瑟尔温（Lisa Servon）、理查德·威勒（Richard Weller）、肯·拉姆（Ken Lum）、大卫·顾文纳（David Gouverneur）、比尔·维特克（Bill Whitaker）和艾里尔·格内特（Ariel Genadt）等宾夕法尼亚大学同仁们，以及北卡罗来纳大学夏洛特分校的肯·兰布拉（Ken Lambla）、彼得·王（Peter Wong）、克里斯·贾瑞特（Chris Jarrett）、大卫·沃特斯（David Walters）、荷西·贾梅兹（Jose Gamez）、格雷格·施耐德（Greg Snyder）和金景姬（Kyoung-Hee Kim）。

有幸与劳特利奇出版社的团队共事，我想感谢资深出版人弗朗切斯卡·福特（Francesca Ford）和编辑助理汉娜·斯塔德（Hannah Studd）的通力合作和对制作质量的高标准。也感谢筑格传媒的栗茜和李雨忻设计的书籍封面，以及孙练为本书第一版中译本出版所提供的支持。

这个出版项目在各个阶段得到了众多学术机构和基金会的慷慨资助，包括日本国际交流基金会（The Japan Foundation）、日本学术振兴会（The Japan Society for the Promotion of Science）、格雷厄姆高级艺术研究基金会（Graham Foundation for Advanced Studies in the Fine Arts）、亚洲文化理事会（Asian Cultural Council）和亚洲研究协会（Association for Asian Studies）。

这部作品的问世更离不开我家人的支持，他们与我共同见证了过去二十年间的变迁。我也想将此作献给慈父林济卿，他于 2022 年辞世，令我心痛不已。社会的“新陈代谢”从不止步，唯有爱与回忆永驻人间。

林中杰

于 2023 年 3 月

中文新版致谢

译书如再创作，此书尤甚。2021年，我在与劳特利奇出版社的弗兰·福特女士讨论新英文版时，便开始构思新中文版，并立即得到她的支持。因此，翻译工作几乎与英文版的出版同步展开。此次翻译为我提供了重新梳理20年研究成果的机会，使我得以更清晰、完整地呈现这一课题。在翻译过程中，我们在忠实原文的基础上重新组织文字，以更贴近中文语境的方式叙述和表达。

这个译本是团队合作的结晶。丁力扬老师和他的同事们，包括韩晓晔、张瑾和叶文婷，在2011年翻译的第一版为这个新版本奠定了坚实基础。作为现代建筑史学家，力扬对东西方建筑文化的互通颇具洞见，为本书提供了大量宝贵意见。我和田可嘉同学共同完成了新版的翻译，可嘉的参与为本书提供了宝贵的新视角，她精益求精的工作为新版贡献良多。博士研究生夏成艳同学对译稿进行了逐章细致校对。同济大学出版社晁艳、王胤瑜和李争三位编辑为本书的出版提供了大力支持，她们从文字到制作提出了诸多专业建议，共同将本书高质量地呈现给读者。

在博士论文完成近20年之后，做这件事无疑让我有许多新感触。20世纪90年代，我在同济大学攻读建筑学并初涉设计实践，当时日本建筑对中国的影响不可谓不深，从设计美学到装配式住宅技术，再到乡土建筑保护与传承，都是我们学习和追赶的目标。在中日交流日益频繁的大背景下，丹下健三、黑川纪章、矶崎新和槙文彦等人成为国内同行最早熟悉的外国建筑师，其中几位也是较早进入中国刚刚开放的设计市场的。然而，从新陈代谢运动入手的研究才真正让我得以从理论视角解读他们的创作背景，即建筑师作为理想主义者和社会变革推动者的角色，以及他们或建成或虚构的作品所折射出的时代变迁。

在我从事博士研究的21世纪初，这些建筑师在世界建筑舞台上仍然十分活跃，最年长的丹下在我博士毕业前一年刚谢世，他们无疑都是“当代建筑师”，所以对他们的理论研究较稀少。这本书迈出了从历史学角度研究这一建筑运动和这一特殊群体的第一步。

从历史角度看，新陈代谢运动的兴起无疑与它所处的日本的“大时代”密不可分。矶崎新在其生前所作的前言中，从亲历者角度强调了这一点。新陈代谢运动所代表的日本二十年的狂飙突进及其结晶而成的思想成果，在其后五十余年间持续地产生影响，这些影响虽有继承，但更多的是批判、反思和再试验。在中国，我们也刚刚经历过一段高速发展的“大时代”。全球化浪潮把建筑和规划行业推到时代前沿，使中国完成了世所罕见的建设量和难以复制的城镇化进程。如今，我们正站在历史的十字路口，需要检视留存下来的成果和思考下一阶段的道路：在同样狂飙突进的年代中成长起来的本土建筑如何适应当下的变局并真正扎根，所引发的社会问题应以什么方式去沉淀和化解，建筑学与城市规划又该如何校准其定位……新陈代谢运动所蕴含的创新精神和对未来的畅想，对于我们今天的城市建设和建筑设计仍具有重要的启示意义。希望这本书在这个时间点焕新出版，能发挥一点借鉴作用。

林中杰

2024年感恩节于费城

前　言

矶崎新

20 世纪中叶，日本建筑界有一群专注于创建未来乌托邦城市的年轻人，他们为了这一共同目标发起运动并参与相关工作，将自己的想法融入具体的实践，并在各种各样的艺术、社会、政治活动中扮演着领袖角色。这些人也由此被称作“先锋”建筑师（the avant-gardes）。关于“先锋”这一说法，学界普遍认为其最早出现于 20 世纪初的现代主义运动（modern art movement）。在现代艺术和建筑学充分发展的 20 世纪，尤其是 20 世纪上半叶，“运动（movement）先行，主义（manifesto）紧跟”是现代艺术运动发展的典型模式，其中最经典的例子便是未来主义（Futurism），以及之后涌现的印象主义（Impressionism）和立体主义（Cubism），还包括最后出现的象征主义（Symbolism）。自 1910 年开始，未来主义、纯粹主义（Purism）、达达主义（Dadaism）、超现实主义（Surrealism）、存在主义（Existentialism）等艺术运动如同小溪一般，起初各自渗透传播，而后逐渐汇聚，最终形成一股汹涌洪流——即所谓的“现代艺术运动”（modern artistic movement）。建筑设计领域也经历了相似的过程，在时间上也完全重叠。因此我们可以看出，这些运动不是彼此独立的，而是以一个整体的姿态集体涌现，从支流到洪流，呈现出某种思潮化甚至学院化（institutionalizing）的趋势，像荷兰风格派（De Stijl）、包豪斯学派（Bauhaus）、俄罗斯构成主义（Russian Constructivism）这些思潮就经历了从自身发展、相互协调直到逐渐融入现代艺术运动的过程。这三个学派最终汇入现代艺术运动的重要表现之一，就是后来的国际现代建筑会议（CIAM）。因此，对于 20 世纪的艺术和建筑运动的描述，学界遵循了多个组群的单一图表体系，使人们能够在同一个先锋思潮运动的历史框架下，将现代艺术和建筑学两个领域的现象一并论述。

日本的新陈代谢派创立于 1960 年，同时也是现代建筑运动中最后一个在学派成立的同时伴有宣言提出的实例，但由于受到 1968 年全球性文化运动风暴的冲击，新陈代谢派先锋运动的历史身份也最终消亡殆尽。尽管在 1968 年之后，所谓“先锋”和“先锋主义”（avant-gardism）这种说法仍然存在，但被提及时，给人的感觉往往更像是一种隐喻或讽刺，这也导致如今“先锋”“前卫”这类术语的含义逐渐庸俗化，失去了由曾经的艺术运动赋予的历史意义。然而，哪怕缺少意识形态的宣言式表述，不再标榜自身的前卫身份，先锋运动依然会被潮流推动，激进思想仍会不断涌现。只不过，由于先锋运动的历史角色实际上在 20 世纪 60 年代就已终结，其最初的形式——通过提出某一宣言来宣扬特定意识形态——也自然不复存在。

今天，重新回头看半个世纪前出现在日本的新陈代谢运动，我们应该更加留意其所依托的两个主要背景因素：一是现代主义建筑运动在全球范围内的迅速发展；二是日本作为一个岛国——一个地处亚洲东端的国家——的特定身份和所处的环境。据此我们有充分的理由认为，新陈代谢运动是有着乌托邦诉求的现代艺术和建筑运动的最后的范例。上述背景也为日本现代建筑界努力与现代主义全球化发展趋势接轨提供了重要的立足点。

在 1960 年前后，建筑界的现代主义建筑大师们普遍到了即将退休的年纪，这也为年轻一代建筑师的登场提供了有利机遇。与此同时，建筑实践领域的状况也随着社会的变革而悄然改变。到了 1968 年，普遍迹象表明，为后现代主义的出现所做的各方面准备和相关基础都已经逐渐确立并清晰起来。尽管如此，笔者依旧认为，在一定程度上，新陈代谢运动无疑应该被定位为 20 世纪的最后一场现代主义建筑运动，而非后现代主义的开始。

在这里笔者希望添加一些补充说明，以期解释致使新陈代谢这个有着技术性乌托邦本质的纯粹形式化运动出现的特殊背景，以及这一运动出现在日本这个东亚国家，而非那些西方世界国家的原因。当时的日本经历了第二次世界大战的打击和战后十余年的军事占领，而彼时的现代建筑运动在西方国家也经历了从初步发展到逐渐滞后的过渡阶段。所以，1930 年以来日本对现代建筑的接受过程，也必然经历了“本土化”（domestication）的转变过程，或许称之为“日本化”（Japanization）更为合适。

如果将目光转到 1930 年的苏联和德国——那个年代先锋现代建筑运动的中心——我们会看到，当时的建筑思潮带有明显的政治批判色彩，说明当时的艺术活动反而处于相对开放的环境之中。由于斯大林主义（Stalinism）和纳粹主义（Nazism）这两种“反现代主义”（counter-modernism）的大行其道，现代主义运动在这两个国家的发展一度停滞。而同一时期的中国、美国和日本——这些一只脚踏在现代主义运动边缘的国家——已经开始接受来自现代主义运动发源中心的影响。当时的中日美已经准备好用自己的方式，迎接现代主义。只不过，由于从一开始他们就试图从现代主义诞生的中心地区移植现代主义的种子，这一过程并不是从其本国内部自发的。事实上，在中日美的现代主义运动演进中起决定作用的，大多是评论家、建筑师和艺术家，并且正是这些人决定了各自国家现代主义运动的具体方向和内容。现代主义在中美日所经历的，是先移植、再接收的过程，而最终得以顺利转化并被吸收进本国现代思想观念中的内容，也就必定具有各自独特的选择性。在这一过程中，评论家、建筑师和艺术家等骨干力量作为推动者和话语权掌控者，起到了举足轻重的作用。因此，有必要对 1930 年前后的以下事件或人物给予足够的关注，即中华民国国民政府中制定文化政策的知识分子们、美国纽约现代艺术博物馆建筑部主任菲利普·约翰逊（Philip Johnson），以及日本东京帝国大学（Tokyo Imperial University）的教授岸田日出刀（Hideto Kishida）。

中国方面：20 世纪初，中华民国国民政府曾经修建了一系列民族性很强的纪念建筑，其中最具代表性的便是南京的中山陵（Dr. Sun Yat-sen's Mausoleum）。这一建筑将中国传统建筑中的屋顶形式和西方装饰艺术风格（Art Deco）元素融合在一起，创造出独特的当代设计风格。同一时期，在宾夕法尼亚大学跟随保罗·克瑞（Paul Cret）学习之后的梁思成回到中国。只不过，梁思成的建筑实践活动主要集中在20世纪50年代的中国建筑设计和城市规划，所以其工作的重要性也大多体现在年代较晚的作品之中。

美国方面：1932年，菲利普·约翰逊在纽约现代艺术博物馆组织了“现代主义建筑：国际展览”（Modern Architecture: International Exhibition），并与亨利－罗素·希区柯克（Henry-Russell Hitchcock）一起出版了《国际式风格》（*The International Style*）一书。虽然该书将欧洲先锋建筑运动当作一个整体来研究，但是菲利普·约翰逊很明显对其中一位建筑师情有独钟，那就是密斯。在包豪斯晚期的后人文主义（post-humanism）思潮的指引下，密斯无疑引领了20世纪30年代美国现代主义建筑的主流趋势。同时，带有美国特色的建筑诠释和相关实践，在意识思潮的层面上也对现代主义建筑进行了修正。美国的现代主义建筑融合了功能主义（functionalism）、工业主义（industrialism）和都会化（metropolization）等多重特征。20世纪50年代，美国在全球范围内逐渐确立了经济、政治双重统治地位，美国的现代主义建筑随之成为现代建筑普世价值观的代名词，现代主义风格也终于成为了国际主义风格。而这一转变的开端，无疑是以20世纪30年代公众和建筑界对密斯的广泛认可作为标志的。

日本方面：1930年前后，日本建筑界的领军人物，也是丹下健三在东京帝国大学的导师岸田日出刀，选择了柯布西耶作为日本建筑走向的灯塔。当时，前川国男（Kunio Maekawa）和坂仓准三（Junzo Sakakura）两位日本建筑师已经在柯布西耶的巴黎工作室工作了一段时间。除他们以外，还有许多日本人在包豪斯学习过，但岸田日出刀从这一代人中选择了前川国男和丹下健三，并对他们的建筑活动倍加支持。相比之下，岸田之所以没有选择坂仓准三，是因为坂仓的工作在很大程度上只不过是移植柯布西耶的形式而已。岸田日出刀的意图是从现代主义的建构角度，重新诠释传统日本建筑，寻找一种能与柯布语言（Corbusian elements）相结合的模式，而丹下无疑对这一目标作出了明确的回应。在第二次世界大战期间，这一极具本土化特色的接收与移植过程便开始影响日本建筑，到了 20 世纪 50 年代，因“民族元素”（national element）和“现代元素”（modern element）融合而产生的争论重新在日本国内出现，反过来影响着日本建筑实践接下来的发展。

中、美、日这些原本处于现代主义建筑辐射边缘的国家，经历了同样有趣的过程。从 20 世纪 30 年代开始，三国在选择性地接受现代主义建筑的同时，努力将其与各自的民族特点进行融合。之后爆发的第二次世界大战造成各国相对隔离，进一步使得这三国的现代主义运动向不同方向发展，相应的建筑实践也分别沿着不同方向发生转变，成就了截然不同的本土化。到了 20 世纪 50 年代，现代性与本土性相融合的趋势变得更加清晰，分别呈现出以下不同的状态：

美国方面：上文已经提到过，在第二次世界大战中获得胜利后，美国逐渐成为一个霸权国家，随之开始试图把其带有功能主义特征的国际主义风格传播到世界各地。直到越南战争爆发，这个趋势才开始有所动摇。

中国方面：中华人民共和国成立后，中国政府开始着手新中国的建设，某种程度上受到斯大林主义艺术手法（Stalinism artistic methods）的影响。所谓斯大林主义艺术，是一种反对早期俄国的前卫形式主义（Formalism）的立场。20 世纪 50 年代中期开始，赫鲁晓夫试图全面否定斯大林主义，不过，在建筑领域，这一努力并没有超越简单的工业大生产和功能主义的套路，但是苏联在上述意识形态层面的争论，还是深深影响了中国同时代的建筑风格。当时的中国政府任命了许多“社会主义现实主义风格”（socialist realist）[1] 的建筑师和艺术家来主导建筑领域的工作，同时拒绝了梁思成为提升和保护中国传统建筑而进行的方法论改良尝试。这个时期的中国建筑正经历着一场全新的变革，即把接受折中主义风格——19 世纪中国一种具有传统特征的本土化建筑风格（参见当时的北京城市规划和“新中国十大建筑”）当作一项政治任务。这无疑将现代主义建筑的中国本土化进程引入了一个死胡同，并最终陷入了对“民族化道路”再评价的往复循环。直到20世纪80年代初的政治经济体制改革开始之后，这一进程才又重新开始。

日本方面：20世纪50年代，日本进入一个经济飞速增长的时期，同时建立了被称为“55年体制”（1955 System）的国家政治格局[2]。当时的日本国内发生了农地改革和第二次世界大战后财团（zaibatsu）纷纷解体的社会事件。紧接着，伴随着朝鲜战争的开始，战争对日本经济保持繁荣的支撑作用也开始显现。尽管新的体制和社会结构还处于重组之中，但是有关文化和意识形态的论战，依旧沿着20世纪30年代现代/传统和现代主义/民族主义的主线继续发展。这场论战正反两方的博弈是以“绳文文化（Jomon esque）= 平民主义（populist）= 民族性（ethnic）”和“弥生文化（Yayoi esque）= 精英主义（elitist）= 国际化（international）”这样的观点为基础的。丹下从1930年起一直处于这场论战的核心位置，他延续了一直以来的相对独立的姿态。丹下健三和致力于研究西方先锋艺术的冈本太郎（Taro Okamoto）[3]一样，倾向于张力性共存局势的辩证主义（dialecticism）态度。事实上，最早创立并促成以上理论对立共存局面的正是丹下健三。他在广岛和平纪念公园（1955）和东京代代木国立综合体育馆（1964）的设计中诠释了自己的主要观点，这两个建筑作品的政治背景也允许他在建筑创作中实践相关理论和态度。因此，不应低估日本政府的现代民族政策在其中的作用：即使当时日本国力较弱，但来自统一国家政权的强有力干预依然存在。这种建筑文化与民族性之间的紧密关系一直持续到1970年的大阪世博会。

总之，1930年前后，在欧洲先锋建筑思潮的指引下，现代主义运动的中心从欧洲转移到了其他一些国家，比如上面提到的中、日、美三国。这些国家根据自身条件，开始对现代主义建筑进行选择性的吸收和移植。这种所谓的现代主义“本土化”的过程大约持续了二十年时间。中国的梁思成、美国的菲利浦·约翰逊（他在美国以评论家和建筑师双重身份发挥影响）和日本的丹下健三作为同一代人推动了这一进程。他们的工作反映在现代主义建筑最终形式的转变上。在他们之后，尽管有许多现代主义建筑师仍然试图继续推进这一过程，但是，整个现代主义建筑的面貌，已经开始逐渐偏离简单的政治和社会现代化的线性演化过程。从 1968 年世界范围的文化革命运动开始，先锋建筑学派不得不接受失败的现实。人们可以看到民族主义和资本主义的关系从和平相处一步步走向对抗对立。在 1970 年前后的日本，两者曾出现过融合的迹象，但自从那之后，资本主义又有超越、取代民族主义的趋势。从全球范围来看，19 世纪的民族主义“形象”（image）是由资本主义主导的“建筑”（architecture）来表达的；到了 20 世纪，大城市成为建筑发展的主要舞台，对都市本身的关注也逐渐超过对单个建筑的关注。简言之，“城市”成了最能体现 20 世纪的人类社会形象的代表。尽管从现代主义运动伊始，人们就预见到了这种发展趋势的必然性，然而，这些问题已经完全超出了国家范畴，成为主导性的意识形态，其背后则是 20 世纪社会问题的综合体现。新陈代谢运动就是在这样的背景下产生的。

丹下健三也早就意识到，现代主义运动所面临的问题实际上远远超出了“城市”（city）和“建筑”（architecture）的范畴。那时，他在东京大学战后组建的都市工学科担任助理教授。而他所讲授的内容，并不是通过立法和城市规划手段使用必要的技术来控制城市，而是有关于城市形态的历史发展，也就是今天被称为“都市主义”或“城市设计”（urbanism/urban design）的课程。丹下研究了由柯布西耶领导的、关注城市议题的 CIAM 相关运动。CIAM 的城市观点不同于官僚政府采取的城市规划的具体方法，如确立法律条例、实行种种规定等，而是一种社会改良的现代主义“规划”思想，因此从广义上讲，（丹下的）现代主义是一次乌托邦运动。从“大东亚建设纪念营造规划”竞赛方案（1942）开始，在丹下整个第二次世界大战期间的建筑创作中，“城市”一直是他探讨的主题。丹下的城市思想最终在他的广岛和平纪念公园项目中得以实现。这个作品在 1952 年以“城市核心”（the Core of the City）为主题的 CIAM 会议上广受赞誉。作为广岛原子弹爆炸废墟复兴的纪念建筑，它提供了一个具体的形式，代表着纯理论层面的现代主义“乌托邦”规划有了切实可行的方法。

综上所述，与19世纪带有民族特征的“建筑”优先策略相比，20世纪的人们更为关注“城市”这一主题。在战后重建过程中，“保守复兴规划”（reactionary restoration plans）成为欧洲城市复兴规划的主流，只有“柏林重建设计竞赛”（Berlin Reconstruction Plan Competition，1955—1958）这类案例明确地表达了“城市复兴不可能只是原本城市的简单复制”。其他城市，如华沙和法兰克福，其市中心重建最终仅仅满足了最基本的居住诉求。即使是在大部分木质建筑被烧毁的日本城市，同样的过程也在上演。用于废墟重建的方法依然是当时被普遍认同并已形成惯例的城市规划手段，而非CIAM基于现代主义原则的乌托邦规划建议。在20世纪50年代，只有极少数城市，如昌迪加尔和巴西利亚，保留了些许乌托邦印记。现代主义的诸多实践方法彼此间也存在各种矛盾，此类城市规划不可避免地沦为失败的案例。

尽管如此，20世纪50年代的日本还是稳步进入了经济持续增长时期，在保守党为了维持社会稳定而颁布“55年体制”之后，人口开始向大城市集中，导致东京这类城市必定要经历城市形态的变革——大都市消解了它原先的边界（例如城墙），开始向周边区域（主要是耕地）延伸。当原有市郊被完全都市化，并且城市没有多余土地再供继续扩张之后，如果继续依赖土地所有权细分策略，过度拥挤的问题就凸显出来。此时，将城市区域延伸到东京湾的策略便应运而生。诸如此类的概念最初是由政府财政部门和负责城市政策的官员提出的。丹下健三起初对此持谨慎态度，他借着被邀请到麻省理工学院当客座教授的机会，组织学生对波士顿港的海上社区规划作了研究，从此开始了他在这个领域的探索。丹下健三首先在20世纪60年代的东京世界设计大会（Tokyo World Design Conference）上介绍了之前研究的模型（也是在这次大会上，新陈代谢派将宣言印制成小册子并分发出去），之后又着手开展了1960年东京规划（Plan for Tokyo 1960）的编制工作。这个项目持续了整整一年时间。1961年新年，丹下在日本放送协会（NHK）的特别节目中正式公布了这个项目。特别值得一提的是，这个项目是通过电视媒体初次公开亮相的。

从字面上理解，“乌托邦”所指的是一个虚构的所在。但如果我们先入为主地认为，乌托邦构想本就注定无法成功，那么 1960 年的东京规划就只不过是另一个停留在纸面上的城市规划空想罢了。

2009 年

注释

1 社会主义现实主义（socialist realism）是出现于 20 世纪 30 年代的文学艺术创作方法之一，即要求艺术家必须从现实的革命发展中真实地、历史具体地描写现实，简单说就是描写反映社会现实。

2 “55 年体制”指的是日本政坛自 1955 年出现的一种体制，即长期维持执政党自由民主党与在野党日本社会党的两党政治格局。一般认为该体制结束于 1993 年。“55 年体制”一词最早见于日本政治学者升味准之辅于 1964 年发表的论文《1955 年の政治体制》（《思想》1964 年 4 月号）。

3 冈本太郎（Taro Okamotok，1911—1996），日本艺术家，以其抽象和前卫的绘画雕塑作品闻名。冈本太郎设计了 1970 年大阪世博会的标志性雕塑——太阳之塔。

目　录

英文新版致谢 i

中文新版致谢 v

前言 vii

第一章　城市演进 001

第二章　新陈代谢 1960 021

第三章　新陈代谢主义乌托邦 081

第四章　东京湾神话 155

第五章　结构与象征 199

第六章　世博 1970 231

第七章　中银胶囊塔 271

第八章　透过历史看未来 295

参考资料 313

图片来源 331

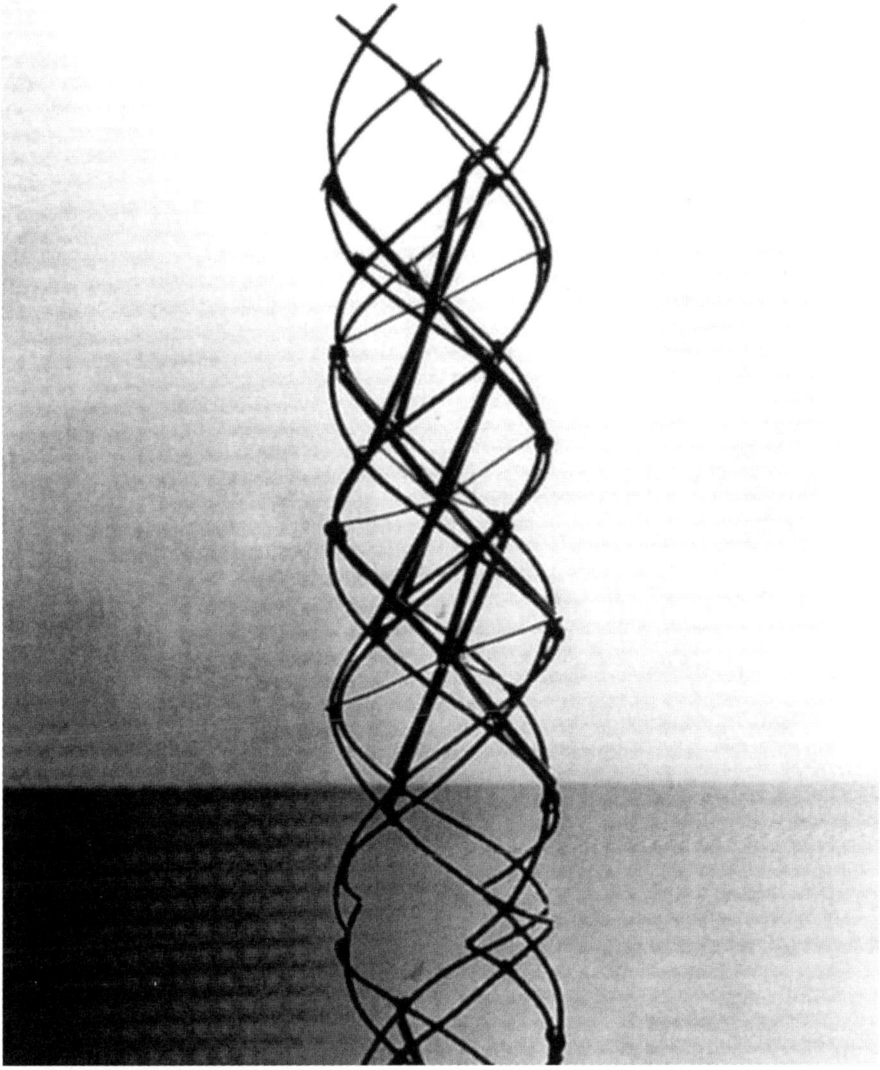

黑川纪章，螺旋都市概念模型，1961 年

第一章
城市演进

一张没有乌托邦的世界地图丝毫不值得一顾，因为它忽略了人类长久以来所向往的应许之地。

——奥斯卡·王尔德，

《社会主义下人的灵魂》

（*The Soul of Man under Socialism*，1891 年）

高瞻远瞩的城市规划，往往也是为了实现社会理想而绘制的乌托邦蓝图。这种关联在经历政治、经济或美学的剧烈转型的社会中表现更为明显。文艺复兴早期的意大利、18 世纪末大革命前的法国，以及 20 世纪初的整个欧洲，都是诞生此类乌托邦计划的绝佳范例。20 世纪 50 年代末至 60 年代的日本社会成为滋养乌托邦城市计划的另一片沃土。日本在第二次世界大战后的一系列乌托邦式探索与 1960 年发起的一场名为“新陈代谢”的先锋建筑运动有关。当时，一群年轻的建筑师和设计师在东京举行的世界设计大会上发表了他们的城市宣言——《新陈代谢 1960：新城市主义提案》（*Metabolism 1960: Proposals for New Urbanism*）[1]，其中呈现的方案将海洋和天空设想为未来的人类居所，并畅想城市将以生物进化和蜕变的方式成长和转型。这种未来主义的基调和技术乐观主义可以说是生逢其时：20 世纪 50—60 年代不仅以科学发现和技术突破而闻名，也见证了日本历史上最显耀的、后来被誉为“日本奇迹”的经济增长。新陈代谢主义者所探索的城市乌托邦，是对这一时期日本蓬勃的城市化和社会转型的回应，在更深层次上，这些城市愿景与日本在二战结束后的政治转变和文化复兴也密切相关。

新陈代谢主义城市乌托邦源于“城市演进”（city as process）的理念。这一独特理念以对现代主义城市设计理论的批判为基础，并由此产生诸如人造土地、城市结构化、海洋文明、代谢周期等一系列激进概念，这些概念都反映了新陈代谢主义者对社会变革的憧憬。鉴于当代城市的快速扩张、变化莫测等特征，他们认为规划不应该去预设城市最终的具体形态，而是要去创造一种“从现在到未来都可以持续遵循”的演变模式[2]。他们将城市视为一个由不同元素组成的有机体：这些元素具有不同的代谢周期，有些能够持久存在，有些则昙花一现。为了满足城市的增长和再生需求，新陈代谢主义者提出了基于预制构件和模数建造的设计，其灵活、可拓展的特性允许根据城市组件的不同生命周期，随时对陈旧部件进行更换，使城市得以永续发展。这样的城市生长和发展理念最终推翻了传统的城市规划理论，并重新定义了几组关键的矛盾关系：秩序（order）与混乱（chaos）、永久（permanence）与短暂（transience）、集体（collective）与个体（individual），以及规划（planning）与自发性（spontaneity）。

《新陈代谢：日本现代建筑与城市乌托邦》开创性地研究了新陈代谢派建筑师在城市设计领域提出的前瞻性概念，深入探讨其设计作品以及它们对日本战后社会的影响。本书通过追溯新陈代谢运动发展的全过程，即从 1960 年东京世界设计大会的发端，历经 1970 年大阪世界博览会上的转型和蛰伏，直至 21 世纪再次引发争论的中银胶囊塔的拆除事件，为这一运动的史学研究提供了新的视角。本书在当前的背景下重新审视新陈代谢运动，并重新评估其对当代世界建筑和城市规划的持续影响，希望这一运动富有前瞻性的城市理念能为今天的从业者们带来新的启发。

新陈代谢派建筑师这一群体不仅包括其最初的一批成员，如菊竹清训（Kiyonori Kikutake，1928—2011）、黑川纪章（Kisho Kurokawa，1934—2007）、槙文彦（Fumihiko Maki，1928—2024）、大高正人（Masato Otaka，1923—2010）、川添登（Noboru Kawazoe，1926—2015），也包括一些与他们志同道合的建筑师和规划师，如声名显赫的丹下健三（Kenzo Tange，1913—2005）和矶崎新（Arata Izosaki，1931—2022）。丹下健三虽然并没有成为新陈代谢派的正式成员，但在这一运动的发展进程中扮演了举足轻重的角色。他指导了该学派的多位年轻建筑师，并通过他的助手浅田孝（Takashi Asada）组建了 1960 年世界设计大会的筹备委员会，将学派成员聚集起来，使他们成为大众关注的焦点，成为这个团体事实上的缔造者。丹下对盛期现代性（high modernity）的前卫视野以及对纪念性的不懈追求，也无疑影响了新陈代谢运动对建筑和城市主义的研究方法。反过来，与新陈代谢派的合作（偶尔也有竞争）也使丹下自己的设计理念得到深入发展。比如，丹下的 1960 年东京规划（也被称为东京湾规划）反映了将新陈代谢城市设计概念融于城市现实问题的综合性思考，把乌托邦城市愿景提升到了前所未

图 1.1
丹下健三，
1960 年东京
规划，模型

有的尺度和规模，并用更精确的建筑和技术语汇对其进行了定义。作为和当时官方的东京都规划针锋相对的方案，丹下的规划旨在从根本上转变这座巨型城市的整体结构，为即将到来的后工业时代作准备。它为乌托邦主义和城市主义之间的复杂关系提供了有力的阐释，这也正是本书所探讨的主题。

乌托邦主义与城市主义

丹下健三和新陈代谢派并非职业城市规划师，也并未掌握落实其规划理念的行政权力。根据历史学家罗伯特·菲什曼（Robert Fishman）的观点，乌托邦城市规划师与职业规划师的关键区别在于他们对社会变革所持的不同态度：前者倾向于对现状提出激进的改革方案；而后者往往把城市规划看作“技术层面的问题”，虽然有时也会提出在规模和空间尺度上颇具雄心的提案，但不会将技术问题与社会变革联系起来[3]。可以说，新陈代谢派作品中的乌托邦特性是显而易见的，它们不仅全面地探索了能够引导未来的新趋势，还将之以颠覆性的形式呈现出来，作为“与既有的精英立场分庭抗礼的表达方式”[4]。这些年轻建筑师认为，建筑和城市设计的变革将为现代社会带来全新的秩序，这种影响力是其他任何途径或形式都无法比拟的。他们对日本大城市在快速城市化进程和经济复兴过程中产生的混乱感到忧虑，同时对日本政府应对这些挑战时的无能感到失望。因此，他们以激进的提案来对抗主流的城市规划，为现代社会提供了另一种发展愿景。

新陈代谢派的城市愿景延续了乌托邦城市规划的悠久传统。在这一传统中，未来城市的环境与社会变革的理想是相辅相成的。自古以来，无论是对幸福生活的憧憬还是对完美社会的定义，都常常与城市的具体形态紧密联系在一起，这正契合了刘易斯·芒福德（Lewis Mumford）所说的“第一个乌托邦就是城市本身”[5]。到了现代，随着人们对社会环境变化的理解不断更新，有意识的乌托邦形态创作也开始增多。托马斯·莫尔（Thomas More）于 1516 年创造了“乌托邦”（utopia）这一术语，它糅合了“美好的地方”（eu-topia）和“不存在的地方”（ou-topia）的双重含义。自那时起，这个词语便承载了双重目的：对理想状态的追求，以及对现实的不满与批判[6]。这两个目的之间的关系一如社会学家卡尔·曼海姆（Karl Mannheim）所阐述的：乌托邦是一种试图超越自身的现实起源的思想状态。他在 1929 年写道：

> “所谓乌托邦，是指某种与它所处的现实环境不协调的思想状态……这种存在于经验、思想和实践中的不协调状态最终导向了对现实中不存在的目标的追求。然而，并非所有与其所处现实条件对立或者超越现实基础的思想状态都属于乌托邦；只有那些超越现实，且在由思想转化为物质现实的过程中会击碎现有秩序的倾向，才能算得上是我们所讨论的乌托邦思想……当我们把‘乌托邦’一词的范畴限定为那些既超越现实又打破与现存秩序纽带的理念时，便可以将其与通常意义的意识形态区分开来。”[7]

曼海姆虽然强调乌托邦的“超越性”（transcendence），但也承认乌托邦和产生它的现实世界之间的关系[8]。显然，乌托邦的产生总会与现实有或多或少的瓜葛。因此也就不难理解，为何乌托邦式的城市构想往往在新旧社会秩序交替的转型时期出现，例如文艺复兴早期以及工业革命时期。文艺复兴早期见证了阿尔伯蒂（Leon Battista Alberti）和菲拉雷特［原名 Antonio di Pietro Averlino，“菲拉雷特”（Filarete）是其笔名］在各自的著作中所阐述的人文主义理想城市概念，以及许多艺术家在各自作品中对乌托邦社会的描绘[9]。工业革命时期日益恶化的城市卫生状况和不断加剧的社会冲突，伴随着急剧发展的科学技术和生产力，构成了罗伯特·欧文（Robert Owen）、夏尔·傅立叶（Charles Fourier）和克劳德·尼古拉斯·勒杜（Claude-Nicolas Ledoux）等思想家提出一系列逃避现实的乌托邦假想的社会背景[10]。同样，新陈代谢派技术乌托邦的出现也非偶然。事实上，二战后日本既混乱又充满活力的城市环境以及伴随着政治动荡的经济发展，正是滋养建筑师们激进的政治理念和城市重构思想的土壤。

在很大程度上，乌托邦意在解决现代社会的普遍性难题，它植根于对现代性的渴望，因此成为不同社会观念之间激辩的反映。理性主义和自由主义这两个对立的意识形态都催生出了一系列的乌托邦概念：理性主义乌托邦往往倾向于建立一种高度集中化、规范化甚至军事化的社会制度；自由主义乌托邦支持者则反对这种观点，更强调分权和地方自组织。这两种类型的乌托邦思想反映了对秩序的呼唤与对自由的渴望之间的矛盾，以及依赖中央集权组织与主张地方自治和个人创造力之间的对立。这种秩序与自由之间的关系不仅在根源上主导了现代乌托邦思想的发展，而且为新陈代谢运动打上了深刻的印记。

理性派乌托邦主义者认为，社会是一个可以进行科学研究和理性建构的对象。芒福德已经给这种理性主义概念赋予了十分恰当的名称：“机器”（machine）。他指出：

> “正是在城市文明的最初阶段，人们不仅看到了作为乌托邦的城市原型形态，也见识到了另一种对公有制社会系统至关重要的乌托邦协同体制，即机器。当前为人熟知的乌托邦式幻想的雏形，最初正是萌芽于那‘通过科学和技术控制整个世界’的陈旧观念。”[11]

机器的概念在20世纪的影响更加显著，两次世界大战之间集权主义政权的崛起是其极端表现，同时，它也以相对温和的形式影响着现代社会的其他许多方面。在美国，弗雷德里克·泰勒（Frederick Taylor）的科学管理理论，最初是为优化工业生产而提出，后来从根本上改变了现代社会的组织观念[12]。亨利·福特（Henry Ford）通过将装配流水线引入自己的T型车生产，将这种机器概念向前推动了一大步。大约在同一时间，挪威裔美籍经济学家托斯丹·凡勃伦（Thorstein Veblen）撰写了一篇论文，批评了国家混乱而贪婪的运作方式，并呼吁由专业的工程师对社会进行理性化重组[13]。他的提议在后来的大萧条时期得到了更多关注，最终被美国总统罗斯福的新政（The New Deal）所采纳。类似的思想还包括影响了19世纪法国的圣西门主义（Saint-Simonianism），这种思想提出，应以各种工业组织为基础来建构一种新秩序，这个新秩序并非由国家机器主导，而是由包括实业家、科学家和艺术家在内的社会精英来运作。这种观念在20世纪初期被所谓的新圣西门主义者们再次提出，这个群体也被称为“技术官僚派”（technocrats）。他们和上述理性派乌托邦主义者们一样，提倡由专业的技术和管理人员组成组织，来理性统筹生产和分配。

很显然，这种技术统治论的观点吸引了那些充满想象力的建筑师，他们一直期望能将物质环境、社会制度与他们的城市理想相结合，从而创造出新的秩序。尽管这些建筑师的政治观点不尽相同，但他们一致认为，基于机器的秩序能够为一个社会带来解放的力量，进而促进人与人之间的平等。这种平等不仅能减轻人们的体力劳动，而且能孕育出大众艺术以及真正的集体社会[14]。对他们来说，城市就是一个系统组织的理性实体，尽管会有个人发挥的空间，但只能在既定社会等级制度的公共管理框架中进行。这种理性的城市观在勒·柯布西耶（Le Corbusier）的城市规划中得以体现，他深受新圣西门主义的影响。他在《当代城市》（*Ville Contemporaine*，1922）一书中描绘的摩天楼城市（city of towers），代表了工业时代的理想城市形态，以高效率、集中化和严谨的几何秩序为特征[15]。摩天楼城市是“一座300万人口的当代城市”，其中心是一组60层高的办公大楼，为管理国家的技术精英提供办公空间。虽然本身是建筑师，但柯布西耶对城市的分配与管理也投以关注，因为他认为这将决定工业文明的发展进程。他设计的规整的城市形态可追溯到文艺复兴时期的理性主义传统，因为柯布西耶坚信几何的规律性是人类思想对偶然性的超越，是理性至上和人类与宇宙最深层力量之联系的象征性表达[16]。

自由主义乌托邦的兴起也源于文艺复兴时期，因此包含了现代社会的平等和民主精神。莫尔的《乌托邦》（*Utopia*）对这类思想有更明确的表达。社会学家克里尚·库马尔（Krishan Kumar）指出：

> “乌托邦的普遍性、平等主义理念，以及对劳动的必要性和尊严的认可，更多反映的是莫尔的基督教思想（Christianity）而不是他的古典主义（Classicism）倾向，它对灵魂之平等的强调超出了对柏拉图式理性的仰慕，这也是区分《乌托邦》和之前所有美好社会愿景的关键。莫尔的乌托邦主义提倡的是民主，而不是阶级分层。”[17]

这种对于平等主义和民主社会理念的追求，在现代城市规划中有了进一步体现，例如20世纪埃比尼泽·霍华德（Ebenezer Howard）的“田园城市”（Garden City）社会实验就部分地实现了这一理想。富有远见的建筑师们也为这一事业作出了贡献：在其“广亩城市”（Broadacre City）模型中，弗兰克·劳埃德·赖特（Frank Lloyd Wright）设想了一个以私人土地所有制为基础的平等的理想社会[18]。他提倡空间高度分散的城市形态，使每个人都能在属于自己的至少一英亩土地上按自己想要的方式生活。在这种广亩化蔓延的城市中，社会中心将从资本集聚之处转移到广布于城市各处的千家万户，四通八达的公路网将分散的社会单元和所有居民联系起来。由此可见，平等和民主是赖特式乌托邦社会的核心价值观。

柯布西耶在他所设想的理想城市中也表达了对平等和民主的关注，但他强调，这些意识形态应服从于整体规划，因此城市形态也有本质不同。与城市扩散模式相反，柯布西耶选择通过汽车、电梯和钢结构等先进的工业技术，将城市空间与功能紧密而有序地联系起来。他的早期城市规划作品，如“当代城市”（1922）和“光辉城市”（*Ville*

Radieuse，1930），以柏拉图主义理念为主导，旨在建立一个在思想和行动上都团结一致的集体社会框架。他的晚期作品，从阿尔及利亚首都阿尔及尔（Algiers）的一系列规划开始，则尝试探索如何在竖向的巨构形态中满足大众的多样化需求。

新陈代谢主义的乌托邦城市同样体现了追求整体规划与社会平等双重目标的特性。这些日本建筑师受到理性思潮和民主思潮两方面的影响，而受柯布西耶宏大规划的启发尤深。与这位大师一样，新陈代谢派认为，人类理性的光辉应该在未来社会中成为主导，而建筑师应担负起城市建构和协调的职责，将城市的核心价值观转化为切实可行的计划。在当时的历史背景下，这种理性主义可被视为对日本战时造成的破坏和战后重建的无序的一种全面纠正。通过对二战期间的独裁政权以及战后美国占领时期的反省，日本进步知识分子的民主和大众意识日益强烈。新陈代谢派的城市设计方案融合了理性和民主思潮，其共同特点是在一个集体社会的城市框架下，保证“每个人可以建造自己的房子”[19]。他们的乌托邦方案反映了利用集中权力实施理性规划与渴望个体身份和独特性之间的矛盾，正如本书将揭示的那样，这一矛盾与战后日本的文化背景紧密相关，是当时日本社会亟待解决的关键问题之一。

新陈代谢运动对于乌托邦思想传统的贡献在于，其前瞻性的城市规划反映了独属于 20 世纪 50—60 年代的激进技术意识，且这种意识本身也蕴含着矛盾性。这一时期的科技进步神速，例如基因学和生命科学的新发展、人类对月球和太空的探索、机器人和计算机的发明，以及通信技术的腾飞，都极大地启发了建筑师和城市规划师，使他们得以用勇于尝试和开拓的积极心态去展望城市未来。在这种科技高速发展并全方位渗透人们生活的背景下，任何既有的城市形态看起来都过于怀旧和保守，以至于在 60 年代出现了许多大胆的技术乌托邦设计概念，例如步行城市（Walking City）、插接城市（Plug-in City）、游牧城市（Nomad City）、计算机城市（Computer City）和无边界城市（Endless City）。新陈代谢派特别热衷于展示技术改变社会运作方式的潜力，并将这一潜力发挥至前所未有的尺度——他们的设计经常涉及大规模的地形改造，以期在提升流动性（mobility）和个人自由的同时，对社会发展进行有效控制。

后 CIAM 的城市主义论述

新陈代谢主义的崛起，无疑成为第二次世界大战后建筑文化转型的分水岭。因此，要深入研究这一乌托邦运动，必须将其置于 20 世纪 50—60 年代国际先锋建筑运动的大背景之下。这些激进思想激发了对城市主义的重新思考，继续演绎现代主义建筑师以重塑物质空间环境来改变世界的梦想。从 20 世纪初起，在技术进步和社会剧变的启发下，诸多先锋派建筑师就对创造一个全新的城市环境展现出热情，这些学派包括意大利未来派（Italian Futurism）、俄国构成主义（Russian Constructivism）及德国表现主义（German Expressionism）等[20]。然而，这些多元、分散而独立的力量直到 1928 年国际现代建筑协会（Congrès Internationaux d'Architecture Moderne，CIAM）成立，才被整合到一个更有动员能力的组织框架中。

在柯布西耶强大的影响力之下，CIAM 从一开始就旗帜鲜明地提出了其宗旨——全面、同步地解决物质环境和社会发展问题，并尤其关注城市主义[21]。在其具有历史意义的第四次大会上，CIAM 以“功能城市”（Functional City）为主题，提出一系列城镇规划原则并形成了一份纲领性文件，它于 1942 年作为《雅典宪章》（*The Athens Charter*）发表[22]。《雅典宪章》提出规划工作应聚焦于城镇布局中功能区域的严格划分，包括居住、工作、娱乐和交通四大功能区域。随着 CIAM 在二战后各国重建进程中的影响日益强大，这种方法逐渐成为城市设计的主导方向。

然而从 20 世纪 50 年代开始，人们对 CIAM 的机械性设计原则的不满与日俱增。建筑师开始把兴趣转向地区性议题和媒介驱动的设计方法，同时反对 CIAM 的官僚机构作风。这种矛盾于 1956 年在克罗地亚的杜布罗夫尼克（Dubrovnik）举办的第十次 CIAM 大会上激化了。这次大会的主题由一群来自“十次小组”（Team 10）的年轻成员提出，号召研究“人类居所问题”（Problems of Human Habitat）。十次小组由英国的艾莉森·史密森（Alison Smithson）和彼得·史密森（Peter Smithson）夫妇以及荷兰的阿尔多·凡·艾克（Aldo van Eyck）领导，他们提倡从人类学和大众文化的自发性中寻求启发，寻求基于“人类组织”（human association）的“经验性模式”（empirical pattern）[23]，以此公开挑战现代主义的城市设计教条。十次小组毫不妥协的立场最终导致 CIAM 于 1959 年在荷兰的奥特洛（Otterlo）正式解散[24]。

本书将 1959 年 CIAM 的解散视为有象征意义的重大事件，它标志着建筑和城市规划由统一模式主导过渡到多种理念与意识形态相互竞争的新时期，为探索新的城市主义理论提供了可能。从那以后，功能主义相继受到结构主义、符号学、社会学等不同领域的各种理论的挑战。特别在 20 世纪 60 年代，这一百家争鸣的局面促使建筑师们不断探索新的建筑原型与城市形态。这一转变不仅推动了行业的科学范式转型，更将设计从原本的约束中解放出来，使其表现出富有创造力的多元化特征。从十次小组的作品中不难看到广泛的个人兴趣和丰富多样的方法，以及一种民主的、追求建筑环境内在秩序的使命感[25]。

丹下健三是被邀请参加奥特洛 CIAM 会议的“40 位 40 岁左右的建筑师”之一[26]。在会上，丹下除了介绍他不久前建成的建筑项目——香川县厅舍和东京都厅舍之外，还向参会者推介了菊竹清训的理想城市规划项目，包括“塔形社区”和“海上都市”，这成为新陈代谢派作品在国际建筑舞台的首次亮相。会议结束之后，丹下前往美国麻省理工学院任教，在那儿他指导学生们设计了一个“波士顿湾 25 000 人社区”（Community for 25 000 on the Boston Bay）。这个项目后被建筑评论家雷纳·班纳姆（Reyner Banham）称为“第一个真正意义上的巨构”（first real megastructure）[27]。丹下自己也认为，这个项目标志着他的城市设计方法由“功能主义”到“结构主义”的决定性转变，同时也是他一年后发表的东京湾规划的预演[28]。

本书将新陈代谢运动置于后 CIAM 时代的建筑和文化浪潮之中，并追溯它在 20 世纪 60 年代的发展历程。这一时期，日本正因经济奇迹而处于蓬勃发展的城市化和社会转型之中，世界建筑界则开始由现代主义（modernism）向后现代主义（post-modernism）转变，各种实验性理念与设计层出不穷，全世界富有远见卓识的著名建筑师和规划师，包括十次小组、路易·康（Louis I. Kahn）、尤纳·弗里德曼（Yona Friedman）、建筑电讯派（Archigram）、情境主义国际（Situationist International）和新陈代谢派等，都致力于寻找新的设计工具以顺应科学技术的爆发式发展、彻底改变过时的城市规划范式。因此在 1976 年出版的《现代建筑》（*Architettura Contemporanea*）一书中，历史学家曼弗雷多·塔夫里（Manfredo Tafuri）和弗兰西斯科·达尔·科（Francesco Dal Co）将 20 世纪 50 年代后期和 60 年代称为“国际乌托邦概念”时代[29]。

然而，与此同时，也有一群城市学者和建筑师对乌托邦式城市构想持否定态度，其中以简·雅各布斯（Jane Jacobs）、克里斯托弗·亚历山大（Christopher Alexander）、阿尔多·罗西（Aldo Rossi）、罗伯特·文丘里（Robert Venturi）和丹妮斯·斯科特·布朗（Denise Scott Brown）等人尤为突出。他们批判这种技术型乌托邦忽视了人的本性、社会的复杂性和城市的象征性[30]。乌托邦学派和反乌托邦学派的争论构成了 20 世纪 60 年代城市主义讨论的主题，而且两个阵营内部也各自存在观念的分歧和矛盾。建筑师和规划师们看待城市问题的不同视角反映出不同社会意识形态和地域性的影响，也反映出人类环境的多面性。这些关于乌托邦城市主义的反复争论为新陈代谢运动的研究提供了背景，反过来，对新陈代谢运动的重新审视也为理解二战后建筑文化的内在复杂性提供了新的视角——正是这种文化孕育出了推动现代社会进步的诸多重要概念。

巨构

在塔夫里和达尔·科出版《现代建筑》一书的同一年，班纳姆也完成了他关于“国际乌托邦概念”现象的研究著作——《巨构：新近逝去的城市未来》（*Megastructure: Urban Future of the Recent Past*，下文简称《巨构》）[31]。这本书总结了 20 世纪 50—60 年代建成的大量理想城市和超大尺度建筑项目，随后“巨构”这一新名词也得到广泛认可，并被应用在其他研究现代建筑和城市的历史著作中，例如乔纳森·巴奈特（Jonathan Barnett）的《难以捉摸的城市：五个世纪的设计、野心和误算》（*The Elusive City: Five Centuries of Design, Ambition, and Miscalculation*）[32]。塔夫里和班纳姆等人的书均将这些城市乌托邦运动描绘为国际建筑先锋派的联盟，展现出成员协同对现代主义运动的修

图 1.2
雷纳 · 班纳姆，
1976 年版《巨构》
的封面图

正，而非各自为政的本土思潮。两本书都将丹下健三和新陈代谢运动视为这一全球性运动的重要组成部分。他们对于巨构的定义尽管过于笼统，但依然指出了新陈代谢派运动和西方相关思潮之间的多重联系。这些联系包括来自西方的、关于后工业时代空间意识形态的影响，对公民社会、流动性和现代城市转型的共同关注，以及使用超大尺度空间框架来应对这种演变与转型的相似策略。

除了以上这些证据以外，还有另一个事实可以证实新陈代谢运动是一个名副其实的巨构主义运动："巨构"这个词实际上是由新陈代谢派建筑师槙文彦创造，后才被班纳姆引用[33]。在槙文彦 1964 年的著作《集合形态研究》(*Investigations in Collective Form*) 中，"巨构"被称为一种城市设计策略，其核心是将城市整体或整片功能区容纳在某个单一结构中。槙文彦虽然将巨构形态的起源追溯至中世纪的意大利山城（Hill Towns），但他坚定认为真正的巨构城市只有在当前技术条件下才能形成[34]。凭借敏锐的感知力，槙文彦提出了一种新的方法论，这种方法论在 20 世纪 50 年代的城市设计实践中才刚刚兴起，但很快就对东西方许多国家的建筑和城市规划产生巨大影响。战后大都市的飞速扩张，不但使超大尺度的城市干预成为可能，更为其赋予了正当性。到 1976 年班纳姆的书出版之时，他已经能够找到数以百计的巨构项目，包括建成的和未实现的，班纳姆将它们统称为“现代主义运动的恐龙”（dinosaurs of the modern movement）[35]。他将巨构描述为两种极端尺度元素的组合：单一的三维巨型结构框架，以及无数的模块单元。这两种元素有着不同的生命周期：巨型结构框架理论上可以永久存在，模块单元则需要定期更新或更换，这种组合可以使整个巨构系统在空间和时间上持续扩展和演化[36]。在《难以捉摸的城市》一书中，巴奈特为“巨构城市”提供了一个更为简洁的定义：作为建筑体的城市（the city as a building）[37]。他指出：“从 20 世纪 50 年代中期开始，在近 20 年的时间里，与城市有关的主要建筑学思考都将城市视为由巨大单体建筑相互连接而成的区域。”[38] 以上三名学者都抓住了巨构的基本特征：它是一个巨大的城市框架，整合了城市的所有设施并容纳无数个体单元，形成一个自足的环境体系。

毫无疑问，大部分新陈代谢派的作品都符合巨构的定义，无论是在实践的罕见尺度，还是在其乌托邦议题方面。这些日本建筑师与他们的欧美同行一样，对于利用当代技术塑造一个整体环境满怀热情。然而，从巨构的角度来审视这些 20 世纪中叶的先锋建筑具有明显的局限性：这种视角强调国际影响，却忽略了不同建筑师在设计理念和社会价值取向上微妙但关键的区别，也遗漏了他们的多样化城市愿景所表达的地区性、本土性关切，而这些恰恰是研究新陈代谢派需要明确的重要问题。

比如，英国的建筑电讯派经常被拿来和新陈代谢派做比较，两者的确有许多相似之处：它们都诞生于技术乐观主义盛行的 60 年代初期，解体于 70 年代环境保护主义和后现代主义文化上升的势头之下；在设计上，它们都崇尚未来主义的理念，以及由巨构和基本单元构成的二元形态，也都十分重视建筑的意象性。然而，两者的建筑和城市主义，受到现实世界不同方面的影响，在社会意识形态层面上体现出不同的主张。尽管建筑电讯派最初受到工业技术的启发，但在发展过程中，其建筑语言逐渐从以“硬件”为中心的形态创造进化为以信息和电子媒介等“软件”塑造的体验，其成员作品往往聚焦于“物质的瞬时性”（material impermanence）概念[39]。尽管呈现形式有显著不同，建筑电讯派实质上仍延续了工艺美术运动和田园城市运动所推崇的英国式建构传统。相对而言，新陈代谢派的灵感来源于生物的生长和演化模式，这种有机增长和物质更替的理念植根于一种对于“‘死亡—腐朽—重生’的轮回的传统认知，是一种典型的日本思维”[40]。更重要的是，建筑电讯派以未来科技形式展现的巨构策略大多缺乏那种彻底颠覆整个社会结构的英雄主义政治理想，而这恰恰是许多新陈代谢派早期作品的特点[41]。因此，无怪乎到了60年代末期，当新陈代谢派逐渐认识到无法解决根本性社会问题，转而接受娱乐性质的科技幻想和消费主义文化后，其风格便愈发接近建筑电讯派的作品。这一改变在1970大阪世博会展出的新陈代谢派作品中得到了显著体现。

通过对比建筑电讯派和新陈代谢派的宣言，也可以看到他们对技术和社会乌托邦主义的不同态度。建筑电讯派在20世纪60年代出版了一系列自印杂志，持续推出“放大”（zoom）、“插接”（plug-in）和“生活舱体”（living pod）等新概念；而新陈代谢派只发表过一部宣言，并在之后不断地用大量的建筑作品和城市构想来诠释他们的概念[42]。另一个值得注意的点是，即使在新陈代谢派内部，“巨构”的概念也一直存在争议。在《集合形态研究》一书中，槙文彦将“巨构”这一城市形态概念化后，随即批判了这种规划方法的僵化以及过于宏大的纪念性尺度。他另创了“群造型”（group form）这一新的概念来对其进行反驳。群造型以一种更微妙的内在秩序来支撑城市的自然发展，而不是将城市视为一个静态的物质结构。槙文彦认为，一个充满活力的城市应该鼓励自发性，并且能包容由此产生的一定程度的无序。这种观点为“城市演进”这一核心概念提供了有别于巨构城市的另一种诠释。

本书概览

本书在重新梳理新陈代谢运动历史的同时，重点深入探讨了丹下健三及新陈代谢派前瞻性的城市设计思想。在第二章“新陈代谢

1960”中，笔者将新陈代谢派的成立和其未来主义宣言放在二战后日本社会变革和文化重振的历史背景中去研究。1960年是日本社会政治动荡、文化辩论、建筑实验交织碰撞的关键时刻，日美安保条约的续约引爆了长久以来日本社会隐而未发的矛盾，在日本国内激起了巨大分歧和大规模抗议续约的运动，并最终导致内阁的更迭。新首相池田勇人为把焦点转移到经济发展，宣布了雄心勃勃的“收入倍增计划”，该计划为未来日本经济腾飞的奇迹打下了基础。与此同时，战后围绕日本传统的持久辩论也导致了对日本文化认同的重新定义，这一文化运动在很大程度上影响了丹下和新陈代谢派的城市设计理念。尤其值得注意的是，他们重新诠释了伊势神宫富有象征意义的定期重建所代表的“因再生而永恒”的精神，并将其作为新陈代谢派城市概念的原型。这种对传统的新解读与来自欧洲的先锋建筑与城市主义理念相融合，形成了新陈代谢派的独特设计风格。总而言之，日本战后二三十年间的城市演变和社会变革为新陈代谢派的建筑革命提供了土壤，使其面向未来社会的激进城市提案兼具文化传承与新技术推广的双重取向。

第三章“新陈代谢主义乌托邦”主要关注乌托邦主义议题及其在新陈代谢派的城市设计中的体现。本章回顾了马克思主义意识形态在第二次世界大战后对日本文化与知识界的影响，以及日本建筑师由此对苏联城市规划产生的特殊兴趣。新陈代谢派成员致力于将马克思主义思想中的土地公有制和城乡一体化理论付诸实践，探索新的社区形态，这些社区设计引发了后工业社会时期关于集体和个人的关系等基本问题的思考。本章的后半部分讨论了一系列由“城市作为有机过程”（city as an organic process）的基本理念衍生出来的城市概念，它们代表新陈代谢派对世界乌托邦城市规划运动的最主要贡献。本章也指出，新陈代谢派建筑师尽管对城市的生长和演变具有共识，但由于对“新陈代谢”一词的理解不同，他们所提出的解决方案和所传达的社会意识形态也不尽相同，由此形成了多种城市设计范式。其中，槙文彦的“群造型”与以丹下健三为代表的“巨构城市”形成鲜明对比；菊竹清训和黑川纪章对技术持积极进取的态度，与矶崎新的“废墟”概念和川添登对传统的新诠释也大不相同。凡此种种，都说明了新陈代谢运动有别于其他乌托邦思潮的特点：它自身就包含了多元的设计理念和社会思想，而绝非仅仅局限于单一的“巨构”概念。

丹下健三的 1960 年东京规划是第四章“东京湾神话”的核心内容。此规划提供了一个绝佳范例，展示了当乌托邦理念与现实碰撞时将产生怎样的问题。本章深入分析了丹下如何将他的乌托邦概念转化为具体形态和布局，同时探讨了这种独树一帜的设计方法为东京这座急速增长的大都市带来的影响。本章从二战结束后东京面临的城市问题切入，首先回顾了 1960 年之前试图改造东京大都市结构的几次失败尝试，接着从三个方面深入分析丹下的方案，即作为“枢纽城市”（pivotal city）基本特征的流动性、作为开放社会象征的“线性轴”（linear axis），以及城市增长中不同代谢周期的关系。最后对这一方案及其引起的理论纷争展开讨论，进一步证实丹下的城市主义实践所承载的乌托邦特性。

第五章“结构与象征”继续审视丹下健三在东京湾规划之后发展起来的城市设计方法论，这源于他的技术统治论观点。基于现代技术可能对社会造成的双刃影响，丹下提出了一套以“结构”和“象征”两个概念为主体的控制论方法，期望以此发挥技术的潜力，并遏制其负面影响。本章将主要分析山梨文化会馆和斯科普里城市重建方案这两个重要项目，对丹下的“结构化”和“象征”城市设计策略进行深入的阐述。

第六章的主题是 1970 年在日本大阪举行的世界博览会，它见证了丹下和新陈代谢派实现其未来城市的愿景的共同努力。这次盛会非常成功地展示了日本快速发展的工业力量以及现代技术所塑造的奇观。但具有讽刺意味的是，1970 年世博会不仅没有证实新陈代谢派的城市蓝图在实践层面具有可行性，反而见证了其理想主义的破灭：在铺天盖地的消费主义文化氛围中，设计所仰仗的技术沦为纯粹的娱乐和广告工具，其所追求的社会目标则无人问津。新陈代谢派在此次世博会所受的挫折及此后的转变，反映了全球范围内乌托邦主义的普遍衰落，1968 年的学生运动正是这种全球性政治气候转变的缩影。

第七章聚焦于黑川纪章在 1972 年设计的标志性建筑——中银胶囊塔及其拆除前后的种种争议，讨论了新陈代谢城市主义在 20 世纪 60

年代先锋运动衰落后的发展及其遗留影响。这座曾代表新陈代谢派都市理想的原型建筑，在全球建筑媒体上获得的热烈评价和广泛曝光，及其在过去数十年中经历的衰落和批判，反映了东京都市文化的戏剧性转变。尽管中银胶囊塔最终被拆除，但笔者认为，它所代表的新陈代谢运动未竟的城市愿景仍然有着独特的思想价值，它是这一运动留给我们理解过去、展望未来的宝贵遗产。

注释

1 菊竹清训，川添登，大高正人，等. METABOLISM 1960：都市への提案 [新陈代谢 1960：新城市主义提案]（東京：美術出版社，1960）：84.

2 Noboru Kawazoe. "The City of the Future," *Zodiac* 9（1961）: 100.

3 Robert Fishman, *Urban Utopias in the Twentieth Century: Ebenezer Howard, Frank Lloyd Wright, and Le Corbusier*（Cambridge: MIT Press, 1982）: 15.

4 Krishan Kumar. *Utopianism*（Minneapolis: University of Minnesota Press, 1991）: 92.

5 Lewis Munford. "Utopia, the City and the Machine," *Utopias and Utopian Thought*, Frank E. Manuel ed.（London: Souvenir Press, 1973）: 13.

6 Thomas More. *Utopia*, Clarence H. Miller trans.（New Haven: Yale University Press, 2001）. 托马斯・莫尔（1478—1535）是英国政治家、作家与空想社会主义者，他在 1516 年用拉丁文写成的《乌托邦》一书对之后社会主义思想的发展有很大影响。

7 Karl Mannheim. *Ideology and Utopia: An Introduction to the Sociology of Knowledge* . Louis Worth and Edward Shils trans. (New York: Harcourt, Brace; London: Routledge & Kegan Paul, 1954): 173.

8 事实上，曼海姆的乌托邦概念因其过于强调"可实现性"而被批判。参见：Krishan Kumar. *Utopianism*: 92.

9 Leone Battista Alberti. *De re aedificatoria*（1450）; Filarete. *Trattato di architettura*（1461–64）.

10 欧文的"联合协作村庄"（Village of Unity and Mutual Co-operation）、傅立叶关于"空想共产村庄"的设想及勒杜的绍村设计理念虽然是基于不同的假定提出的，但都得出了相同的解决工业社会困境的方法，即乡镇与城市紧密结合。参见：Robert Fishman. "Utopia in Three Dimensions: The Ideal City and the Origins of Modern Design," *Utopias*, Peter Alexander and Roger Gill eds.（London: Duckworth, 1986）: 95-108.

11 Lewis Munford. "Utopia: The City and the Machine," *Daedalus: Journal of the American Academy of Arts and Sciences*（Spring 1965, Special Issue: Utopia）: 279.

12 参见：Frederick Taylor. T*he Principles of Scientific Managemen*t（New York: Harper & Brothers, 1911）. 泰勒的理念也影响着 20 世纪初社会主义社会的发展，列宁将泰勒主义引入苏维埃工厂的建设中。参见：J. G. Scoville. "The Taylorization of Vladimir Ilich Lenin," *Industrial Relations: A Journal of Economy and Society* vol. 40, no. 4（2001）: 620-626.

13 Thorstein Veblen. *The Engineers and the Price System*（New York: Viking Press, 1921）.

14 Ruth Eaton. *Ideal Cities: Utopianism and the (Un)built Environment*（London: Thames & Hudson, 2001）: 157.

15 Le Corbusier. *The City of To-morrow and Its Planning*, Frederick Etchells trans.（New York: Dover, 1987）.

16 同上，163-178 页。

17 Kumar: 50.

18 赖特出版了一系列著作来阐明他的“广亩城市”理念，包括：*The New Frontier: Broadacre City*（Spring Green: Taliesin Fellowship, 1940）；*When Democracy Builds*（Chicago: University of Chicago Press, 1945）；*The Living City*（New York: Horizon Press, 1958）. 关于赖特的乌托邦城市理念，参见：David G. De Long ed. *Frank Lloyd Wright and the Living City*（Weil am Rhein: Vitra Design Museum, 1998）；Robert Fishman, *Urban Utopias in the Twentieth Century: Ebenezer Howard, Frank Lloyd Wright, and Le Corbusier*（Cambridge: MIT Press, 1982）.

19 Peter Smithson. “Reflections on Kenzo Tange's Tokyo Bay Plan,” *Architectural Design* vol. 34, no. 10（1964）: 479-480.

20 尽管并非所有表现主义建筑师都可以称作乌托邦主义者，但是布鲁诺·陶特（Bruno Taut）的乌托邦主义者身份是毋庸置疑的，他对现代社会的理想在他的假想设计“阿尔卑斯建筑”（Alpine Architecture）中十分明显，参见：Matthias Schirren ed. *Bruno Taut: Alpine Architektur, eine Utopie*（Munich: Prestel, 2004）.

21 有关于 CIAM 的城市主义论述，参见：Eric Mumford. *The CIAM Discourse on Urbanism: 1928–1960*（Cambridge: MIT Press, 2000）. 雷纳·班纳姆为《现代建筑百科全书》编写的条目也概括性介绍了 CIAM 的现代主义原则，参见：Reyner Banham. *Encyclopedia of Modern Architecture*, Gerd Hatje ed.（London: Thames and Hudson, 1963）: 70-73.

22 在很大程度上，《雅典宪章》可以被视为柯布西耶为大会所撰写的提案的修改版本，见：Le Corbusier. *The Athens Charter*, Anthony Eardley trans.（New York: Grossman Publisher, 1973）.

23 关于十次小组的都市主义主张，参见：Alison Smithson ed. *Team 10 Primer*（Cambridge: MIT Press, 1968）.

24 在奥特洛大会的最后阶段，与会者同意不再使用 CIAM 这个名字，这样奥特洛会议成为了 CIAM 最后一次会议。参见：Oscar Newman. *New Frontiers in Architecture: CIAM'59 in Otterlo*（New York: Universe Books, 1961）.

25 对于后 CIAM 时代建筑文化重大转变的一般性讨论，在以下文献中均可找到：Joan Ockman. *Architecture Culture, 1943–1968: A Documentary Anthology*（New York: Rizzoli, 1993）；Philip Drew. *Third Generation: The Changing Meaning of Architecture*（New York: Praeger Publishers, 1972）；Sarah W. Goldhagen and Réjean Legault eds. *Anxious Modernisms: Experimentation in Postwar Architectural Culture*（Cambridge: MIT Press, 2000）.

26 当认识到自己将让位于新一代的必然性时，柯布西耶在 1956 年的 CIAM 第十次会议上发表了一封公开信，信上说：“现在这个时代属于那些出生于 1916 年前后、历经战争与革命、40 岁左右的一代人，以及那些出生于 1930 年前后，在经济、社会、政治的重重危机中迎来另一场世界战争、现在大概 25 岁的另一代人。他们会发现自己是现在这个时代的核心，也只有他们可以深刻感受到当今的真实问题，找到应该追寻的目标和达成目标的方式，以及体会到现在可怜又紧迫的实际情况。这些问题他们更了解，而他们的前辈们已经过时了，再也不能对现在的情况产生任何直接影响。”参见：Oscar Newman: 16.

27 Reyner Banham. *Megastructure: Urban Futures of the Recent Past*（New Tork: Harper & Row, 1976）: 47.

28 Kenzo Tange. “From Architecture to Urban Design,” *Japan Architect*（May 1967）: 23-27.

29 Manfredo Tafuri and Francesco Dal Co. *Modern Architecture,* Robert Erich Wolf trans.（New York: H. N. Abrams, 1979）: 357-363.

30 20 世纪 60 年代城市理论家的突破性著作包括：Jane Jacobs. *The Death and Life of Great American Cities*（New York: Random House, 1961）；Christopher Alexander. “A City Is not a Tree,” *Architectural Forum* vol. 122, no. 1（1965）: 58-62/vol. 122, no. 2（1965）: 58-61; Aldo Rossi. *L'architecture della citta*（Padova: Marsilio, 1966）.

31 Banham. *Megastructure: Urban Futures of the Recent Past.*

32 Jonathan Barnett. *The Elusive City: Five Centuries of Design, Ambition and Miscalculation*（New York: Harper & Row, 1986）.

33 Fumihiko Maki. *Investigations in Collective Form*（St. Louis: Washington University, 1964）.

34 同上，第 8 页。此外，班纳姆也引用佛罗伦萨（Florence）的维琪奥桥（Ponte Vecchio）和老伦敦桥（London Bridge）作为巨构建筑的早期例证，因为它们是具有基础设施功能的综合性建筑。参见：Banham: 14-15.

35 Banham. *Megastructure: Urban Futures of the Recent Past*: 7.

36 Banham. *Megastructure: Urban Futures of the Recent Past*: 8.

37 Barnett: 157.

38 同上。

39 了解建筑电讯派的建筑和城市理念，可参见：Hadas A. Steiner. *Beyond Archigram: The Structure of Circulation*（New York: Routledge, 2009）.

40 Jennifer Taylor. *The Architecture of Fumihiko Maki: Space, City, Order and Making*（Basel: Birkhäuser, 2003）: 42.

41 建筑电讯派对意识形态的兴趣淡薄，这一点在西蒙·萨德勒（Simon Sadler）的著作 *Archigram: Architecture without Architecture*（Cambridge: MIT Press, 2005）中有所体现。作者说：“建筑电讯派认为无须向任何政治上的坚定左派作出承诺，因为它追求的主要目标是创造出全新的生活。同时，对未来的热情使它变得极具先锋性，对马克思主义的放弃似乎又表明它是保守的，成为了‘新先锋派’的典型例子，而这个‘新’的前缀，也正从意识形态和世俗方面体现了他们与‘历史’先锋派的距离。”参见：Sadler: 6.

42 1961—1970 年间，建筑电讯派在伦敦连续出版了 9 期相关刊物。

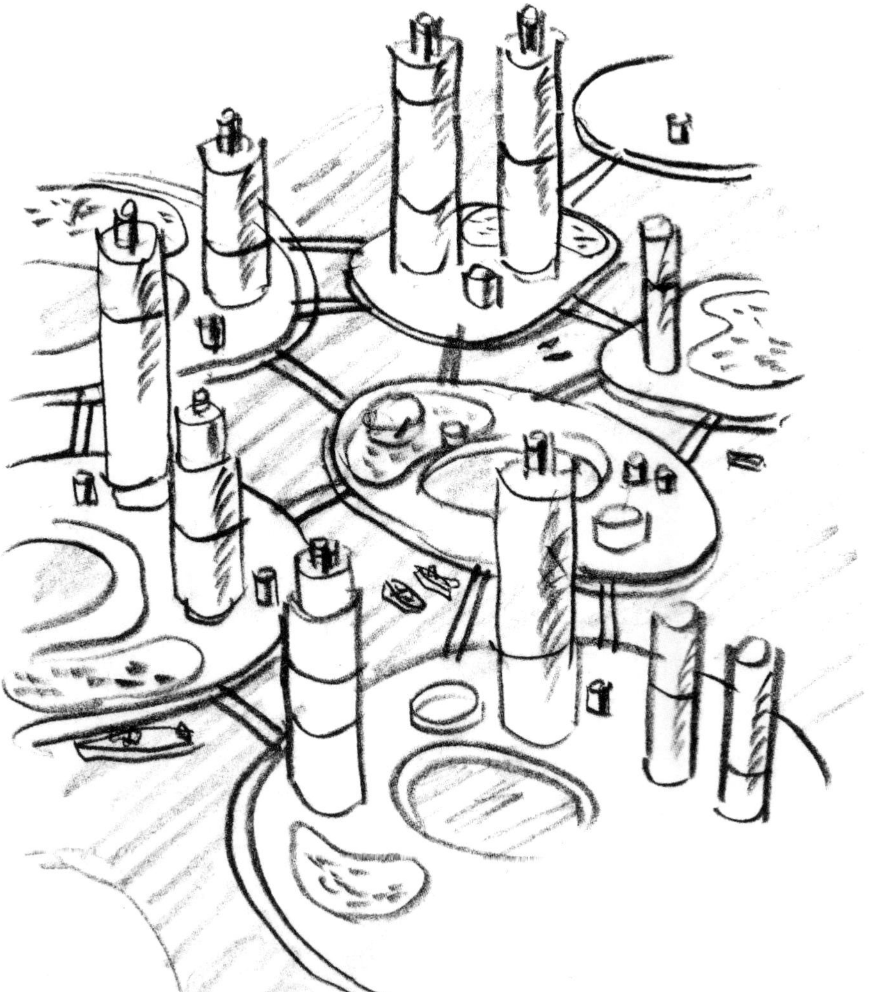

菊竹清训，海上都市草图，1959 年

第二章
新陈代谢 1960

1960年5月，路易·康踏上他唯一一次日本之旅，受邀到东京参加世界设计大会。他在大会上做了题为“形态与设计”（Form and Design）的著名演讲[1]，还参观了早稻田大学，并在那儿发表了题为“城市规划与建筑未来”（City Planning and the Future of Architecture）的报告，阐述了他的城市设计观点。通过会议内外的活动，他结识了很多日本建筑师和设计师。康在日本的短暂逗留，使得他的建筑和城市规划思想更为日本建筑界所了解，也使他赢得“对战后日本最有影响力的西方建筑师”的美誉[2]。康在日本访问期间最重要的事件之一，就是他与一群自称为新陈代谢派（Metabolists）的年轻日本建筑师的交流。这个组织在这次世界设计大会上宣布成立，并在之后几年内引领日本建筑走上一条全新的道路。

由于日本政府在第二次世界大战后对国民国际旅行实行限制，直到1969年，出国仍然是极少数日本人的特权，所以外国建筑师访日往往被日本建筑师和设计师视为了解现代西方建筑最新发展的重要机会。在此次世界设计大会之前，沃尔特·格罗皮乌斯（Walter Gropius）在1953年来过日本，帮助解决战后的住房危机；柯布西耶于1955年访问东京，开始进行国立西洋美术馆的设计；1956年，康拉德·瓦克斯曼（Konrad Wachsmann）在东京工业大学举办了系列研讨会。东京世界设计大会于1960年5月11—16日在东京举行，为日本建筑师和设计师提供了更多与欧美同行交流的机会，被认为是日本当年规模最大的一次文化交流盛会[3]。此时的日本不但急于展示其战后重建的成就并积极寻求重返国际社会，其国民经济也已转向以出口为导向，政府十分重视借设计之力提升日本产品的竞争力，因此这次大会在日本战后史上也占有重要地位。代表27个国家的大约250名建筑师和设计师参加了此次会议，参会者中明星建筑师云集，包括保罗·鲁道夫（Paul Rudolph）、山崎实（Minoru Yamasaki）、彼得·史密森、雅各布·巴克马（Jacob Bakema）、拉尔夫·厄斯金（Ralph Erskine）、让·普鲁韦（Jean Prouve）、B. V. 多西（B.V. Doshi）、拉斐尔·索里亚诺（Raphael Soriano）和路易·康。日本代表团派出三位重要建筑师——柯布西耶的两个优秀门生前川国男和坂仓准三，以及丹下健三——在大会上做主题演讲[4]。除此之外，参会者中还有一批享有盛誉的日本实业家和高阶政府官员。正是在这个场合，新陈代谢派代表日本年轻一代的建筑师走上了与西方大师对话的舞台。

5 月 13 日，在早稻田大学结束演讲后，康受邀来到新陈代谢派其中一位成员——菊竹清训的家中做客。菊竹的住宅又叫“天空之家”（Sky House），由他本人设计，在当时是一座赫赫有名的建筑。建筑物基本上是一个立方体盒子，四面各有一片混凝土板充当柱子，将其从山坡上托起，架在空中。屋顶呈平缓的抛物面壳状，下方是一个完整的正方形空间，除了可移动的存储柜外，没有其他的分隔；厨房和卫生间则被设在空间外缘。这样的设计提供了空间的灵活性，也意味着未来扩建和更新的可能。按照设想，孩子的房间可以加建在现浇混凝土主楼板下面，室内的模块化单元构件也能定期更新补充，这两点后来都实现了。利用这个设计，菊竹清训开始探索建筑如何以一种有机的方式来呼应万物荣衰更替的规律。

康与日本建筑师以及部分大会的赞助人在天空之家彻夜长谈[5]。帮他们做翻译的是另一位新陈代谢派建筑师——槙文彦，他当时以助理教授身份任教于圣路易斯华盛顿大学（Washington University in St. Louis）。康进一步阐述了他在大会上的演讲主题，解释了“形态”和“设计”的区别。他说，形态，并非指向特定的造型和尺寸，而是代

图 2.1
菊竹清训，天空之家，1958 年

表了“秩序感”和“系统的和谐”；相对应地，设计则是从形态演化而来的一个特定行为[6]。他用汤匙为例子来说明这种区别：汤匙的设计因材料、模具和大小的不同而变化，而汤匙之所以是汤匙，是因其形态是由“一个杯状容器和一支臂”（a cup-like container and an arm）组成的，这是各种不同设计的共同基础[7]。康呼吁年轻建筑师重新思考形态的意义，并基于这个原则来设计任何项目——小到一把勺子，大到整个城市。他用自己的项目——宾夕法尼亚大学理查兹医学研究实验楼（Richards Medical Research Laboratories）和费城规划——来解释如何利用空间和运动的重组形成独特的设计方案。虽然康的表达方式很隐晦，但听众似乎对他的一些想法还是能心领神会。新陈代谢派的建筑师、设计师以及批评家也相信设计具有通用的语言，它适用于船舶、建筑或者整个城市，因此康关于“形态与设计”的概念与他们的想法不谋而合。此外，康在费城规划项目中采用的巨构规划方法，以及他在理查兹医学研究实验楼中对“被服务空间”（served space）和“服务空间”（servant space）的明确区分也启发了新陈代谢主义者。在随后十年里，这些年轻建筑师陆续展示了一系列巨构城市设计，从这一概念衍生出不同的建筑理论。

图 2.2
路易·康，理查兹医学研究实验楼，费城，1960 年

新陈代谢派的创立

新陈代谢派是在 1960 年东京世界设计大会的筹备过程中诞生的。大会的举办方是国际设计联盟（International Design Community，IDC），该联盟的三个日本机构成员——日本建筑师学会（Japan Institute of Architects，JIA）、日本广告艺术协会（Japan Association of Advertising Arts，JAAA）和日本工业设计协会（Japan Industrial Design Association，JDA）——负责会议组织工作[8]。然而在筹办初期，工业设计协会就退出了本次会议，而广告艺术协会组织规模相对较小，这样一来，日本建筑师学会就承担了 1960 年会议的主办工作[9]。1958 年，建筑师学会在坂仓、前川和丹下的领导下成立了世界设计大会筹备委员会，与东京的政界和财界关系密切的坂仓被任命为委员会主席。凭借设计广岛和平纪念公园而获得的国际声誉，丹下被推选为负责会议议程的主委。然而当时丹下已接受了美国麻省理工学院的邀请，担任该校 1959—1960 学年度的客座教授，所以他推荐东京大学的同事浅田孝代替他负责筹备工作，浅田被任命为筹备委员会秘书长[10]。

作为丹下在东京大学的建筑实验室的主要助手，浅田是东京年轻建筑师中的活跃分子[11]。他首先邀请了他的两位建筑师朋友川添登和黑川纪章加入该小组[12]。川添登是建筑评论家和日本建筑杂志《新建筑》(*Shinkenchiku*) 的编辑，他因为写了批评知名建筑师村野藤吾的文章而被迫辞职。村野藤吾因擅长折中主义建筑设计风格和在大型建筑物中采用表现主义的面材和肌理而闻名，但川添登在建筑风格上更赞同丹下的柯布西耶式现代主义，并为丹下的作品写过几篇文章[13]。而黑川纪章当时还是丹下在东京大学的研究生，刚刚作为日方代表前往苏联参加了建筑专业国际学生会议。

川添登和黑川纪章接着走访了东京若干建筑师事务所、设计工作室和大学，挑选出大高正人、菊竹清训、荣久庵宪司和粟津洁等青年建筑师和设计师，邀请他们参与世界设计大会的筹备工作。大高正人和菊竹清训是年轻一辈日本建筑师中冉冉升起的新星：前者是前川国男事务所的首席设计师，刚刚完成了晴海公寓大楼——一个位于东京湾填海区的大型住宅项目[14]；后者除了天空之家，还以其设计的一系列理想城市模型而出名，包括“塔状都市”和“海上都市”，这两个项目于 1959 年发表在日本建筑杂志《国际建筑》（*Kokusai Kenchiku*）上[15]。荣久庵宪司和粟津洁代表了工业设计师和平面设计师这两个构成国际设计联盟的专业团体。这 6 名年轻人在浅田的领导下着手制定世界设计大会的议程。

1960 年初，会议组委会已基本完成了官方筹备工作，但另一个问题出现了——日本工业设计协会的退出给东道主国的代表团留下了一个空缺 。浅田想到创建一个小组在大会上亮相以填补这个空缺，于是他劝说川添登来筹划这件事。在浅田看来，这个小组应该代表“年轻一代的草根运动”[16]。川添和浅田想法一致，希望引导年轻建筑师思考，推动日本建筑师与他们的国际同行更好地沟通。菊竹提议在大会上展示一系列未来都市设计，如他的“塔状都市”和“海上都市”。虽然这一想法得到了普遍支持，但川添认为仅仅有一些理想城市项目还不够，

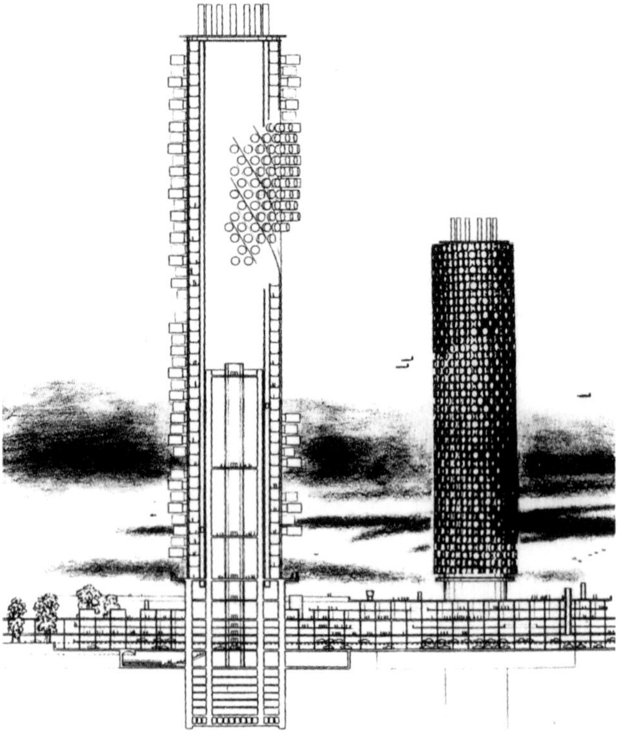

图 2.3
菊竹清训，塔状都市，1958 年

应该通过这些项目传达“产生于日本而适用于整个世界”的信息[17]。

会议筹备期间，浅田孝住在东京浅草的一家名为柳月的日式旅馆。年轻建筑师经常聚集在那里讨论工作，久而久之这家旅馆变成了进步学者、建筑师和艺术家的聚会场所。热衷于现代科学且关注人类文明未来的浅田孝经常邀请建筑领域以外的人在集会上发言，话题涉及人类历史、技术和哲学等广泛内容。原子物理学家武谷三男就是经常出入于这间旅馆的一位学者。他是马克思主义者，同时是左派知识分子团体“理研”协会的创始人。作为一个进步的科学研究团体，理研吸引了一批受马克思主义影响并推崇科学辩证法方法论的科学家。在柳月的建筑师和艺术家集会上，武谷三男除了介绍最新的科学发现，也不时推广辩证法，两者都对新陈代谢派成员的设计理念产生了影响。

菊竹清训对武谷提出的三阶段论科学研究方法记忆深刻，这个理论出自后者的《有关辩证法的问题》一书，将事物分解为“本质”到

图 2.4
菊竹清训，海上都市，1958 年

“实体”再到“现象”的过程。这个理论启发了菊竹本人的设计三段论，菊竹称之为“神”“型”和“形”，日文发音为“ka”“kata”和“takachi”，分别代表“秩序”（通用的系统）、“类型”（抽象的形象）和“形式”（具体的建造方案）。这个三段式概念概括了从宏观愿景到建筑形式的演进过程。菊竹也承认康对于形态与设计的区分影响了他的三段式概念，他试图通过这个理论，将康的诗意比喻转化成系统而可操作的设计过程[18]。

浅田孝本人在新陈代谢派创建过程中是不可缺少的人物。川添登后来回忆他在该运动中的作用时说：“我们在旅馆的聚会和讨论往往成了他的独角戏。他有令人难以置信的直觉和洞察力，可以从日常现象谈到全球环境，他的天赋和口才非常吸引我们。他的很多预言在40年之后仍然是准确的。”[19]世界设计大会结束之后，新陈代谢派成员仍然把浅田尊称为小组的“荣誉主席”。他和川添登共同奠定了新陈代谢理论，并推动那些理念在全球传播开来。可以毫不夸张地说，浅田是新陈代谢派的实际创始人，他的理论和超凡的动员能力改变了日本现代建筑的进程，他的名字却没有在史册上占据应有的地位[20]。

1960年初，当柳月旅馆的日常聚会正越来越兴旺时，槙文彦从美国回来并加入了设计大会的筹备小组，同时也投入新宿车站地区重建项目的设计。他本科毕业于东京大学并师从丹下健三，接着留学美国，先后在密歇根州的匡溪艺术学院（Cranbrook Academy of Art）和哈佛大学设计研究生院（Harvard University Graduate School of Design）接受建筑教育，并从1956年起任教于圣路易斯华盛顿大学。回到东京后，槙文彦被介绍加入了新陈代谢派，他的参与给新陈代谢派带来了宝贵的国际视野。

在一次会议上，川添登、菊竹清训和黑川纪章提议使用生物学术语来描述他们的关键设计概念并命名这个组织。当菊竹在介绍他的“海上都市”项目时，川添建议使用“新陈代谢”这个词。川添后来回顾说，他选择这个名字是因为新陈代谢是生物体和外部世界交换物质和能量的有机功能，是生命的基本特征[21]；除了普遍的生物学意义，日文中“新陳代謝”四字还代表了吐故纳新的含义，因此与建筑师们的理念更加吻合，即城市具有持续生长及自我更新的能力；他们认为城市具备这种能力的意义不亚于自然界中新陈代谢对于生物体的意义[22]。虽然大家一致认可，“新陈代谢”一词不论从技术上还是字面上都代表对城市新的态度，但在确定他们的建筑宣言的标题时，建筑师们选择使用英文“Metabolism”而非日文“新陳代謝”，以此强调该概念的普世性。采用新陈代谢这个词的灵感显然来自那时生物科学的新发现。20 世纪 50 年代见证了生命科学的重大突破，因而有“基因分子生物学的十年”之说。1953 年，剑桥大学的詹姆斯・沃森（James D. Watson）和弗朗西斯・克里克（Francis Crick）发现了脱氧核糖核酸（DNA）的双螺旋结构，奠定了现代分子生物学的基础，随后有了基因学的一系列突破，包括不同类型蛋白质的成功复制。这些发现加深了人们对生命科学的理解，也推动了世界观的转变。受到当时乐观的学术氛围的影响，这些年轻的建筑师和规划师使用一个生物术语来诠释对城市和人类社会的愿景是毫不奇怪的。他们不仅相信新陈代谢主义能够最贴切地描述城市的发展和转变，而且坚信现代技术和设计的应用将促进社会变革，正如新陈代谢的日文所寓意的那样：吐故纳新。这在一定程度上证实他们的建筑哲学受到了马克思主义发展观的影响，同时也暴露出他们的城市愿景中的技术理想主义的天真之处。

虽然名字有了，但小组内部并没有就如何定义“新陈代谢”这个城市主义概念达成共识。在这次运动中开启建筑师职业生涯的黑川纪

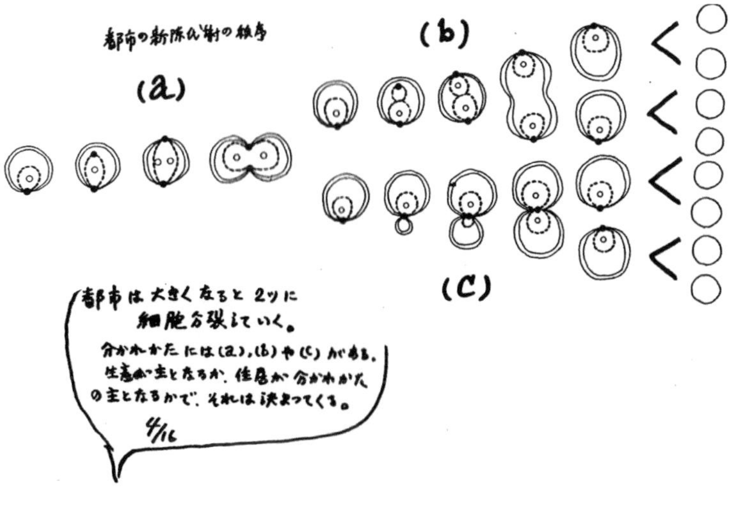

图 2.5
菊竹清训有关新陈代谢主义的概念，新陈代谢宣言中收录的草图，1960 年

章回忆道：“最初并没有关于新陈代谢主义明确的理论阐述，每个成员都带着对‘新陈代谢主义究竟是什么’这一问题的不同观点加入了这个组织。”[23] 这些建筑师受城市和生命体之间微妙联系的启发，通过不同的设计语汇来诠释其内涵，集中体现在新陈代谢派在世界设计大会发表的宣言《新陈代谢 1960：新城市主义提案》（下文简称《新陈代谢 1960》）中[24]。该宣言开宗明义地宣称：

> “‘新陈代谢’是本小组的名称，我们每个成员将通过各自的具体设计提案和图绘，展示我们对未来世界的愿景。我们认为人类社会是一个不断变化的过程，如同从原子演化到星云。之所以使用‘新陈代谢’这个生物学术语，是因为我们相信设计和技术应该是人类社会的外延。我们并非单纯地将新陈代谢作为一个被动的自然历史过程来提出，而是希望通过我们的提案来积极促进社会的新陈代谢。”[25]

这段声明不但阐明了小组的基本理念，即城市是一个有机过程而不是一个静态实体，也表达了建筑师们用革新的方法推进城市设计的决心，宣言里的个人文章进一步阐述了这些观点。出人意料的是，“新陈代谢”这个词只出现在川添登自己的文章中。这可能是由于宣言小册子的准备时间有限，来不及协调各个作者的文章，使它们更统一。但是，这种“遗漏”可能也证实了川添所说的，在“新陈代谢”的主题下，每个成员都在表达各自的理解。川添在他自己的文章里也表示：“随着时间的推进，会有更多的人加入新陈代谢派，也会有人离开，这意味着‘新陈代谢’也在这个组织内部进行着。”[26] 事实上，小组成立之初就在设计理念上出现了两个派系：菊竹清训、黑川纪章和川添登着迷于城市与生物学有机体之间的可比性，大高正人和槙文彦则坚持研究“群造型”这个概念。槙曾在某些场合批评菊竹清训的“海洋城市”系列规划，在世界设计大会后他很少再参加新陈代谢派的聚会，并逐渐远离了这个组织。但无论如何，槙文彦的城市设计理论和基于群造型的设计实践是新陈代谢运动的一个重要财富。

毫无疑问的是，在世界设计大会之前默默无闻的新陈代谢派成为了这次大会的焦点。为了这次登场，这班年轻的建筑师、评论家和设计师制作了《新陈代谢 1960》一书，将他们激进的城市设计主张公之于世。这本英文和日文双语小册子大约是边长 8 英寸（约 20.32 厘米）的正方形，包含了四篇阐述实验性城市设计方案的文章，即菊竹清训的《海洋都市》、川添登的《物质与人》、大高正人和槙文彦的《走向群造型》和黑川纪章的《空间都市》。荣久庵宪司和粟津洁虽然没有提供文章，但他们参与了小册子的设计和发行，另外槙文彦为书中的文字提供了英文翻译。这本小册子印刷了 500 份，以每本 500 日元的价格在会议上出售。这是新陈代谢派作为一个团体联合发表的唯一出版物[27]。

新陈代谢派宣言中激进的想法和令人耳目一新的设计很快就引起了世界设计大会参会者的关注，这些关注接着为他们赢得了国际声誉。1960 年下半年，菊竹清训和黑川纪章被邀请参加纽约现代艺术博物馆（MoMA）名为“空想建筑”（Visionary Architecture）的展览。这是日本建筑师的设计作品首次在国际舞台上与柯布西耶、赖特和安东尼·圣伊利亚（Antonio Sant'Elia）等世界一流大师的作品共呈一室。此后，新陈代谢派被看成日本新生代建筑师的代言人，他们的设计概念把先进技术融入前所未有的尺度，受到国际建筑界的日益关注。1962 年，槙文彦和黑川纪章应邀出席十次小组会议，进一步巩固了新陈代谢派作为战后日本建筑先锋派的地位。在日本国内，新陈代谢

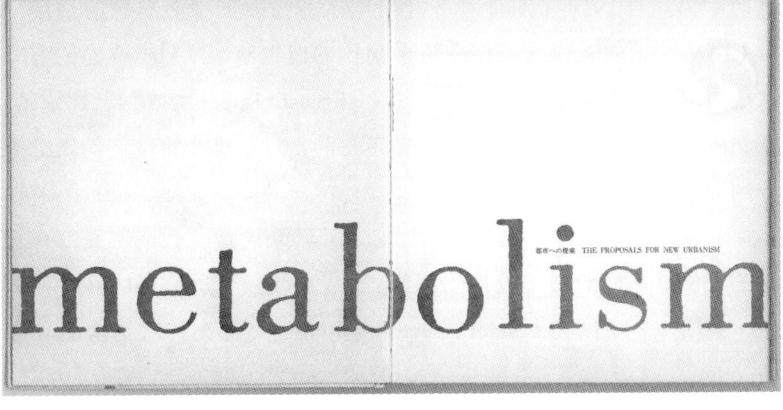

图 2.6
《新陈代谢 1960：新城市主义提案》的标题页

派的成功极大鼓舞了战后一直寻求设计方向的建筑师们，他们的影响力也体现在《新建筑》于20世纪60年代举办的一系列全国设计竞赛中——新陈代谢主义风格的设计方案在这些竞赛中频频获奖，其中的一些作品还刊登在英国《建筑设计》（*Architectural Design*）杂志上[28]。

菊竹清训与《海洋都市》

菊竹清训的《海洋都市》（Ocean City）可以说是《新陈代谢1960》一书中最引人注目的文章，它不但是第一篇文章，而且在这本89页的小册子中占了36页之多。它介绍了三个城市项目：1958年完成的“塔状都市”（Tower-shaped City，又称“塔状社区”）和“海上都市”（Marine City），以及融合了这两个项目特点的新作品“海洋都市海原”（Ocean City Unabara）。

从早稻田大学毕业后，菊竹清训于1953年开设了自己的建筑设计事务所，并很快就因为“天空之家”和岛根县立博物馆等建筑作品而成为有名的青年建筑师。但他不满足于职业性设计工作，更着迷于探索性的虚构项目，并用它们来发展自己的建筑概念和表达对现代城市的愿景。他和事务所的设计职员在正常办公时间设计业主委托的建筑，一旦下班时间到，他们便卷起这些实际项目的图纸，做起虚构项目。1959年的《国际建筑》第一期和第二期上发表了菊竹的两个城市项目，其中“塔状都市”介绍了城市住宅的新概念，“海上都市”则探讨了海上漂浮城市和可移动城市的可能性，这些项目使他在日本更具影响力。当1959年5月丹下健三出席在荷兰奥特洛召开的最后一次CIAM会议时，他向听众介绍了菊竹的理想城市项目，在座的有十次小组成员、康和厄内斯托·罗杰斯（Ernesto Rogers）等著名建筑师。在新陈代谢派作为一个集体正式亮相之前，丹下已经将他们的作品推介到国际上了。

“塔状都市”和“海上都市”成为了后来的新陈代谢主义都市规划的先例。它们的城市设计均围绕“人造土地”（artificial land）的概念，包括一个主结构（major structure）和若干可分离的次结构（minor structure）。“塔状都市”的主结构是一座300米高的空心混凝土柱体，柱体中容纳了整个城市的基础设施，包括交通设施、市政管道、公共服务设施，甚至还有为预制房屋生产构件的制造厂。这个垂直的混凝土圆柱就是人造的“土地”，主结构高度足以悬挂 1250 个住宅单元，成为容纳 5000 人的社区。但菊竹宣称：“提供一个可容纳 5000 人的功能性解决方案并非设计重点。我的目标是通过三维居住的方式来解决复杂的问题。”[29] 他认为垂直巨型结构可以把人从由街道和街区组成的传统城市的混乱和喧嚣中解脱出来，将现代城市的工作、生活和建设以革命性的方式高效结合起来。独立的公寓单元作为次结构，由钢结构构件预制而成，在位于主结构塔体内部的工厂制造完成后，就直接嵌入塔体的外墙，菊竹将这个进程比作蚕吐丝成茧。这些单元作为可替换的部件，按照计划每 50 年自我更新一遍，菊竹把这样的城市生长方式比作大树长出它的枝和叶。他将塔状都市定义为“个人与社会、建筑与城市的融合，是一个新的现代化丰碑”[30]。为了证明他的构想的可行性，除了很多自己的草图和分析，菊竹清训还在文章中放了一张当时芝加哥正在建设的马里纳城双塔（The Marina City towers）的模型照片。这座 65 层的摩天大楼由两座突出的柱体结构组成，容纳了包括住宅、办公楼、停车场、溜冰场、电影院和礼堂等各种功能，像一座城中之城。

图 2.7
菊竹清训，海上都市，1959 年，草图

菊竹的第二个方案“海上都市”是对现实的“大陆文明”（continental civilization）的批判和超越。菊竹认为在大陆型社会中，人们过于依赖土地，这是人类社会罪恶和乱象（比如战争）的起源。海上都市的目的是使人类摆脱对土地的依赖和争夺，创造一种全新的社会类型。它采用漂浮在海面上的城市形式，将人工岛的地面作为农业、工业、娱乐用地，住宅结构则向水面以下生长，深达 200 米。菊竹将柯布西耶的三个城市基本要素（阳光、空气、绿地）替换成他自己的三个要素：阳光、空气和水。整个城市的施工将在一个作为“母体”的漂浮制造工厂中进行。海上都市不会固定在某一个点，而是可以随时随地移动。作为一个有机体，每个海上都市有它自己的生命，当它不再适宜居住时，它会漂到海洋中心自己沉没下去，成为海底的一个鱼类居所。

随后，菊竹清训将他的“塔状都市”和“海上都市”方案进行进一步结合，设计了一个名为“海洋都市海原”的新项目。这个项目规模更大，规划了一个可容纳 50 万人的工业城市。它的基本布局由两环组成：内环为居住用地，外环为生产用地，内外环相切的切点处是行政管理建筑，内外环之间的水体作为养殖场，内环内的水体用于游泳和娱乐。海洋都市严格控制人口，一旦人口即将达到上限，城市就以细胞分裂的方式自我复制。这样的设计将城市的生长作为一个生物过程，遵循新陈代谢主义的基本概念。菊竹设想，如此持续不断的增殖过程最终将产生一系列在太平洋上沿日本列岛海岸分布的海洋都市，

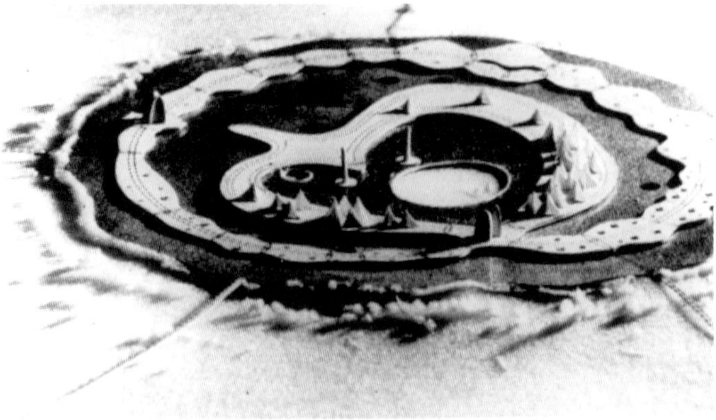

图 2.8
菊竹清训，海洋都市，1960 年，模型

预示着一个“海洋文明”新时代的来临。

菊竹清训进一步设计了海洋都市海原的细节。位于内环的居住区域采用了一种被称为“移动街区”（mova-blocks）的巨型三角形结构。三个移动街区组成一组，以中央的“枢轴”（mast）为中心，每个移动街区内包含许多“移动房子”（movable houses）住宅单元，它们可以沿着预定的轨道在街区内移动，并根据需要进行替换。对于单个住宅单元的设计，菊竹汲取了天空之家的想法，使其分区和空间能够灵活地组合。城市的生产区也采用类似布局方式，以独立的长方形生产空间单元组成网格状的肌理。这种布局与宾夕法尼亚大学理查兹医学研究实验楼的设计模式异曲同工。菊竹清训声称：“使生产空间能够自我适应未来增长、减少和改变的需求是最重要的。”[31] 通过海洋都市海原的设计，菊竹建立了一个可更替且具有高适应性的建筑体系的愿景，这也成为新陈代谢主义设计作品的共性之一。

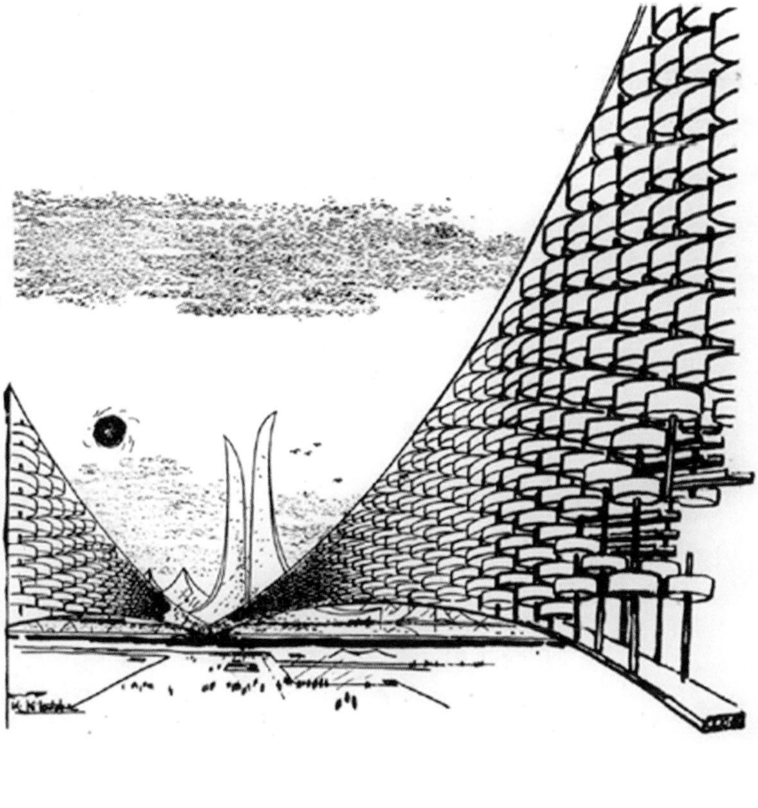

图 2.9
菊竹清训，移动街区，1960 年，草图

黑川纪章与《空间都市》

黑川纪章是新陈代谢派中最年轻的成员，该团体成立时他年仅 26 岁。在进入东京大学攻读研究生学位之前，他是京都大学的学生，因此受到了该校著名的马克思主义建筑理论家西山卯三（1911—1994）的影响。1958 年，黑川作为日本代表参加了在列宁格勒（今圣彼得堡）举行的国际建筑学生会议。他在苏联逗留了三个月，在这期间，他对社会主义制度下的城市规划和设计思想有了一定的了解，这些思想激发了他对未来城市规划的兴趣[32]。虽然在 1960 年之前他还没有任何落地实现的作品，但参与新陈代谢运动为他后来卓越的职业生涯打响了第一炮。

黑川纪章在《新陈代谢 1960》中介绍了四个项目："新东京规划"（Neo-Tokyo Plan）、"垂直壁都市"（Wall City）、"农业都市"（Agricu-

图 2.10
黑川纪章，新东京规划，1960 年

ltural City）和“蘑菇形之家”（Mushroom-shaped House）。其中，新东京规划与他的导师丹下健三在 1961 年初发表的东京湾规划中的线性城市模型有明显不同。黑川设想的未来东京大都市区是一个分散的、呈十字形的多中心城市，一系列“竹态社区”（Bamboo Type Community）和“木态社区”（Wood Type Community）呈点状分布在十字形平面中。虽然这些竖向社区与菊竹的塔状社区类似，但是黑川设计的建筑高度限制在 31 米以内，符合当时东京的建筑法规。和菊竹一样，黑川强调通过区分不同寿命的城市元素来控制城市的发展：

> “城市就像一个不断运动的未来生活容器，城市内的每个部分都有不同的生命周期。城市的基本结构、连接设施、生活单元和建筑设备的寿命和尺度各不相同。因此，有必要制定一个城市设计策略，以允许这些不同要素灵活发展。”[33]

黑川注意到城市的不断扩张使居住地和工作地之间的距离越来越远，这导致了许多环境问题并影响了居民的生活质量。于是在“垂直壁

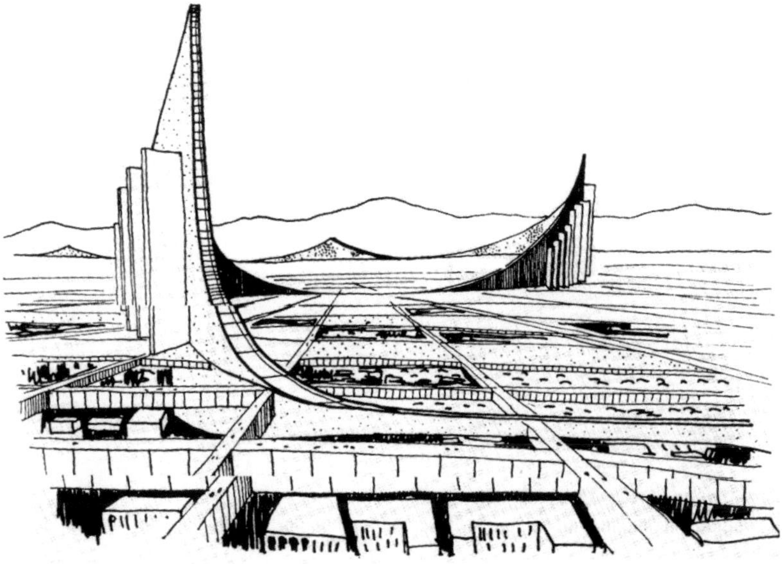

图 2.11
黑川纪章，垂直壁都市，1960 年，草图

都市”方案中，他提出要加强人类社会这两种基本领域之间的联系，解决方案是建设一道作为城市基本骨架的墙状巨型结构，它可以无限延伸，墙体内装载交通、市政和公共服务设施。住宅附着在“墙体”一侧，工作场所附着在另一侧，因此它们之间的距离就和“墙体”一样薄。

图 2.12
黑川纪章，农业都市，1960 年，模型

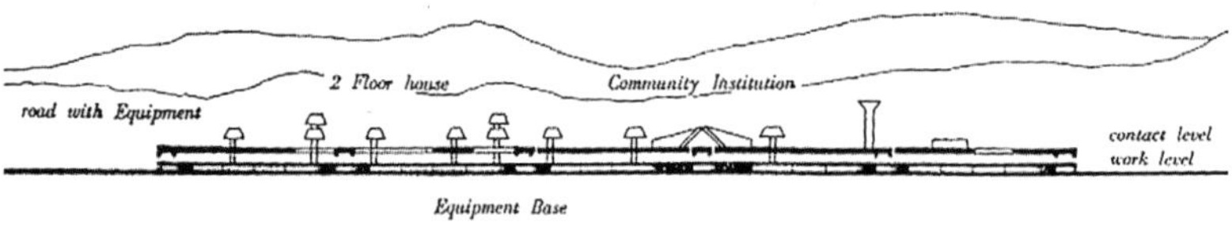

图 2.13
黑川纪章，农业都市，1960 年，剖面图

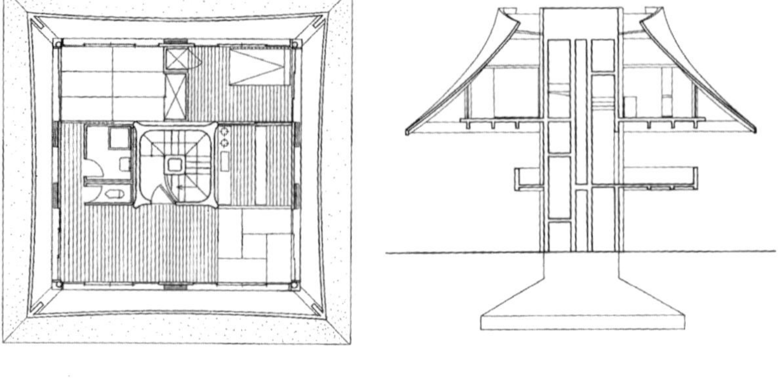

图 2.14
黑川纪章，蘑菇形之家，1960 年，平面图和剖面图

“农业都市”概念则是基于这样一种思想：农业生产应当被整合到现代城市组织中。这个方案旨在消除城市和农村之间的传统矛盾，这也是马克思主义关注的核心议题之一。每个农业都市社区将建立在一个 500 米 × 500 米的混凝土平台上，整个平台通过架空立柱（pilotis）支撑在自然地表上方 4 米处[34]，基础设施铺设在混凝土平台内部，这样就能保证所有的土地均可用于农业生产。每个社区可以容纳 2000 户居民，网格状的街道将混凝土平台分割成 25 个 100 米 × 100 米的地块。中心地块用于建设公共设施，包括一座神社、一座佛寺、一所小学以及社区管理机构。私人住宅占据剩余的地块，高一至三层，架空建设在混凝土平台上，即“蘑菇形之家”。这些蘑菇形住宅与菊竹的天空之家有些相似，它们的空间本质上是内聚型的，四周被混凝土墙围合，中心向天空敞开。

后来，黑川进一步深化了“农业都市”概念，将其送到 MoMA 的“空想建筑”展览上展出。他为这个展览设计了几个农业都市的变形方案，将原本的方形人造土地划分成可平行移动的带状。通过这些变形方案，黑川意在指出，农业都市概念可以适应不同基地的地形变化进一步延展。

《走向群造型》

与其他作者不同，大高正人和槙文彦没有仅仅依靠理论上的虚构方案来探索城市设计方法，而是选择在实际的城市场地上实践他们的想法，以此提出对当前城市规划问题的建议，并突出他们自己的“群造型”概念。槙文彦后来在 1964 年出版的专著《集合形态研究》中进一步阐述了这一理论。

“人造土地”是大高正人一个备受赞誉的设计概念。他在 1949 年的东京大学毕业论文中已经开始探索基础设施和建筑群体之间的关系。加入前川国男事务所后，大高进一步在实践中发展这个概念，采用系统方法研究了各类建筑群的组织。1954 年，与田中诚合作赢得日本国立国会图书馆设计竞赛第一名之后，大高成为东京年轻建筑师中的翘楚，得到许多设计大型项目的机会[35]。其他新陈代谢派建筑师的未来主义城市形态看起来像一群极力向天空生长的有机形体，大高的设计项目则强调建筑中的“地面”这个要素[36]。这种关注体现在他在前川事务所设计的几个建筑中，包括晴海公寓大楼（1956—1958）和东京文化会馆（1957—1961）。

槙文彦走了一条不一样的路，他在美国接受的建筑教育和在美国建筑事务所的工作经历使他在新陈代谢运动中独树一帜。在留美期间，他受到了多位国际现代主义大师的影响，比如那时任教于匡溪艺术学院的伊利尔·沙里宁（Eliel Saarinen），以及任哈佛大学教授的沃尔特·格罗皮乌斯和何塞·路易斯·塞特（Jose Lluis Sert）。槙文彦从哈佛毕业后，先在 SOM 事务所（Skidmore Owings & Merrill）实习，后为塞特工作。1956 年起他开始在圣路易斯华盛顿大学任教，1962 年又回到哈佛大学设计研究生院，在那里执教到 1965 年，才回到日本开创自己的实践。1958 年，槙文彦被授予格雷厄姆基金会奖学金（Graham Foundation Fellowship），这使他能够在随后两年时间内游历东南亚、印度、中东和欧洲。在旅行中，各式各样的乡土民居群落给他留下了深刻印象，特别是这些群落的重复形态模式和群体内在的错综秩序，这成为他后来研究“群造型”的灵感之源[37]。

大高正人和槙文彦在文章《走向群造型》中提出，现代社会的特

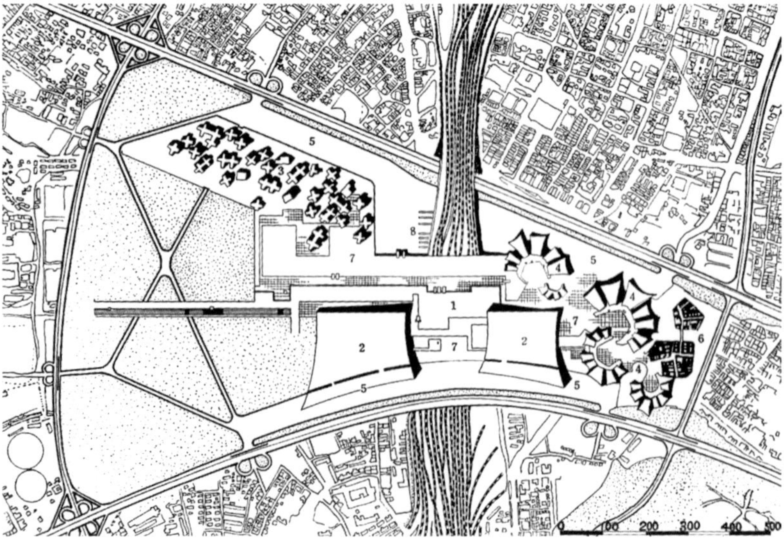

图 2.15
大高正人和槙文彦，新宿车站项目，1960 年，总平面图

图 2.16
大高正人和槇文彦，新宿车站项目，1960 年，模型

点表现为各种各样的机构和个体之间的冲突，因此设计、规划和城市发展面临的主要挑战之一是在创造并维持秩序的同时，不牺牲构成社会的个体的基本自由。因此他们提出了“群造型”的方法，希望通过对单体形态进行协调（而非将其标准化）来塑造统一的总体形象。他们相信这种方法与传统的建筑构成方法有根本性的不同，能建构个体与整体的新关系。传统的构成方法是将所有组成部分汇总而形成整体，当其中某个元素脱离整体或有新元素加入整体时，整体的性质就发生

了改变；相反，集群形态源于个体形式在类型学上的抽象共性，这个类型反过来作用在每个个体上，并指导所有元素的形态。在这个意义上，群造型超越了所有元素的总和，即便有个别成分发生变化，总体形象也不会受到影响。相较于像帕提农神庙（Parthenon）、西格拉姆大厦（Seagram Building）或巴西利亚规划（the plan for Brasilia）这样强调单个或整体形态的纪念性大型设计，集群形态代表了一种更具适应性和灵活性的集体形态，因此大高和槙认为群造型能够适应当代社会不可预测、瞬息万变的特点[38]。

他们两人设计的新宿再开发项目位于新宿车站西侧的一块场地，基地原本是一个水净化厂，将被重新开发为一个商业和娱乐区。两人的设计提出在电车铁轨上方架设一个巨大混凝土平台——这正是大高感兴趣的“人造土地”，商场、办公大楼和娱乐广场在上面以“群造型”形式生长。大高设计的办公楼群集中在西部，主要是有着厚重结构和粗犷雕塑形态的办公综合体；槙设计的娱乐广场集中在东部，其设计以轻巧的大跨度结构为特色。两种设计尽管在材料和形式上表现出建筑师的不同喜好，但都体现了群造型特征——每个集群由若干同一类型、体量相近且遵循一致形态规律的建筑形体组成，例如娱乐广场被赋予“花”的形态，每一组建筑以一个广场为中心，歌剧院、剧院、音乐厅和电影院围绕广场像花瓣般辐射开来。即使失去某些花瓣，花的总体意象依然维持不变。大高的办公楼群的造型也具有类似特征。

“我想做一只贝壳”

作为一名建筑评论家，川添登没有在《新陈代谢 1960》中发表他的城市设计方案，而是写了一篇题为《物质与人》（Material and Man）的理论文章。这篇文章讨论了现代社会更广泛的问题，读起来更像是一篇政治评论。

文章开篇就谴责了核武器以及生产和控制这些武器的超级大国。川添的论点来源于日本 20 世纪 50 年代的反核运动，并将这一被广泛关注的话题与建筑学的前景联系起来[39]。他宣称，在这个危险的世界里，只有建筑师和设计师能够保持乐观态度，因为他们创作的作品即使在世界被摧毁后依然能存在:“即使所有人类都被放射性辐射风暴扼杀，许多城市和村庄仍被保留如初……这一事实使得建筑师和设计师在此危机时刻仍能保持乐观。”[40]

接着，和其他新陈代谢主义者一样，川添登描述的世界处在不断的变化和再生过程中，他宣称“高度新陈代谢”(high metabolism)的时代将至，因此要把城市的发展视作一个自然过程。他从辩证法角度提出“秩序源于混乱，混乱也源于秩序”(order is born from chaos, and chaos from order)，以及“毁灭就是重生”(extinction is at the same time creation)[41]。因此，建筑师和规划师不应将城市的物质形态仅仅视为静态事物。川添宣称:“我们希望创造的事物，即使遭到一时毁灭，随后也会重焕新生。这样的‘事物’正是我们要创造的城市形态所必备的，也就是说，我们要创造永远处在新陈代谢过程中的城市。”[42]对他而言，新陈代谢不只是一种城市设计的方法，它更体现了人类社会面对不断的变化、转型乃至毁灭和重建这般巨变时的基本原则——战争爆发导致的核武器灾难就是这种巨变。川添登由此把新陈代谢理论与当时人类社会广泛关注的问题联系到了一起，通过该文章可以看到他对城市危机的焦虑和遏制危机的紧迫感。

川添登以一首题为《50 年后，我的梦》(My Dream after 50 Years)的诗歌作为文章的结尾。相较于文章主题鲜明的批判指向，这首诗诉诸朦胧的表达，但仍然可以从中窥见作者对未来的复杂感受。诗歌分为三部分:“我想成为一只贝壳(kai)”“我想成为一个神(kami)”和“我想成为一颗细菌(kabi)”，全诗内容如下:

> 我想成为一只贝壳。
>
> 我想成为一只贝壳，在和平的世界里开开合合我的壳，其他什么也不做。
>
> 没有什么能比这更好，这是“懒人天堂”。
>
> 当机器代劳一切的时代到来，我们就只需要做做梦。
>
> 看来我已经成为一只贝壳，陶醉于各种幻想。
>
> 忽然之间，我想到一个奇妙的计划。那么，来将它实现吧!

我起床了。

我想成为一个神。

我想成为一个神，聆听天谕，预见未知。

如果我自己就是神，我将命令建筑师建造四维“宇宙建筑”，绘制三维立体图纸。

谁来绘制？大高正人、菊竹清训，还是黑川纪章？

但是，建筑师只能建立三维空间；我是唯一一个能够掌控四维空间的人。所以，我应该是一个神。

我想成为一颗细菌。

我想成为一颗细菌，背负疯狂、教条和狂热的非议。

做一个神过于乏味了，或许我对“自我形象”过于执迷。

我必须抛弃自我意识，将自己融合到人类中去，泯于其中，全然忘我。

在未来，人类将占满地球，并扑向天空。我是像细胞一样，不断繁殖的一颗细菌。

几十年后，通信技术飞速进步，每个人耳朵里的“脑波接收器”，传达着人们对彼此的想法，准确无疑。我的思想对所有人都不再是秘密。

再也没有个人意识，只有整个人类的意志。

这与细菌的愿望无异。[43]

解读这首诗时，建筑历史学家切丽·文德肯（Cherie Wendelken）将诗中的喻体与新陈代谢主义广为人知的设计语汇联系起来，如细胞型单体（cell）、结构（structure）和生长力（capacity of growth）。她认为：

“个体细胞是自我封闭和自给自足的，正如海贝一般；细胞生长有其结构规律，但又是灵活的，就像菌类依

> 附于岩石表面；最后，生长是出于一种力量或精神，也就是神的驱使。”[44]

这种解释相当牵强，因为“细胞型单体”的概念并非在新陈代谢运动初期就已形成，也尚未体现于设计作品中，它直到 1970 年的大阪世博会和 1972 年黑川纪章的中银胶囊塔才出现。将“神”解读为“精神”（spirit）也不符合诗歌的语境。准确地说，这首诗并未提出明确的设计方法，它反映的是世界的未来，集中体现了忧郁和希望、焦虑和期待交杂的矛盾感觉。

不过，文德肯准确地指出，早在 20 世纪 50 年代，“我想成为一只贝壳”这句话就已经作为一部广受欢迎的电视剧的名字而被人熟知。该剧讲述了第二次世界大战期间，一个日本士兵被长官强迫杀死盟军战俘，因而在日本战败后被控战争罪，被判处死刑的故事。他在行刑前说的最后一句话就是“我想成为一个贝壳”。这部电视剧揭示了战争与人性的冲突，引起了强烈反响，被视为战后日本反战和反核运动的里程碑[45]。可以推测，川添登一定受到了电视剧深刻主题的影响。他的诗读起来就像一个困惑的建筑师反思着自己的社会职责：他想成为一个自由艺术家（贝壳），不受限制地发挥他的想象力和创造力；他想成为一个强大规划者（神），使用他的远见指导其他建筑师建设世界。然而，现代化的力量淹没了个人意识，也剥夺了建筑师的个性。

其实不仅是川添登，丹下健三和其他新陈代谢派建筑师也对现代世界中建筑师的作用有着类似的反思。矶崎新于 1962 年发表了一篇名为《城市破坏业公司》（The City Demolition Industry, Inc.）的散文，在运用文学性的隐喻手法来表达矛盾性上，与川添登的诗有异曲同工之妙[46]。文章采用了两个主人公—— Arata 和 Shin ——对话的形式，Arata 和 Shin 其实是日语中同一个字“新”的不同发音，暗指两者其实是一体的。在这个奇幻故事里，Shin 试图说服 Arata 帮助他建立一个名为“城市破坏业”的公司，以“完全摧毁大城市”为目的，因为“它已经用卑劣的手段杀死许多人”。[47] 为了达到这个目的，Shin 提出了几条消灭大城市的战略，其中一条就是推动乌托邦提案。事实上，矶崎新在 20 世纪 60 年代相继发表了一系列与“城市破坏业公司”主题一致的激进城市提案，其中一个项目被称为“孵化”（Incubation），呈现了一个从古典城市废墟中诞生的、具有巨构城市形态的空间联合筒核系统。与川添登的文章一样，“孵化”是对现代城市与社会的一次文化批判。

日本传统论争

川添登和矶崎新的著作中所体现的矛盾思想，揭示了日本知识分子在战后寻找文化认同时所面临的焦虑。在第二次世界大战结束后由美军主导的对日军事占领期间，日本进行了一系列政法改革，颁布新宪法并推动涉及土地所有权、税收制度和建筑法规等各个方面的改革。这些变革重塑了战后日本政治生态，使之成为一个民主体制国家，也从根本上改变了日本社会的方方面面。例如美军认定日本神道教和日本战时的极端民族主义有密切关联，因此在 1945 年 12 月下令中断对神道机构的国家拨款，禁止在公立学校传播神道教[48]。1952 年美军结束占领时，日本迅速调整政治体制以适应重新获得的独立，但冲突也随之而来：一方面，尽管日本已经实现了政治上的自治，但保守派的自由民主党政府仍努力保持美国所制定的政治框架，遵循日美安保条约，并追求务实的现代化道路；另一方面，进步知识分子希望摆脱美国主义路线，追求完全的政治独立并建立新的国家认同。在 20 世纪 50—60 年代，这两股势力在政治和文化等方面争论和斗争不断[49]。

如何界定日本传统是重新建立国家认同问题的核心，也是 50 年代日本建筑界及其他文化领域广泛辩论的问题。人们认为，需要尽快修补军事失败和被占领给日本文化结构造成的裂痕，以恢复民族自信心，建筑上则是需要一套新的设计语汇来代表日本。对大多数日本人来说，曾一度流行的帝国风大屋顶被视为一种令人不快的民粹主义和军国主义的象征，与新的民主和国际化氛围格格不入。因此，建筑师呼吁重新审视日本文化传承，为本国寻找新的建筑代言，同时避免民粹主义印象。一场名为“日本传统论争”（Nihon Dentō Ronsō）的辩论席卷了战后日本建筑界，众多建筑师和建筑理论家参与其中，其中也包括新陈代谢派[50]。在一定程度上，可以说新陈代谢运动的理论基础是在这场大辩论中奠定下来的。川添登是这次论争的旗手之一，他认为新陈代谢主义作为紧随传统论争的开拓性运动，也肩负着寻求日本战后建筑与城市规划新文化的职责。

这场战后日本社会对传统的重新检视，有其深刻的文化背景。传统论争是由 50 年代的若干著名知识分子领袖发起的，其中的代表之一是竹内好（Yoshimi Takeuchi）——作为文艺评论家，他呼吁一种更广泛意义上的日本文学[51]。他们的想法反映了民族主义思想的回归，这种以抵制外来影响为特征的思想，对自明治维新（1862—1869）以来的"脱亚入欧"方向进行了检讨[52]。在建筑层面，有关日本传统的意义的争论在第二次世界大战前就一直是热门话题。在 1931 年东京帝国博物馆设计竞赛中，评委抛弃了前川国男的现代主义风格的方案，引发了一场争论，这与柯布西耶在 1927 年的日内瓦国际联盟总部设计竞赛中落选引起的风波不无相似之处[53]。最终采纳的渡边仁的获奖方案的特色在于，在现代博物馆体量上加一个大屋顶[54]，这种直接使用传统日本建筑语汇的设计通常被称为"日本趣味"，在战争期间尤其盛行。1942 年丹下健三的"大东亚建设纪念营造规划"竞赛获奖作品就模仿了伊势神宫的规划布局和建筑形式，之后在 1943 年再次获胜的曼谷日本文化会馆（Japanese Cultural Center）方案中也采用了日本"寝殿

图 2.17
渡边仁，东京国立博物馆（前东京帝国博物馆），1931 年

式”（Shinden）的建筑群布局[55]。

战争结束后，建筑师们怀着新的紧迫意识重新关注传统问题。具有讽刺意味的是，战后人们对传统的认知已经与30—40年代截然不同。在第二次世界大战战前和战争期间，传统被用来维护现状和强化政府的权威性；在战后，传统被视为挑战保守政治秩序、推动民主社会理想实现的载体。评论家们呼吁一种“以人为本”的传统，以反对代表着封建专制政权的“正统建筑形式”。

浜口隆一是丹下健三在东京大学的同学，于1947年撰写了《人文主义建筑》一文，该文成为战后最早关注传统问题及其与现代建筑关系的论述之一[56]。然而，正式点燃关于建筑传统的论争的是川添登1956年发表于《新建筑》杂志上的文章《走向传统和人民的发现》[57]。在这篇文章中，川添登呼吁“基于日本自身的传统，吸收国际的方法”，鼓励建筑师参与这场“各阶层日本人都将参与的辩论，寻找创作真正属于人民的建筑的艺术方法”[58]。不久，相关文章和会议讨论就陆续出现在各种重要建筑杂志上，包括《新建筑》《建筑文化》《国际建筑》以及一些大众报刊。这些文章试图从各种角度阐述当代建筑师的作品与日本前现代建筑的关系，讨论内容既包括抽象概念也涉及具体设计。

川添登从日本文化历史中的两个大时代——绳文时代和弥生时代——入手来研究建筑传统。绳文文化是大约从公元前13 000年到公元前300年在日本列岛占主导地位的史前文明，弥生文化是外来移民抵达日本后建立起来的以稻作为根基的古文明，大约从公元前300年持续到公元300年，对进入封建社会的日本具有深远影响[59]。这两种文化的鲜明个性清楚地体现在陶器工艺上。在川添登看来，绳文文化粗犷而活泼的图纹彰显平民化的特点，代表民众自发的创造力；相比之下，弥生时代的器物外观是内敛、精致和有序的，代表了统治阶级的高度复杂的美学。川添登对于绳文和弥生陶器的研究兴趣来源于著名艺术家冈本太郎。冈本在巴黎生活期间曾深入接触欧洲现代主义，尤其受到包括毕加索在内的前卫艺术家的影响[60]。战后回到日本后，他着迷于绳文时代的古陶器。相对于被视为日本艺术代表的弥生时代的精英美学，冈本更欣赏古老的绳文图案，并视之为基于广大民众智慧的新艺术的源泉[61]。

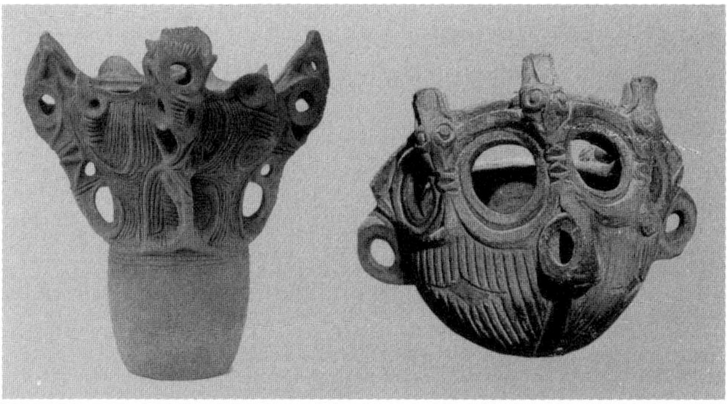

图 2.18
绳文时代陶器，
公元前 11 世纪
—公元前3世纪

图 2.19
弥生时代陶器，
公元前 3 世纪—
公元 4 世纪

图 2.20
桂离宫，京都，
公元 17 世纪

在冈本思想的影响下，川添登发展出一套建筑学论述，把日本传统中质朴的绳文美学和西方广泛认可的基于弥生文化的精致日本风格（Japonism）区分开来。当时，川添批评丹下健三新近完成的东京都厅舍（1953—1957 年建设）和香川县厅舍（1955—1958 年建设）都过于“弥生”，未能表现“人民的力量”。丹下分辩说，绳文和弥生艺术尽管源于日本文化的不同阶段，却有不可分离的辩证关系。他列举了建筑历史上最成功的作品，如桂离宫，作为两种艺术形式可以共存的证

图 2.21
丹下健三，香川县厅舍，1958 年

据。桂离宫建造中绳文和弥生艺术的交织表明，这些形式之间没有明确的界限[62]。然而，丹下在他的下一个公共项目，即仓敷市厅舍（1958—1960 年建设）中，开始刻意地偏离他之前设计中的宁静透明的风格倾向，转而运用粗犷的设计元素，如常见于柯布西耶后期粗野主义（Béton Brut）作品中的充满活力的体量组合和粗犷的混凝土表皮[63]，绳文风格的影响在这些手法中显而易见。

新陈代谢派成立之时，日本传统论争仍在继续，它在若干方面影响了新陈代谢运动。在设计语言方面，这些年轻建筑师着迷于前现代

图 2.22
丹下健三，仓敷市厅舍，1960 年

的手工艺，在设计中采用粗放的材料和地方性营造技术。以大高正人参与传统论争期间设计的晴海公寓大楼为例，这一大型住宅项目的特色是一组粗大的混凝土柱，它们将大体量的多层公寓整体架空，像柯布西耶设计中的架空立柱，但远为雄浑，上方的公寓楼层也像柯布西耶的居住联合体（Unité d'Habitation）那样每三层分成一组。巨大的结构构件和粗犷的混凝土表皮印证了粗野主义的影响以及建筑师的绳文美学倾向，这个设计以其庞大的体量和结构层次成为随后日本巨构的原型，在接下来的十年里对日本的建筑设计产生了诸多影响。

图 2.23
前川国男和大高正人，晴海公寓大楼，1958 年

另一位新陈代谢派建筑师菊竹清训则从另一个角度切入传统这个命题。他研究传统的木结构，并将其转化为可应用现代材料技术的系统设计方法。菊竹曾经从事传统木结构建筑物的修补、搬移和加建工作，他从中学到的重要经验之一就是将结构性元素和非结构性元素区分开来，并将它们组合成一个“可替换系统”。他把这种“可替换性”(replaceability) 应用到了更大尺度中，形成了他的“塔状都市”和“海上都市”等城市构想，继而成为许多新陈代谢派设计的主题之一。

这轮战后的传统大辩论对日本现代建筑具有重大意义，它不只是在现代设计与日本前现代传统艺术之间建立起联系，更重要的是，这场辩论成为一块跳板，让日本建筑师和艺术家能够扩大视野，在建筑和设计领域找寻新的文化身份。它启发了新陈代谢派成员，激励他们接过火炬，开启了一个能“向西方传达出信息”的建筑运动[64]。川添登后来回忆说：

> “在那个时候，我几乎看不到任何对未来的希望。战争结束后，建筑师从废墟和荒野中重建城市的梦想最后几乎都破碎了，仅有丹下的广岛和平纪念公园是唯一的例外。旨在恢复和振兴城市的规划方案也遇到了各种挫折……西方的城市规划方法面对日本的现实情况丝毫不起作用。此时，关于传统的辩论重新燃起了建筑师的城市梦想，激发了他们突破低成本、低技术模式，推动建筑产业化以赶上美欧标准的迫切渴望。新陈代谢主义实际上是以另一种形式，揭示了传统大论争的真正目的。”[65]

在川添登心目中，日本的城市建设观念与西方的城市思想有根本性的不同。在西方的经典概念中，城市是一座纪念碑；而新陈代谢主义者所看到的日本传统观念中的城市，是生活意义上的生物形象。川添登因此阐述：

> “西方文明的支柱是一个永恒和绝对的概念，其建筑和城市正是这种概念的象征。但是现代科学清楚地证明，

永恒和绝对的事物其实并不存在。因此，未来的社会也将处于变化之中……从远古时代，日本人就已经意识到世界总是流动和不断变化的。基于此，人不应该对抗自然，建筑和城市也不应对抗。相反，他们应该成为大自然的一部分，他们应该遵循生命的原理。这种生命的原理就是新陈代谢理论。”[66]

日本文化界对国家传统的重新审视，为新陈代谢运动提供了哲学基础。基于建筑与自然之间的根本联系，建筑师们开始探索建筑和城市的新理论。丹下健三有关桂离宫的著作以及他和川添登合著的关于伊势神宫的书都超越了一般的审美讨论，转而探讨这些建筑的象征意义和哲学根源[67]。其他新陈代谢派成员的作品也反映出传统论争对他们的影响。黑川纪章经常回忆他自早年起受到的佛教的启发，这同样印证了川添登的观点，即东方和西方有不同的世界观[68]。

不过，相较于日本传统论争所探讨的、有关艺术和建筑文化内涵的大命题，新陈代谢运动要解决的问题是建立一套具体的设计方法，即建筑师们如何将新陈代谢理论联系到“形象”（image），以及怎么把“形象”发展到“形式”（form）和“结构”（structure）。新陈代谢派的目标是建立一套任何建筑师都可以遵循的、普适性的城市主义话语。矶崎新写的《过程规划理论》正是这种尝试的体现[69]。这篇1963年发表的短文编排得像一本手册，它提供了对“生长建筑”（architecture of growth）的指导建议，以应对不断变化的时空，文中充满新陈代谢主义的关键字眼，譬如骨架（skeleton）、集群（group）、生长（growth）和系统（system）。1966年，矶崎新进一步发展了这个思想，他在另一篇文章《隐形城市》（Invisible City）中阐述过程规划的方法时写道：

“我们眼前尽是处于流动过程中的城市片段，这些片段不断转化成后续的阶段。在这一类城市中，外在形象不停地运动和变化，只有过程才是值得信赖的；而这类设计或规划可以视作对过程的理论化。基于任何一个既定时间点即时做出决定，等同于为一个运动中的事物构建一个更

> 完整的形象。即使是一些固定的事物，比如建筑，当它们被置入不断变幻的城市中，就成了生长、变化和新陈代谢的一部分。”[70]

这段文字的描述与新陈代谢主义概念高度重合，表达的正是城市不断变幻的特性。矶崎新认为设计者必须尝试从当前预见到“最终的形式”（ultimate form），但最终形式并不是结束，相反，它是“所有事物轮回的起点”。[71]

丹下健三在战争时代的探索

矶崎新在 20 世纪 60 年代的理论和设计作品表明，新陈代谢主义不是局限于一个小团体的前卫概念，而是战后日本许多有远见的建筑师的共同想法。1953 年，矶崎新作为一名四年级本科生进入丹下健三在东京大学的研究室，毕业后成为他的得力助手并参与了他主持的许多大型项目。在丹下研究室，矶崎新与浅田孝成为好友。当浅田被丹下推荐主持世界设计大会的筹备小组（该小组最终演变成新陈代谢派）时，他邀请了若干年轻建筑师加入，但矶崎新不在这个小组内，一个可能原因是他在政治上过于激进：他在大学期间就是学生活动积极分子，在 1960 年大会前也积极参加反对日美安保条约的抗议活动。虽然浅田赞赏他的设计才华和批判性思维，但他可能认为矶崎作为一个反对者不适合世界设计大会这种政府主办的重要活动。

矶崎新的激进立场也表现在他的城市概念中。1960 年，即新陈代谢主义登场的那一年，矶崎新也借参加新宿水净化厂重建规划设计竞赛的机会，发表了他自己的城市设计构想——“联合筒核系统”（Joint Core System）。他的方案将一组垂直塔式结构用横向的桁架连桥连成一体，每个连桥都是一座包含住宅或办公空间的多层建筑，巨大的筒核既是主要支撑结构，又容纳了垂直交通基础设施。这种联合筒核系统后来被丹下健三纳入他 1960 年的东京湾规划，成为构成中央主轴的办公楼群的基本形态，又在 1964 年运用于东京筑地片区日本电通公司委托的商业综合体规划中。就城市干预的规模和巨构形态而言，矶崎新的联合筒核系统与菊竹的塔状社区形似，彰显了他与新陈代谢派成员在设计概念上的关联。矶崎新后来以联合筒核系统为基础创作的名为《孵化过程》（Incubation Process）的拼贴作品也入选了 1962 年在西武百货举办的“未来城市与生活”集体展览，这次展览就是以新陈代谢为主题的。

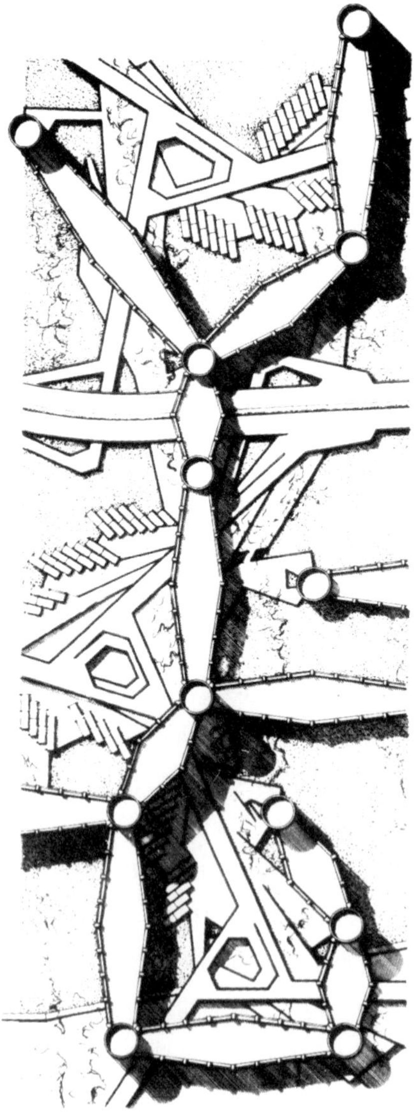

图 2.24
矶崎新，联合筒核系统，1960 年，平面图

图 2.25
矶崎新，联合筒核系统，1960 年，立面图

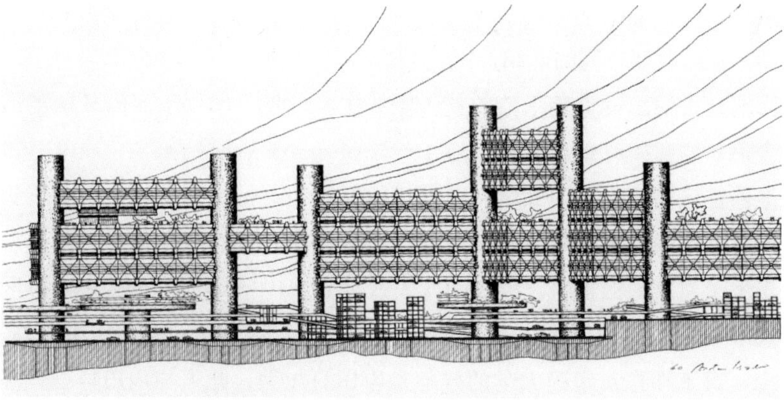

西武百货的展览也包括了丹下健三的作品[72]。正如建筑历史学家大卫・斯图尔特（David Stewart）所言，矶崎新在 20 世纪 60 年代初对城市主义的思考，“无论是好是坏，总是流露着与丹下相同的控制论和自动化的论调，这种论调几乎伴随着丹下所有与城市有关的表达。”[73] 这句话也适用于大多数新陈代谢派成员。作为这些年轻建筑师的导师和该小组的支持者，丹下在新陈代谢运动中起了举足轻重的作用。他任命浅田孝组织世界设计大会筹备工作小组，直接促成了新陈代谢派的创建；他对传统的新诠释催生了建筑和城市设计的新概念；他对技术表现的不懈追求，以及和其他战后现代主义者对纪念性设计的共同强调，都启发了新陈代谢派对未来城市的想象。

日本建筑理论家八束初也认为，从 1960 年世界设计大会的发端到 1970 年的大阪世博会，新陈代谢运动始终与丹下健三对城市形态的探索息息相关，并与丹下相互影响，以至于两者是否应该被分开讨论都有待商榷。八束用了一个有趣的比喻来形容丹下与五位新陈代谢派创始建筑师以及两位“边缘人”（矶崎新和大谷幸夫）之间的关系，说这七位建筑师“就像北斗七星围绕着北极星（丹下）”[74]。这比喻有一定道理，因为谈及战后日本建筑运动不可能不提及丹下。但是有一个问题值得思考：新陈代谢派的作品中的哪部分，或者整个新陈代谢运动的哪个方面受丹下的影响最深？回顾丹下在战时的早期建筑生涯对这个问题会很有帮助。

丹下首次公开发表的研究是 1939 年一篇登载在日本杂志《现代建

筑》(*Gendai Kenchiku*) 上、长度为 10 页的文章《咏米开朗琪罗：对勒・柯布西耶研究的介绍》[75]。这篇文章清楚展示了柯布西耶对丹下的影响，这种影响贯穿了他的整个职业生涯。丹下出生于四国岛南部的今治，他童年时曾在上海度过了一段时光，然后回到家乡[76]。1930 年他前往广岛高中学习文学，在那里他偶然在一份国外艺术杂志上看到柯布西耶入围苏维埃宫设计竞赛的方案。这一偶然经历使年轻的丹下走上了建筑师的道路。经过两次失败之后，1935 年他终于被东京帝国大学（今东京大学）建筑系录取[77]。

丹下在东京帝国大学的导师是岸田日出刀，此人与内田祥三、高山英华均为当时建筑系最有影响的教授。这些教授们是日本工作文化联盟（Nihon kosaku bunka renmei，英文称 Japanese Werkbund）的创始人。这个团体于 1937 年成立，成员中有一大批进步知识分子、建筑师和艺术家[78]。该组织的愿望是促进不同学科门类的学者之间的合作，并鼓励他们研究当代的建筑、城市规划和社会改革问题。1939 年 6 月，日本工作文化联盟出版《现代建筑》杂志，用它来发表该团体的建筑宣言、研究和项目。丹下的《咏米开朗琪罗》一文就发表在该杂志 1939 年 12 月刊上，据他自己所说，文章很快“激起很多反响”。[79]

尽管年轻的丹下健三原本只是要通过研究米开朗琪罗来解释勒・柯布西耶的设计原则，他的行文却流露出类似保田与重郎的浪漫主义宏大叙事风格的影响。作为一名诗人和文学评论家，保田也是当时“日本浪漫派”的领军人物[80]。柯布西耶对丹下的影响无疑是巨大的，丹下崇拜柯布西耶，认为他在建筑中应用革命性方法来设计，使其作品充满了诗意。丹下不仅着迷于柯布西耶为建筑赋予雕塑感的创造力，也陶醉于他对现代城市的宏伟愿景。从他的苏维埃宫方案中，丹下看到的是一个兼顾技术进步与城市气质的雄浑有力的建筑形象，它代表着秩序和民主之间的和谐平衡。这些特质贯穿柯布西耶的作品，与日本两次世界大战之间毫无整体感可言的城市环境形成鲜明对比。

丹下与柯布西耶的两位早期弟子——前川国男和坂仓准三有师徒和长期合作关系，并深受他们的影响。他在东京帝国大学时就认识坂仓，并曾于日本帝国主义侵占中国东北、建立傀儡政权“伪满洲国”后，协助他设计在伪满洲国的项目。坂仓规划的南湖居住区位于伪满洲国的"新京"长春，该项目遵循柯布西耶的规划方法，设想了一个类似柯布西耶"光辉城市"的现代城市片区[81]。城市布局围绕大型建筑进行组织，留出大片的绿色开放空间，这样崭新的城市框架与老城区形成强烈对比。这个规划最终没有实施，但对坂仓作品的观察学习为年轻的丹下积累了现代城市设计的知识储备。

1938 年从东京帝国大学毕业后，丹下选择加入前川国男的事务所，在那里他可以继续接触柯布西耶的思想。但是丹下并不满足于默默无闻地模仿大师的设计，他决定要"努力发掘他（柯布西耶）的感召力的秘密"。[82] 1942 年，由于战争原因，"没有建筑需要设计"，丹下决定离开前川事务所[83]。他重返东京帝国大学攻读研究生，并留在学校直到战争结束。这段在学校的时光成为丹下职业生涯中的关键时期，后来他回忆说："正是此时我开始考虑城市设计的重要性，这类工作不单涉及城市规划中的土地使用和街道网络构成，还包括三维的城市形态设计。"[84] 他兴致盎然地研究了从图书馆找到的、含有古希腊和古罗马广场与公共集市的图册，并相信东方和西方的美学是相通的，现代设计可以将两者融合在一起，所以他尝试着把西方古典公共空间布局与日本特有的佛教寺庙、神社空间和平安时期的"寝殿造"等建筑元素结合在设计中，形成新的空间概念。

很快，丹下就把对国内外建筑精华的学习心得运用到 1942 年的"大东亚建设纪念营造规划"和 1943 年的曼谷日本文化会馆这两个全国性大型设计竞赛中。他在两项竞赛中都赢得了第一名，迅速成为战时日本建筑界的新闻人物。"大东亚建设纪念营造规划"的竞赛方案尤其重要，因为它代表丹下在规划尺度上的初步尝试，其规划策略在丹下战后的作品中得到发展。他从对柯布西耶的研究和对历史先例的学习中得到启发，用实践来探索如何在重要的文化场地上创造有感染力的空间序列，以及如何设计具有日本特性的纪念性建筑。

"大东亚建设纪念营造规划"竞赛的规则中既没有指定这个项目的具体地点，也没有功能组成的详细要求，而是让设计人员自己选择地点并制定方案。丹下将他的项目选择在富士山脚下。富士山在艺术作品中长期被视为日本文化和精神的象征，然而直到 1897 年地质学家志贺重昂的《日本风景论》一书出版后，富士山才被真正确立为日本的国家标志[85]。在随后的几十年里，民族主义意识在日本社会中崛起并逐渐演变为民粹主义，在这个过程中，富士山与日本民族的象征性联系也日益紧密。丹下的方案将建筑群置于田园环境中，并将富士山的形象融入其中，很大程度上是受到这种民族主义倾向的影响。

图 2.26
丹下健三，“大东亚建设纪念营造规划”，1942 年，竞赛方案

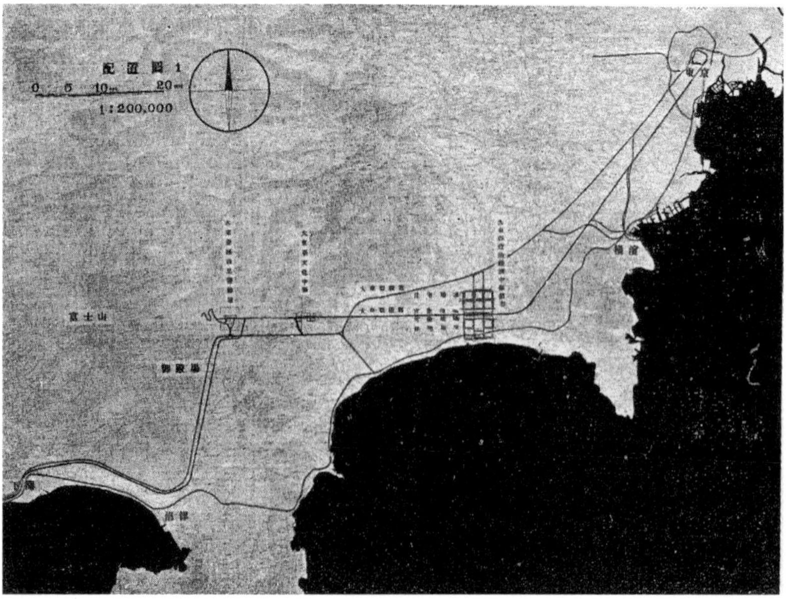

图 2.27
丹下健三，“大东亚建设纪念营造规划”，1942 年，区域规划概念

丹下在项目设计中结合了他所谓的“伊势神宫的纯净形象”（the pure image of Ise Shrine）与西方的纪念性古典布局[86]。建筑群沿着中轴线采用严格的层级式布局，沿轴线设置了前后两个彼此对峙的梯形柱廊，前庭的布局类似吉安·洛伦索·伯尼尼（Gian Lorenzo Bernini）设置在圣彼得大教堂前的巨大柱廊。第二个梯形柱廊环绕着主要纪念大厅，与米开朗琪罗设计的位于罗马卡皮托利尼山（Capitōline Hill）的广场相似，两者都表明丹下对意大利文艺复兴时期的不朽建筑作品很熟悉。轴线尽端有一座大纪念堂，其建筑形式直接继承了伊势神宫的形式。这座钢筋混凝土建筑物作为整个群体中的主体建筑正对主轴线，耸立于宽阔的平台之上，上覆庞大的坡屋顶，入口位于建筑物屋檐之下的中央位置，与伊势神宫一致。

历史学家乔纳森·雷诺兹（Jonathan M. Reynolds）认为，伊势神宫一直发挥着将皇权合法化的重要作用。这种情况甚至持续到明治维新后，即使那时日本已经转变成为一个现代国家[87]。第二次世界大战前的日本建筑历史学家们，尤其是伊东忠太（Chuta Ito，1867—1954），认为伊势神宫是这个国家的文化基石，称它是“象征着日本国民的简朴精神的建筑”[88]。这种民族主义论调在两次世界大战期间十分盛行，伊势神宫不但成为日本军国主义发动对外战争、为侵略辩护的一项重要意识形态武器，也成为日本在亚洲范围内霸权的象征，因此丹下在方案中采用这种建筑形式并不令人意外。

然而，丹下的竞赛方案并不像伊势神宫那样“远离尘嚣”。相反，他的方案将建筑群作为日本的神经中枢——一个既不同于拥挤的东京，也不同于古朴的京都的国家新核心。这座纪念性城市将成为他所设想的新的国家文化中心，并通过高速公路网连接现有的主要城市，包括东京和京都，构成国家发展主轴。该主轴以东京皇宫为起点，南行到富士山东侧（即垂直于高速路的纪念堂区域），然后继续延伸至京都。这样宏伟的规划在日本城市化历程中是前所未有的，它展现了这位年轻建筑师的视野，以及他在职业生涯之初立下的志向——改革城市的无序生长。这个线性规划概念成为丹下战后重要城市构想（尤其是 1960 年东京规划）的预演。同时，出于对区域规划的关注和对城市未来流动性的兴趣，丹下在这个规划中研究了一些其他日本建筑师没有探讨过的问题。或许是受到日本在伪满洲国建设的“亚细亚快线”[89]的启发，丹下在其提案中呼吁建立联系主要城市中心的新型线性交通网络，这也成为二十年后连接东京与大阪的第一段超高速铁路——东海道新干线的先声。

另一位建筑历史学家杰奎琳·肯斯特堡（Jacqueline Kestenbaum）认为，丹下在“大东亚建设纪念营造规划”竞赛方案中主要通过三个要素实现建筑的纪念性：一是伊势神宫标志性的日本建筑形式，二是西方古典建筑群中经典的层级式布局，三是与区域网络的交通连接[90]。其实还可以补充上第四点：将具有神圣象征性的富士山作为背景。毫无疑问，丹下对这些建筑语汇的选择，受到了战时极端的民族主义和军国主义的影响，他在此期间的理论发展和实践尝试也昭示了他随后几十年持续探索的方向。战后日本的重建，则最终促成了他职业生涯的转变并为他带来巨大成就。

广岛和平纪念公园

1945 年日本战败后，定义“现代建筑”的工作的政治背景完全不同了，原本由极端民族主义意识形态主导的日本社会急剧转变为一个追求民主的社会，尽管追求民主的方式有所不同，甚至有时出现冲突：例如它们一方面表现为美军将军道格拉斯·麦克阿瑟（Douglas MacArthur）领导下的“民主改革”，另一方面却是此起彼伏的民众反战和反美运动。在此背景下，丹下健三放弃了他在以往设计项目中采用的传统形式和民族主义元素，转而在城市重建中追求现代主义建筑语言。尽管如此，他对于城市规划的执着和核心理念仍未改变，并通过一系列大型公共项目将其予以实现。

战争结束后不久，丹下就被广岛市政府招募进城市重建机构，并领导重建广岛的调研小组。1949 年，他参加了广岛和平纪念公园的设计竞赛，人们希望借此项目来重建市中心并纪念核爆受害者。丹下最终赢得了这次竞赛，其方案在 1955 年得以实施。

这座纪念公园再次采用了轴向设计方式和层级式布局。公园的中心区继承了“大东亚建设纪念营造规划”竞赛方案的卡皮托利尼山广场式布局，建筑群的主体建筑则是坐落在 6.5 米高的塔基上的原爆纪念馆，建筑的横向构图和立面的格子图案既体现了日本传统建筑的比例，又呼应了现代主义的抽象简约美学。纪念馆前广阔的纪念广场围绕着一座纪念碑，它实际上是战前的广岛市政厅——一座新古典主义建筑——被原子弹摧毁后遗留下来的巨大的穹顶残骸。

1951 年，当时不到 40 岁的丹下健三将他的设计带到在英国霍德兹登（Hoddesdon）召开的 CIAM 会议上汇报。这次会议的主题是“城市核心”（Urban Core），广岛原子弹轰炸后的重建无疑从一个独特的、前所未有的角度诠释了这个议题。丹下的设计成功地用一种新的建筑

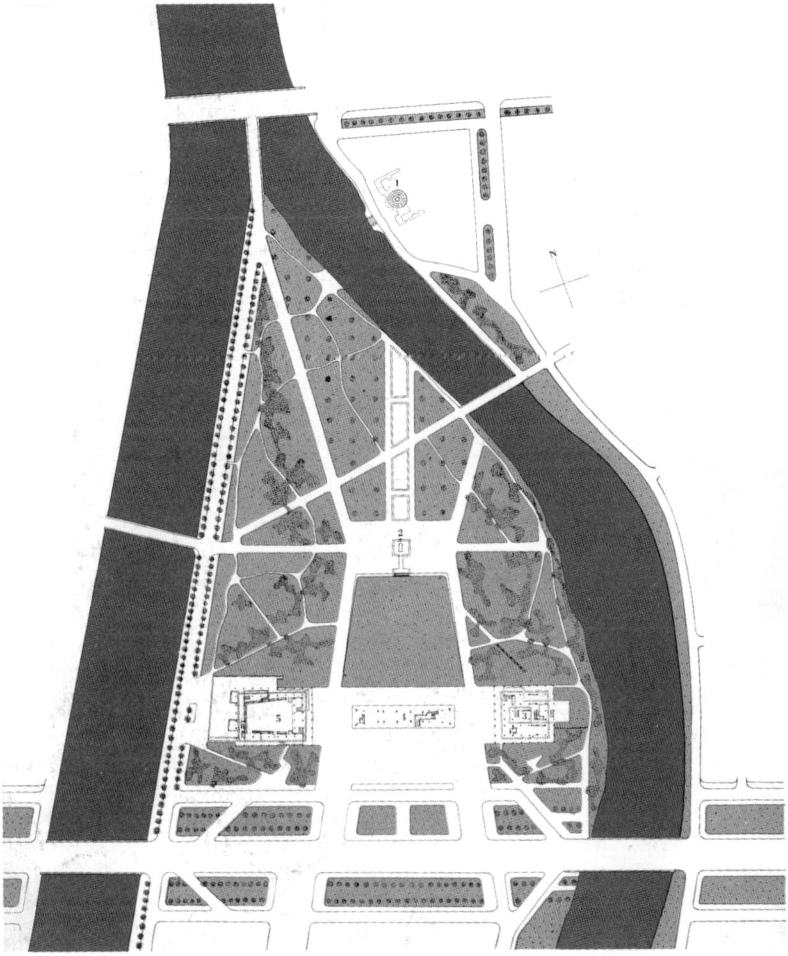

图 2.28
丹下健三，广岛和平纪念公园，1955 年，平面图

图 2.29
丹下健三，广岛和平纪念公园，原爆纪念馆，1955 年

语言融合了特征鲜明的日本元素和国际风格，这个设计在任何层面上都是现代的，包括混凝土结构、平屋顶、架空立柱及开放的内部空间，同时结合了西方古典城市空间布局。现代主义和传统的结合，使它在战后混乱的城市景象中成功建立了新秩序，这种设计方法得到西方建筑师的普遍认同，后来它几乎变成了日本战后现代主义设计的范本。

借着在 20 世纪 50 年代的一系列公共建筑设计（包括广岛项目、东京都厅舍和香川县厅舍）中获得的声誉，丹下成为倡导日本建筑“新传统”的旗手[91]。通过这种“新传统”，他试图把日本建筑的特点从战前对怀旧和纪念性形式的强调，转向可运用在各种建筑类型中的抽象美学，或者说“精神”（spirit）。他在战后的多个场合反复提到“精神”这个词，例如，当丹下在奥特洛的 CIAM 会议中与厄内斯托 · 罗杰斯辩论传统与建筑创作的关系时，他坚持认为“建筑师应该继承精神，而不是具体的形式语言”（inherit spirit, not specific idioms）[92]。

丹下以“新传统”的表述重构日本民族认同的意图在他关于桂离宫和伊势神宫的两本专著中也得到展现。《桂离宫：日本建筑的传统与创造》（*Katsura: Tradition and Creation in Japanese Architecture*）是他与建筑摄影师石元泰博（Yasuhiro Ishimoto）合作出版的，并由格罗皮乌斯作序。格罗皮乌斯曾经于 1954 年在洛克菲勒基金的资助下访问日本，参观桂离宫后对其崇拜不已。另一本书《伊势神宫：日本建筑的原型》（*Ise: Prototype of Japanese Architecture*）由丹下与川添登合撰并采用渡边义雄的摄影作品，于 1962 年在日本首次出版[93]。

前文已提及丹下对桂离宫受到绳文和弥生双重传统影响的解释。而他对伊势神宫一贯的推崇，以及他对这一文化遗产的解读的微妙变化，更有助于我们理解他有关“传统”的理念。1942 年参加“大东亚建设纪念营造规划”设计竞赛时，丹下模仿伊势神宫大殿的建筑形式，并将其与西方纪念性建筑的空间布局方式结合在一起。但是在战后的文章中，他淡化了伊势神宫与帝国体制的密切关联。与他稍早的著作中分析桂离宫绳文和弥生风格的论调一脉相承，丹下提出伊势神宫是传统日本建筑的原型，并在淡化神道教教义的同时强调日本建筑与自然之间的关系。他宣称：

> “日本建筑的晚近发展都始于伊势。以自然的方式使用自然材料、对结构比例的敏感性、对空间安排的感觉，尤其是建筑与自然之间和谐共存的传统，都源于此。”[94]

由此，丹下将日本传统的重点从建筑形式转移到了建筑构思和建造的“自然过程”上。他的合著者川添登进一步阐述了这种“自然过程”。他指出，伊势神宫是日本建筑在不保留原物的情况下延续建筑形式和建筑遗产的一个典型例子，这与西方的建筑保护实践完全不同，表现了日本建筑的特质。对川添登而言，这反映了对不断变化的世界的深刻理解，以及对建筑实践适应自然过程的认识。他声称：

> “可以这么说，设计有其自身的新陈代谢，这使得它能够与自然和社会生命周期保持步伐一致。如传统日式房间必备的障子门，仅仅是将其裱纸更换一遍，就足以获得一种惊人的焕新、透亮的效果。同样，更换新的榻榻米就

能使房间充满淡淡的、洁净的稻草香味……这种习俗甚至可以被视为对伊势神宫定期重建的回应。”[95]

伊势神宫更新的方式确实相当独特。在他的文章中，川添登先用新陈代谢概念来诠释和自然过程相联系的日本建筑传统，继而集中描述伊势神宫最不同凡响的特点：通过令人惊奇的周期性完全拆除和重建，实现了长达1300年的历史延续性。每20年左右，伊势神宫的内外两处大神宫建筑群就会被分别拆除，紧贴着每个建筑群都有一块大小、形状完全相同的基地，上面已经重建了一座除了小细节外形式完全相同的全新的神宫。除了战争时期外，这个规律从未被打破。这种独特的饱含宗教仪式感的重建实践被称为“造替”制度（Shikinen-zokan），表达了神道教最深层次的思想。从实用角度而言，这种做法与木构建筑的生命周期相适应；从仪式象征性角度来看，则体现了与大自然基本规律的紧密关联，即在不断的变化和自我更新中实现永恒[96]。

图 2.30
伊势神宫

图 2.31
伊势神宫，用于周期性重建的两个相邻场地

丹下和川添并不是第一个发现伊势神宫建筑独特之处的人。伊东忠太在 1921 年发表的《伊势大神宫》一文中就强调了自然更新的法则，并称赞它代表了日本的文化精神[97]。丹下和新陈代谢派把这个历史范例提升到更高的高度，将其描述为新陈代谢主义理论的核心原则，使其得以影响现代建筑与城市规划。通过将日本建筑传统与这种特别的周期性重建联系起来，他们期望能发现一种现代建筑的新方法，其不仅能超越战前对日本传统形式的肤浅模仿，而且能够与西方现代主义所输出的影响相抗衡。

丹下与新陈代谢派

在很大程度上，丹下健三一直在理论研究和实验性实践之间来回穿梭，努力重新定义日本的建筑特征，这使他成为年轻一代建筑师的楷模，他们梦想着建立新的设计方法并拓展现代建筑的边界。作为大师，丹下在新建筑运动的兴起中发挥了至关重要的作用，他对新陈代谢派的影响表现在三个方面：对日本传统的重新定义、乌托邦式的城市规划方法，以及对新技术的热衷。这些议题不但是丹下与新陈代谢派之间的共同点，而且是日本建筑战后数十年发展的主线索，它们与日本在此期间的社会转型和政治气候密切相关。丹下通过自己广泛的理论与设计的探索，在这项伟业中起了直接和决定性的作用，也对新陈代谢派成员产生深远影响。正如八束初和吉松秀树（Hideki Yoshimatsu）在他们的书中所说，新陈代谢运动是丹下探索如何用空间语言表达日本文化的一系列努力的延展[98]。新陈代谢派的年轻建筑师既继承了丹下所开启的对建筑和城市规划新论述的探索，也批判他在政治上的保守，试图推进更激进的思想议程。在这样的过程中，他们形成了自己的特征，并反过来又启发了他们的导师丹下健三，这种互动关系在相当程度上缔造了新陈代谢运动。

20 世纪 50 年代席卷日本建筑界的传统论争对新陈代谢运动也产生了深远影响，川添、大高和菊竹等新陈代谢派的主要成员都参与其中。与战前和战时追求“日本趣味”的建筑运动相比，战后关于传统的话题被赋予了新的涵义。一方面，人们对文化根源日益关注，要求重新定义日本传统，另一方面，新的政治环境要求一种符合民主社会、服务于“人民艺术”（Arts for People）的建筑语汇[99]。类似的现象也在欧洲出现，比如第八次 CIAM 会议的主题“城市核心”呼吁回归以象征性公共空间为中心的传统城市形态。作为对新的社会环境的回应，丹下率先提出了建筑设计的“新传统”理念。他的设计，包括广岛和平纪念公园、香川县厅舍和东京都厅舍，都超越了功能主义的手法，融合了三种特质——对新技术的戏剧性表达、市民公共空间的引入，以及传统建筑语汇的更新。这些建筑物都设有公众体验和参与场所，包括公共画廊和社区交流空间，表现出民主姿态。受到柯布西耶晚期粗野主义美学的启发，丹下利用混凝土结构的特性塑造类似传统形式的构图，用裸露的混凝土装饰建筑表面，向民俗主义的绳文风格致敬。他强调建筑师应继承精神而非表面的传统形式，这使年轻建筑师摆脱了设计中的陈规陋习，并鼓励他们探索新的建筑范式。

丹下和新陈代谢派以及他们同时代的建筑师认为，建筑具有永恒

图 2.32
丹下健三，东京都厅舍，1957 年

性，其文化价值超越物质载体，能传承民族精神。正如伊势神宫的定期重建所证明的那样，隽永的形式拥有延续遗产的力量。通过对演变和传承之间的辩证关系的强调，建筑师们在激进的建筑概念和日本本土的宗教哲学观之间建立了联结。丹下和新陈代谢派的这些思想有时与他们的设计是矛盾的，但这并不妨碍他们将建筑创新转化为对文化本体的认同，这种努力与传统建筑的具体形式几乎没有直接关联。

丹下对城市和区域规划的热情是他与年轻的新陈代谢派的第二个共同点。在丹下的职业生涯中，城市主义始终是建筑设计的基础。早在第二次世界大战之前，日本城市的急速、无序发展就已成为一个迫在眉睫的问题，丹下从那时起就一直梦想着改变这一状况。当日本建筑学会要求丹下为战时新占领的亚洲领土提供建筑指导方针时，他强调的是规划的首要地位："城市规划可以给出一个总体环境定位。只有这样，个人的建筑创作才能获得一种自明的意义，并被赋予最大的自由度。没有这种定位，这些作品将是无原则的。在新日本精神的推动下，一种充满活力的南方城市规划和建设形式将会出现。"[100]

丹下的"大东亚建设纪念营造规划"竞赛方案彰显了他关于"城市规划作为建筑和社会发展的基石"的理念。第二次世界大战一结束，丹下就在日本《建筑杂志》发表了《与建设相关的若干问题》一文[101]。在这篇文章中，他倡导在民主制度下优先进行城市规划，以化解封建制度在日本战后城市建设中的残余影响，比如碎片化的土地所有权。丹下认为对城市乃至整个国家进行规划的意义远超建筑风格问题，是经济和社会稳定的基础。在这篇文章中，丹下引述了安德烈·齐格弗里德（Andrè Siegfried）的话："世界正站在十字路口，看你选择自由还是规划。"[102] 他在其他几篇文章中继续倡导城市规划的系统方法，包括1950年为日本建筑学会撰写的小册子《区域规划理论》和他1959年提交给东京大学的博士论文《现代大都市的区域结构和建筑形态》[103]。1962年，丹下参与了东京大学都市工学系的创建，并终生在该系任教。

与柯布西耶一样，丹下着迷于对城市进行整体设计。他对城市新秩序的设想往往意味着对现有规划范式的挑战。他在战时的纪念营造规划方案已显露了介入区域规划的雄心，这一理念延伸到他的战后设计中，并通过不断细化的设计语言得到强化。新陈代谢派建筑师与他一样相信规划的力量，但他们以更激进的设计方法来推动——将对未来城市的构想建立在巨构和城市环境生命周期论的概念基础上。他们的实验性项目为丹下提供了新的想法和富有激情的图像表达，丹下又将这些想法和图像融入针对实际场地和实际问题的更为复杂的提案中。

最后，丹下健三和新陈代谢派都将技术作为实现其城市愿景的前提。在广岛和平纪念公园的最初方案中，丹下提出建设一个巨大的拱门，采用类似柯布西耶启蒙了少年丹下的苏维埃宫方案中礼堂的悬索结构。启发了这个拱门形式的另一个先例是埃罗·沙里宁1947年为美国圣路易斯市设计的 630 英尺（约 192 米）高的盖特威拱门（The Gateway Arch），虽然后者直到 1965 年才建成。沙里宁和丹下的拱门构想都超越了实用的必要性和当时的技术能力，表达了对现代技术的乐观态度，并重新定义了纪念碑的概念。由于日本战后经济条件的限制和广岛迅速重建的需要，丹下的大拱门未能实施，不过这标志着丹下对纪念性的理解迈出了重要一步，激发他在战后项目中继续探索新的设计尺度和新的技术高度。

1959 年丹下在美国访问和任教期间，对城市设计新方法的探索取得了长足进展。作为麻省理工学院客座教授，他指导建筑系一群五年级学生设计了一个坐落于波士顿海湾上、可容纳 25 000 人的住宅小区。他当时显然想到了菊竹的"海上都市"，即他赴美之前在奥特洛的 CIAM 会议上介绍过的项目。不过，丹下和学生们这次采用的设计方法颠覆了菊竹的海上人工岛方案，直接将住宅综合体置于水面之上，这是一个更加大胆的想法。按照设计方案，该项目由两座巨大的长条形建筑组成，一条高速公路从建筑下方穿过，将它们连接起来，并连通到陆地上。这两座巨型建筑的剖面都呈 A 字形，内部容纳多层人造土地，每层人造土地又承载无数的居住单元。该方案在规模和技术上都非同寻常，是丹下首次尝试后来被槇文彦和雷纳·班纳姆称为"巨构"的设计策略[104]。正如班纳姆所指出的，波士顿湾项目显然受到柯布西耶于 1931 年为阿尔及尔（Algiers）所做的城市规划影响，该规划主体是一条沿海边蜿蜒延伸的书架形巨型结构，容纳了整个城市的基础设施和住宅。丹下的 A 形框架结构是对柯布西耶的书架形结构的改进，似乎也吸收了大高正人在晴海设计的大型公共住宅建筑的形式，三者的共同特点是超大规模的支撑结构和架空柱廊。

波士顿湾项目见证了丹下健三和新陈代谢派在技术和城市主义理念上的交汇。川添登后来声称，这个项目中巨构主体和次要结构的整合表达了一个从未见于西方文化中的典型日本式概念。丹下也在 1960 年世界设计大会上所做的题为"技术与人类"（Technology and Humanity）的演讲中介绍了这一项目，以说明技术在设计中的重要作用[105]。他点明技术为人类社会带来的机遇和挑战，呼吁将技术的力量用于造福人类。丹下认为，如果没有建筑师的居中引导，这项任务永远无法完成，

图 2.33
丹下健三，波士顿湾 25 000 人社区，1959 年，模型

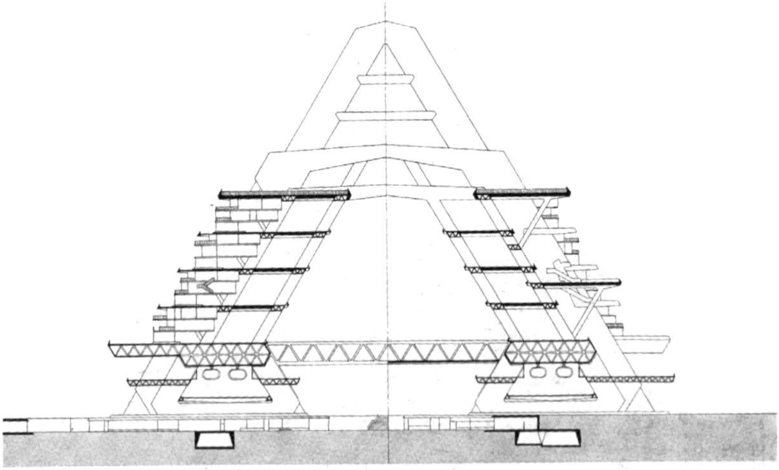

图 2.34
丹下健三，波士顿湾 25 000 人社区，1959 年，剖面图

因为“他们（建筑师）是唯一站在技术与人文中间的人”[106]。丹下在演讲中使用了“新陈代谢”和“细胞”等词语，表明他对新陈代谢派的思想非常熟悉。

反安保条约运动

激进的新陈代谢运动出现在日本战后历史上最动荡的一年并非完全巧合。1960 年，当世界设计大会在东京召开时，正值日美安保条约（The US-Japan Security Treaty）续约的历史节点，东京陷于巨大的紧张局势之中[107]。自 1959 年起，反安保条约运动就此起彼伏，并在 1960 年 5 月和 6 月的一系列大规模示威中达到高潮，全国数百万学生、知识分子和工人参与其中，成为日本现代史上规模最大的反抗运动。包括新陈代谢派在内的许多进步建筑师都参加了示威活动。新陈代谢派之所以同情反安保条约运动，原因之一是这场左翼知识分子对日本战后政治制度的反抗，在很大程度上与他们在乌托邦城市项目中寄托的政治理想不谋而合。

新条约由日本保守派自民党政府于 1960 年 1 月起草。尽管与 1952 年美军占领结束后生效的原条约相比，新条约的条款对日本较为有利，但仍有大量民众对此表示不满。反对者认为新条约违背了宪法规定的日本作为和平主义国家的理念，因为它强化了日本与美国的结盟，并将日本置于美国的核保护伞之内。自 1959 年底开始，日本爆发了无数抵制该条约的抗议和政治争论。1960 年 5 月 19 日，就在世界设计大会闭幕几天后，自民党在国会强行通过了该条约，激怒了反对党和普通民众，引发了更激烈的抗议和连续罢工。6 月 15 日，数万名愤怒的大学生在全日本学生自治会联盟（简称全学联）的组织带领下冲入国会大厦[108]，与警察冲突并造成了严重人员伤亡[109]。

尽管如此，修订后的安保条约还是获得了国会的批准。7 月条约完全通过之后，内阁全体辞职，以化解危机，前国务大臣池田勇人出任新内阁总理大臣。12 月，池田宣布了雄心勃勃的“国民收入倍增计划”，将国家政策的重心转向经济发展。这开启了日本在随后十五年中持续保持的两位数的经济增长率，即所谓的“日本奇迹”。可以说，新安保条约是日本现代社会发展的一个转折点，它的确立结束了日本的政治动荡，让政府集中精力发展经济，推动了经济奇迹的发生。保守派政府最终获得政治胜利，也标志着日本左翼反对派运动的衰落，以民主为重点的现代政治斗争逐渐让位于稳定社会、发展经济和以消费为中心的现代文化的追求。虽然日本的经济实力持续增强，保守主义在政治上占据稳定的主导地位，但右翼政治家、实业家与左翼知识分子之间仍然存在着根本性的社会分歧。这些知识分子，包括进步的建筑师，不得不为他们的抱负和社会梦想寻找其他的平台，并通过其他出口来宣泄他们对现实的不满。丹下和新陈代谢派的城市乌托邦正是在这种社会背景下继续发展的。

1960 年的政治局面也从另一个侧面影响了新陈代谢运动的轨迹。具有讽刺意味的是，虽然保守主义的兴起和反安保条约运动的失败打击了新陈代谢主义者的社会理想，但 1960 年的政治转型所带来的经济繁荣实际上为他们雄心勃勃的城市项目提供了可行性，在某些情况下甚至为这些项目的潜在实现铺平了道路：经济奇迹引发了巨大的建设热潮，城市发展的速度也前所未有。大规模的城市基础设施建设和大城市的持续扩张为新陈代谢主义者的城市理念提供了舞台，使他们在建筑上的创新得以实现。作为对池田“国民收入倍增计划”的直接回应，丹下于 1961 年年初发表了雄心勃勃的“东京规划 1960”。从那时起，人们开始认真研究通过填海造地和建造巨型建筑来实现城市化的建议，以此作为城市扩张和应对高密度环境的解决方案，许多大规模住宅项目和卫星城也应运而生。1963 年，东京取消了 31 米的建筑高度限制，促进了城市的竖向发展。经济实力的增长也为日本带来了举办大型国际盛会的机会，包括 1964 年的东京奥运会和 1970 年的大阪世博会。在两次盛会上，丹下和新陈代谢派的大型规划和雄伟建筑都出尽风头。

注释

1 参见：世界デザイン会議議事録編集委員会 . 世界デザイン会議議事録（東京 : 美術出版社 , 1961）: 217-219. 编辑亚历山德拉・拉图（Alessandra Latour）将这次演讲再版于：Louis I. Kahn, *Writings, Lectures, Interviews*,（New York: Rizzoli, 1991）: 113-116.

2 了解路易・康对战后日本建筑师的影响，参见：Hiroshi Watanabe. “Kahn and Japan: The eastern influence,” *Progressive Architecture* vol. 65（Dec. 1984）: 78-81.

3 Watanabe: 78.

4 了解会议的大纲和论文，参见世界设计会议组织出版的英日双语场刊 *World Design Conference 1960 in Tokyo*。对会议细节的记录也可参见：“メタボリズムの時代” [新陈代谢的时代], 季刊大林（特集 : Metabolism）no. 48（2001）: 96-99.

5　大约 15~20 人参加了这次会议，其中包括美术出版社的经理大下正男以及一些建筑师和设计师。参见：Watanabe: 78; 藤崎圭一郎 ,“菊竹先生、あの夜、カーンと何があったのですか？”[菊竹清训教授，晚上您与路易・康的会面如何?], *Casa Brutus* vol. 52(July 2004）: 75.

6　了解路易・康关于形态与设计的区别的理念，参见：Louis I Kahn,“Form and Design,”世界デザイン会議議事録（東京 : 美術出版社 , 1961）: 217-219.

7　同上。

8　八束はじめ , 吉松秀樹 . メタボリズム —1960 年代 日本の建築アヴァンギャルド [新陈代谢主义：1960 年代日本建筑的先锋派](東京 : INAX 出版 , 1997）: 10.

9　川添登 .“メタボリストたちと学んだ時と今”[新陈代谢派：从学生时代到现在], メタボリズムとメタボリストたち：*Metabolism & Metabolists*, 大高正人 , 川添登 编(東京 : 美術出版社 , 2005）: 14.

10　了解世界设计大会准备工作的历史研究，参见：八束はじめ , 吉松秀樹 : 10-18.

11　日本大学里的建筑学研究生课程是通过以教授为核心的研究室组织的，丹下健三在东京大学的研究室是声望最高的一个，吸引了众多有才华的建筑师。20 世纪 50 年代末至 60 年代初期，丹下在研究室的两位主要助手是浅田孝和大谷幸夫。大谷幸夫后来在京都国际会议中心设计竞赛中脱颖而出。自 60 年代起，从丹下研究室毕业的矶崎新成为丹下在设计上最信赖的助手。丹下的大部分城市设计项目是在东大研究室完成的，直到 60 年代末学生罢课频频发生，他才将所有设计委托都转移到自己的建筑设计事务所。

12　黑川纪章曾经的名字为 Noriaki Kurokawa，后改为 Kisho Kurokawa。

13　参见：岩田知夫 .“作家論：丹下健三の日本的性格”[作家论：丹下健三的日本性格], 新建築 vol. 30, no. 1(Jan. 1955）: 62-69;“丹下健三論—その存在の現代的意味”[关于丹下健三的存在对于当代的意义], 朝日ジャーナル(1965-03-21）: 89-97. 岩田知夫是川添登在这篇文章中的笔名。

14　川添登写了一篇关于晴海公寓大楼的文章，赞美它是新建筑的方向。参见：Noboru Kawazoe.“A step toward the future,” *Japan Architect* vol. 34(Mar. 1959）: 24-31.

15　菊竹清訓 .“塔状都市 ,”国際建築 vol. 26(Jan. 1959）: 12-19; 菊竹清訓 .“海上都市 ,”国際建築 vol. 26(Feb. 1959）: 36-39.

16　Toren Berns.“Why Metabolism was Never Modern?”, *Architecture et idâees*(Summer-Fall 2000）: 59.

17　“メタボリズムの時代 ,”季刊大林(特集 : Metabolism)no. 48(2001）: 97.

18　有一段时期，菊竹清训把公司分成三个小组，每个小组负责他所提出的设计三步骤的其中之一。参见 Watanabe: 79. 了解菊竹清训关于“神、型、形”的概念，参见：Kiyonori Kikutake.“On the Notion of Replaceability,” *World Architecture* 32(1995）: 26-27.

19　川添登 .“メタボリズム 1960–2001—21 世紀への実験”[新陈代谢 1960—2001：21 世纪的实验], 季刊大林(特集 : *Metabolism*)no. 48(2001）: 3.

20　以往关于日本现代建筑的历史研究，很少提及或认可浅田对于新陈代谢运动的影响和贡献。

21　八束はじめ , 吉松秀樹 : 28.

22　参见：Noboru Kawazoe.“Thirty Years of Metabolism,” *Thesis, Wissenschaftliche Zeitschrift der Bauhaus-Universität Weimar* [论文：魏玛包豪斯大学科学杂志] vol.44(1998）: 146-151. 这篇文章最初以日文发表于：*Approach* no.116(1991）.

23　黒川紀章 . 黒川紀章ノ ート：思索と創造の軌跡 [黑川纪章笔录：思考和创作的轨迹]（東京 : 同文書院 , 1994）.

24　菊竹清訓 , 川添登 , 大高正人 等 , METABOLISM 1960：都市への提案 [新陈代谢 1960：

新城市主义提案]（東京 : 美術出版社 , 1960）.

25 同上，3 页。

26 同上。

27 新陈代谢派在 2005 年出版了一本回顾展册子，收录了他们近年来的设计工作。这本书其实更像是一本回忆录，而不是新的理论发展。参见：大高正人 , 川添登 编 . メタボリズムとメタボリストたち：*Metabolism & Metabolists*.

28 详情可参见 1965 年 5 月的《建筑设计》（*Architectural Design*）杂志。

29 菊竹清訓 .“海洋都市 ,” METABOLISM 1960：都市への提案 : 10-13.

30 同上，16-19 页。

31 同上，38 页。

32 从苏联回来后，黑川纪章写了一篇题为《苏维埃社会主义共和国联盟城镇规划的报道》的文章，作为以“纵观当今世界的城市设计”为主题的系列文章中的一篇，发表在《国际建筑》1959 年第 26 卷 5 月号。

33 Noriaki Kurokawa. “Space City,” METABOLISM 1960：都市への提案 : 80.

34 据说在设计这个方案时，黑川纪章受到了自己在家乡度过洪汛的经历的影响，那时他和家人不得不在二楼呆上好几天。参见：川添登 . 季刊大林（特集 : Metabolism）no. 48（2001）: 18. 八束和吉松发现黑川纪章的农业都市很像提倡城市解体的苏联城市理论家伊万・列昂尼多夫（Ivan Leonidov）的学生巴维洛夫（Bavirov）兄弟在 20 世纪 20 年代做的学生作业。他们怀疑黑川纪章也许就是在访问苏联的那段时间看到了那个方案。参见：八束初 , 吉松秀樹 : 17.

35 大高正人出生在日本北部福岛县的一个农民家庭里，在那里人们以农业为生。土地对于农业至关重要，这一意识可能从大高正人的童年开始就影响着他。

36 大高正人 , 川添登 : 12.

37 Fumihiko Maki. “Acceptance Speech at the 1993 Ceremony for Pritzker Architecture Prize.” *The Pritzker Architecture Prize 1993*, Presented to Fumihiko Maki / sponsored by the Hyatt Foundation（Los Angeles: Jensen & Walker, 1993）; Fumihiko Maki. “Notes on Collective Form,” *Japan Architect* 16（Winter 1994）: 247-297.

38 大高正人 , 槇文彦 .“群造形へ” [走向群造型], METABOLISM 1960：都市への提案 : 56-59.

39 1954 年，在太平洋打鱼的日本渔夫受到美国军事核试验导致的核辐射，反核运动就此开始。这些反核观点成为 20 世纪 50—70 年代一系列哥斯拉（Godzilla，日语：ゴジラ）电影的主题，在这些电影里，毁坏城市的巨型怪物“哥斯拉”被视为核能的化身。参见：Hajime Yatsuka. “Godzilla versus the Metabolist Mega-monuments,” *Tokyo: World Cities*, Botond Bognar ed.（London: Academy Editions, 1997）: 353-354.

40 川添登 .“物質と人間” [物质与人], METABOLISM 1960：都市への提案 : 48.

41 同上。

42 同上，49 页。

43 同上，50-51 页，翻译自作者的日文原文。

44 Cherie Wendelken. “Putting Metabolism Back in Place: The Making of a Radically Decontextualized Architecture in Japan,” *Anxious Modernisms: Experimentation in Postwar Architectural Culture*, Sarah Williams Goldhagen and Rejean Legault eds.（Cambridge: MIT Press, 2000）: 286.

45 电视剧《我想成为一颗贝壳》由日本广播协会（NHK）于 1958 年制作。

46 《城市破坏业公司》首先发表于《新建筑》杂志 1962 年 11 月刊。之后再次发表于：磯崎新 .“都市破壊業 KK” [城市破坏业公司], 空間へ [到空间去]（東京 : 美術出版社 , 1971）: 11-20.

47　同上。

48　Jonathan M. Reynolds. "Ise Shrine and a Modernist Construction of Japanese Tradition," *The Art Bulletin* vol. 83, no. 2 (June 2001) : 324.

49　关于日本现代化道路的争论，参见：Harry Harootunian. "America's Japan / Japan's Japan," *Japan in the World*, Masao Miyashi and H. D. Harootunian eds. (Durham: Duke University Press, 1993) : 196-221.

50　了解日本传统论争的细节，参见：八束はじめ . 思想としての日本近代建築 [日本近代建筑思想史] (東京 : 岩波書店 , 2005) ; 藤森照信 . "伝統論争" [传统论争], 新建築 (12 月臨時増刊：現代建築の軌跡) (1995) : 16-30.

51　竹内好是著名文艺评论家、中国现代文学专家，并对日本文化有深刻研究。他翻译并向日本引介了 20 世纪中国作家鲁迅的文学作品。

52　明治时期的口号"和魂洋才"（Wakon-Yosai）证明了抵抗西方影响的斗争的持续存在。这个词的意思是"日本精神结合西方科技"，指学习西方技术的同时保留民族文化本质作为核心思想。

53　勒・柯布西耶及其表弟皮埃尔・让纳雷（Pierre Jeanneret）提交给国际联盟总部的竞赛方案受到了先锋建筑师和评论家的广泛赞誉，但最终被评审团拒绝。除了其他影响外，这场争议使现代主义建筑师团结起来对抗建筑学保守势力，并促成了 1928 年 CIAM 的成立。

54　了解关于东京帝国博物馆设计竞赛风波的细节，参见：八束はじめ . 思想としての日本近代建築 [日本近代建筑思想史] (東京 : 岩波書店 , 2005) : 374-384.

55　日文"寝殿"字面上的意思是"宫殿"。它是日本建筑中一种重要传统形式，一般是贵族阶级的住宅建筑形制。

56　浜口隆一 . ヒューマニズムの建築 [人文主义建筑] (東京 : 雄鶏社 , 1947) .

57　岩田知夫 . "伝統と民衆の発見をめざして" [走向传统和人民的发现], 新建築 vol.31 (July 1956) : 13-15.

58　同上。

59　现在仍存在关于绳文与弥生时代的辩论，一些历史学家认为这两个时期在历史上实际是并行的。参见：Arata Isozaki. *Japan-ness in Architecture* (Cambridge: MIT Press, 2006) : 33-46.

60　冈本太郎在巴黎期间与社会学学院（College of Sociology）的成员关系密切，包括伊曼纽尔・列维纳斯（Emmanuel Levinas）、乔治・巴塔耶（Georges Bataille）和罗歇・凯卢瓦（Roger Caillois）。他 1940 年回到日本后着迷于粗犷有力的绳文陶器。与社会学学院的交流引发了他对绳文的平民主义风格和弥生的精英风格的解读。对这个观点的表述可参见他的著作：岡本太郎 . 日本再発見—芸術風土記 [日本再发现——艺术风土记] (東京 : 新潮社 , 1958) . 了解冈本以及他在关于绳文与弥生风格的讨论中扮演的角色，参见矶崎新的 *Japan-ness in Architecture*。

61　根据矶崎新的观点，冈本摒弃弥生风格而对绳文风格情有独钟是具有政治意涵的。20 世纪 50 年代，弥生风格总是和美国式现代主义及美国对日本的占领相联系。这些弥生风格的日本性概念体现在 1954 年展出于纽约 MoMA 的吉村顺三的日本住宅"松风所"（现位于美国费城）中。相反，与冈本的欧洲现代主义理念一致的绳文美学孕育着一种内在的动感，而不是从外国的角度所理解的极简风格的日本美学。参见：矶崎新，出处同上，39 页。

62　丹下健三在他的文章中称："桂离宫的书院风格从根本上属于弥生时代的贵族传统，属于从"寝殿造"发展而来的"书院造"（Shoin-zukuri）风格，其建筑的建造服从于美学平衡和空间连续序列的原则。然而又有一些东西使它不仅仅止步于一个形式的实验，并为空间赋予了一种活泼的运动状态和自由的协调关系。这些东西就是绳文传统中普通人的天然活力与不断更新的潜力。绳文的元素在园林的假山和茶室中体现得最为明显。同时，弥生传统的美学原则发挥了调和的力量，防止这种流动感、这种还未成熟且不协调的形态演变成一种嘈杂。正是在桂离宫，传统与创新的辩证关系具现化了。桂离宫建造的时期正是绳文与弥生两种传统文化第一次碰撞的时代。当这种碰撞发生时，上流阶层的文化形式主义与下等阶层社会的活力就结合在一起了。桂离宫的创造性正是源自这两者的动态结合，即传统与反传统的辩证的解决手段。”参见：Kenzō Tange, Walter Gropius, and Yasuhiro Ishimoto. *Katsura: Tradition and Creation in Japanese Architecture*（New Haven: Yale University Press, 1960）: 35. 了解丹下健三与川添登针对绳文与弥生时代讨论的分析，参见：Jonathan M. Reynolds. “Ise Shrine and a Modernist Construction of Japanese Tradition,” *The Art Bulletin* vol. 83, no. 2（June 2001）: 316-341.

63 Béton brut 是勒・柯布西耶用来描述他所选择的材料——清水混凝土的法文术语。它直接导致了 20 世纪 50 年代粗野主义建筑的诞生，并对艾莉森・史密森和彼得・史密森夫妇、路易・康和保罗・鲁道夫等建筑师产生了重要影响。此外，英国建筑评论家雷纳・班纳姆把“粗野主义”作为自己 1966 年出版的著作的标题，也推动了粗野主义的广泛传播，参见：Reyner Banham. *The New Brutalism: Ethic or Aesthetic?*（London: Architectural Press, 1966）.

64 “メタボリズムの時代”[新陈代谢的时代], 季刊大林（特集 : *Metabolism*）no. 48（2001）: 96.

65 同注释 19。

66 Noboru Kawazoe, “Thirty Years of Metabolism”: 147.

67 ワルター・グロピウス , 丹下健三 , 石元泰博 . 桂：日本建築における伝統と創造 [桂离宫：日本建筑的传统与创造]（東京 : 造型社 , 1960）; 丹下健三 , 川添登 , 渡辺義雄 . 伊勢：日本建築の原形 [伊势神宫：日本建筑的原型]（東京 : 朝日新聞社 , 1962）.

68 Kisho Kurokawa. *Metabolism in Architecture*（Boulder: Westview Press, 1977）.

69 Arata lsozaki. “Theory of Process Planning, 1963,” *Arata lsozaki 1959–1978*（*GA Architect* 6）: 30. 矶崎新也在后来的文章中对过程规划的概念作了详细的描述，参见：磯崎新 . “プロセス・プランニング論”[过程规划理论], 空間へ（東京 : 美術出版社 , 1971）: 76-97.

70 Arata Isozaki. “Invisible City,” *Architecture Culture, 1943–1968: A Documentary Anthology*, Joan Ockman ed.（New York: Rizzoli, 1993）: 403-404.

71 同上，404 页。

72 作为丹下健三在东京大学的同事，高山英华的作品也在这次展览中展出。

73 David Stewart. *The Making of a Japanese Modern Architecture*（Tokyo: Kodansha International, 1987）: 235.

74 八束はじめ , 吉松秀樹 : 36. 在大谷幸夫于 1963 年的京都国际会议中心竞赛一举成名之前，他的空想城市规划作品与新陈代谢派的项目很类似。1961 年他针对城市设计提出“合成、组织、结构”三要素的概念，但与丹下健三及新陈代谢派的巨构形式不同的是，他强调建筑应该是城市的一部分，并应尊重城市环境。了解大谷幸夫的城市理论和设计作品，参见：八束はじめ , 吉松秀樹 : 242-244.

75 丹下健三 . “MICHELANGELO 頌— Le Corbusier 論への序説として”[咏米开朗琪罗：对勒・柯布西耶研究的介绍], 現代建築 12（Dec. 1939）: 36-47.

76 丹下健三的英文自传发表于 1985 年 4 月—1986 年 6 月在《JA》杂志上。这一系列文章以“Recollections: Architect Kenzō Tange”为题，是以丹下在《日本经济新闻》上连载 30 期的系列回忆录基础上增补而成的。

77 第二次世界大战后，东京帝国大学改名为东京大学。

78 高山英华于第二次世界大战后在东京大学创立了“都市工学科”，丹下健三任该系教授兼城市设计项目主任。

79 Kenzō Tange. “Recollections: Architect Kenzō Tange, no. 2” *Japan Architect*（May 1985）: 10.

80 保田的所谓“浪漫派”推崇的非一般文学艺术意义上的浪漫主义，而是具有一定的右翼色彩。

81 了解该项目的细节，参见：Young. *Japan's Total Empire: Manchuria and the Culture of*

Wartime Imperialism.

82　Kenzō Tange.“Recollections: Architect Kenzō Tange, no. 2”: 7.

83　同上，10 页。

84　同上。

85　参见：志賀重昂 . 日本風景論 [日本风景论]（東京 : 岩波書店 , 1937）. 志贺重昂是明治时期杂志《日本人》的编辑，提倡日本传统，反对西方化。了解他对于富士山的讨论的细节，以及他对丹下健三规划概念的影响，参见：Hajime Yatsuka.“The 1960 Tokyo Bay Project of Kenzō Tange,” *Cities in Transition*, Arie Graafland and Deborah Hauptmann eds.（Rotterdam: 010 Publishers, 2001）: 178-191.

86　Kenzō Tange.“Recollections: Architect Kenzō Tange, no. 2”: 12.

87　Reynolds.“Ise Shrine and a Modernist Construction of Japanese Tradition.”

88　参见：伊東忠太 .“伊勢神宮”[伊势神宫], 伊東忠太著作集：日本建築の研究 [伊东忠太著作集：日本建筑的研究]（東京 : 原書房 , 1982）: 227. 这篇文章起初发表于《东京每日新闻》。伊东忠太被认为是日本第一位建筑历史学家，他的学术成就虽然主要在日本佛教建筑领域，但也发表过关于日本神道教建筑和伊势神宫的文章。他发表的大量文章以及在东京帝国大学的任教经历，对人们认识日本现代之前的建筑产生了深远的影响。乔纳森・雷诺兹批评伊东忠太在关于伊势神宫的文章中的民族主义倾向，并指出伊东“模糊了建筑理论与宗教政治理论的区别”。包括矶崎新在内的一些作者也表示，神道教建筑事实上不是日本建筑的原型，它更像是“创造出来的传统”，因为日本神道教是公元 7 世纪才出现的，它的产生是为了对抗早在几个世纪前就从中国流传过来并在日本盛行的佛教。参见：磯崎新 .“イセ：始源のもどき”[伊势：人造的起源], 伊勢神宮 , 磯崎新 編（東京 : 岩波書店 , 1995）. 西方对伊势神宫建筑的赞赏起源于布鲁诺・陶特 1933 年从日本旅行回来后写的文章，他把伊势神宫和雅典卫城相比较，写道：“帕提农神殿是石质建筑在美学上的登峰造极之作，伊势神宫在木构建筑中的地位与其相似。”参见：Bruno Taut. *Houses and People of Japan*（Tokyo: Sanseido, 1937）: 139.

89　1934 年，从大连到沈阳的快速铁路线“亚细亚快线”建成，速度达到每小时 134 公里，它也是 20 世纪 60 年代日本新干线特快列车的先驱。参见：Hajime Yatsuka.“The 1960 Tokyo Bay Project of Kenzō Tange”: 178-191.

90　Jacqueline Eve Kestenbaum. *Modernism and Tradition in Japanese Architectural Ideology, 1931–1955*（Ph.D. dissertation of Columbia University, 1996）: 203.

91　1960 年 4 月 27—29 日，丹下健三对安东尼・雷蒙德（Antonin Raymond）的采访连续三天在日本广播节目中播出。在这次访谈中，丹下谈到了“新传统”的话题。这次访谈的一部分内容的英文译文发表于《建筑设计》杂志 1961 年 2 月号的第 56-57 页。在这次访谈中，雷蒙德以怀疑的态度回答了丹下健三关于传统的问题，他坚持说：“我发现真正的日本传统同优秀设计原则是一致的，就如同这个世纪早期现代主义的创始人所表达的一样。”雷蒙德还批评了“一些年轻日本建筑师”的作品“过于复杂”，以至于与“真正的日本传统”相违背。在他的自传中，雷蒙德引用丹下健三的广岛和平纪念公园，作为模仿由他设计、1951 年建成的东京读者文摘大楼的例子之一，还宣称那些年轻的建筑师“只学到它的外表”。参见：Antonin Raymond. *An Autobiography*（Rutland: Charles E. Tuttle, 1973）: 213, 249-250.

92　Oscar Newman. *New Frontiers in Architecture: CIAM'59 in Otterlo*（New York: Universe Books, 1961）.

93　渡边的伊势神宫摄影作品是在 1953 年伊势神宫内宫主殿于二战后首次进行定期重建时拍摄的。这批照片是伊势神宫首次授权的摄影作品，其中一部分照片被收录在由日本国际文化关系协会在 1955 年出版的《日本的建筑之美》（*Architectural Beauty in Japan*）一书中，后来又收录在《新建筑》杂志和亚瑟・德雷克斯勒（Arthur Drexler）的《日本建筑》（*The Architecture of Japan*）等书中。这些照片激发了建筑师将伊势神宫作为重要的日本传统来学习的强烈兴趣。参见：Reynolds: 316-341.

94 丹下健三，川添登，渡辺義雄．伊勢：日本建築の原形：16.

95 同上，206 页。

96 根据造替制度，伊势神宫内宫和外宫两组建筑群都有一样大小的、并排的两块基地，当一组在使用中时，另一组处于空置或正在修建的状态。每隔 20 年，一组被拆掉的同时，另一组被建起。这种兼具仪式性和功能性的重建工作据说从公元 685 年就开始了。起初重建的周期不那么确定，较早的时候是每隔 19 年重建一次，中世纪的混乱导致重建工作中断了 100 多年，后来就正式定为每 20 年重建一次，因为人们认为每 20 年神殿的使用年限就到期了。也有一些人认为 20 年是木工手艺传承一代人的时间。伊势神宫离现在最近的一次重建是 2013 年的第 62 次重建。参见：Arata lsozaki. *Japan-ness in Architecture*: 131, 323.

97 伊東忠太：227.

98 八束はじめ，吉松秀樹：40.

99 八束和吉松发现，日本、意大利这些在第二次世界大战中战败的国家滋养了左派的民族主义运动，这些运动也要求重新审视传统的价值。出处同上，36 页。

100 日文原文载于：建築雑誌［建筑杂志］vol. 690（Sep. 1942）. 这段文字也被翻译成英文，收录于：Arata Isozaki. *Japan-ness in Architecture*: 106.

101 丹下健三．"建設をめぐる諸問題"［围绕建设的一些问题］, 建築雑誌 vol. 737（Jan. 1948）.

102 同上。

103 丹下健三．地域計画の理論［区域规划理论］（日本建築学会研究報告，1950）；丹下健三．都市の地域構造と建築形態［现代大都市的区域结构和建筑形态］（东京大学博士学位论文，1959）.

104 参见：Fumihiko Maki. *Investigations in Collective Form*（St. Louis: Washington University Press, 1964）; Reyner Banham. *Megastructure: Urban Future of the Recent Past*（New York: Harper and Row, 1976）.

105 Kenzō Tange. "Technology and Humanity," *Japan Architect*（Oct. 1960）: 11-12.

106 同上。

107 日美安保条约的全称是《美利坚合众国与日本相互合作与安全条约》，是在 1952 年美军对日本占领结束时制定的，1960 年是预定修订续约的时间。这个条约允许美国军队继续使用在日本的基地，从而对远东地区进行防卫，也能响应日本政府的要求援助其平定国内骚乱。虽然日本当局和大多数民众支持新条约的颁布，但还有相当一部分民众不赞同，认为这个条约制约了日本的独立。

108 "全日本学生自治会联盟"成立于 1948 年，1960 年左右分裂成若干派系，合称"新左派运动"，以同日本共产党区别开。参见：Arata Isozaki. *Japan-ness in Architecture*: 323.

109 了解 1960 年的动荡局面的细节，参见：George R. Packard. *Protest in Tokyo: The Security Treaty Crisis of 1960*（Princeton, NJ: Princeton Press, 1966）; David E. Apter and Nagayo Sawa. *Against the State: Politics and Social Protest in Japan*（Cambridge, MA: Harvard University Press, 1984）.

矶崎新，空中都市模型，1961 年

第三章
新陈代谢主义乌托邦

新陈代谢派的城市设计常常将海洋和天空想象为人类未来的栖息地，这些构想乍一看似乎不切实际，然而它们并非只是建筑史学家所描绘的幻想作品。正如现代主义的先驱布鲁诺·陶特（Bruno Taut）和柯布西耶确信的，建筑是社会变革的基础。受此观念启发，丹下健三和他的后辈们认为，建筑的革命和城市的重构比其他任何事物都更有可能推动新秩序在现代社会中的诞生[1]。虽然新陈代谢派的理想城市并未摆脱传统的乌托邦规划模式，但他们对现代技术的独特诠释为这一传统注入了新的思想。

第二次世界大战后几十年的发展，使日本社会具备了催生乌托邦项目的要素，具体而言就是急剧的社会变化与现有体制无力应对这些变化的矛盾。这种现象也曾出现在其他国家的重大变革时期，如文艺复兴早期的意大利和工业革命初期的英国与法国。战后的日本发生了巨大的社会和技术变革，加上刚刚经历的战争创伤，使这个社会与它的过去产生割裂，并孕育着新秩序的出现，这正是满怀愿景的建筑师和规划师们所期待的。在战后十多年里出现的各种文化和政治运动正反映了这种社会状态，这些运动在 1960 年日本全国性的反安保条约示威和冲突中达到了顶峰。这种社会状态也孕育了新陈代谢运动，但政治的保守和经济的限制，特别是土地资源的匮乏和建筑法规的制约阻碍了这些建筑师们的雄心壮志，使得他们的设想只能停留在理论层面。

新陈代谢派所构想的理想城市是日本特定城市危机下的产物。大城市的快速增长带来了种种城市弊病和社会问题，东京更成为重灾区，这促使他们去寻求根治的办法，成为乌托邦构想的最初诱因。战后日本的城市人口以前所未有的速度增长，但城市基础设施的发展远为滞后，导致城市景观混乱。随着城市疯狂向周边乡村扩张，城市内在的结构关系被持续削弱。新陈代谢派把这样巨大而无序的城市看作怪物，也把东京混乱的城市结构、迷宫般的街道系统和老旧的基础设施看作日本封建制度的残余，认为它们阻碍了现代工业社会的可持续发展。就像菊竹清训在《新陈代谢 1960》中所述的：

> “我们提出的并不是针对未来城市的构想。目前都市区的混乱和瘫痪状态，以及系统性规划的缺乏迫使我们提

> 出这样的方案……东京这个大城市已经病入膏肓，由于其庞大的规模，城市已经失去了对自身的控制能力。而东京甚至还试图隐瞒自己的病情，并依赖居民长久以来的隐忍和适应来为目前的状况辩护。”[2]

新陈代谢派建筑师们梦想的是这样一座城市：一旦建成，它将提供一个现代工业社会应具备的真正稳定秩序。然而，由于东京已经丧失实施系统性城市规划的可能性，且其基础设施严重落后，他们决定让现状城市自生自灭，同时在外面创建一个全新的城市。他们追求的不是城市面貌的改善——无论这一改善有多全面——而是在城市建设和运作方式上的全方位革命。

在 1991 年发表的一篇文章中，著名建筑史学家伊藤郑尔（Teiji Ito）回忆起他的前同事矶崎新在 30 年之前说过的一段话。这位雄心勃勃的年轻建筑师说：

> “东京已经无可救药了。我不再考虑高度低于 30 米的建筑……我把所有低于 30 米的建筑留给别人去做。如果有人认为他们可以解决这个城市的混乱状况，就让他们去试试吧。我只考虑 30 米以上的高空建筑和城市。我所需要的仅仅是一块 10 平方米左右的空地，我会在那里立一根擎天巨柱，它既是结构柱，也是垂直交通通道。”[3]

于是，矶崎新著名的“空中都市”（City in the Air）方案应运而生。在 1963 年以前，东京建筑法规规定任何建筑物的高度不能超过 31 米。这一高度限制是在 1923 年关东大地震之后制定的，此次地震摧毁了城市的大部分地区，造成的损失仅次于第二次世界大战末期的轰炸。虽然在震后的许多年里，东京市民及规划者们对地震造成的惨象仍然记忆犹新，但是人们几乎无法采取任何有效措施从根本上改善城市的布局，以使这座城市在下一次类似事件中免受重创。震后重建的东京呈现依旧故我的中世纪城市风貌：这里有数不清的曲折小巷和密密麻麻的低矮木质建筑。除了过时的基础设施和支离破碎的城市结构，土地所有权问题也令东京的规划师们在战后重建中束手无措：当时的日本土地所有权相当分散，每一个街廓的土地通常都由无数小业主持有，这就使任何大规模干预都十分困难。在战争结束初期，日本实施了推动社会平等化的土地改革，导致土地所有权进一步被细分，使这一状况雪上加霜。

矶崎新明确反对城市设计中建筑高度和分区的桎梏，因此设计了高耸入云的城市，同时他也希望他的新城市和现存的、被他认为"无可救药"的旧城区没有任何关联。但与柯布西耶 1925 年发表的著名的巴黎伏瓦生规划（Plan Voisin）里提出的抹除老城区的做法不同，矶崎

新决定让旧东京继续存在并保持原样[4]。他只需要竖立若干根仅“占地 10 平方米左右”的核心筒，筒的内部包括建筑的垂直交通和其他设施；在筒核高于 31 米（也就是旧东京的天际线高度）的部分上，悬臂式结构向各个方向水平伸出，生长出无数可作为住宅或办公的单体空间，形成一簇簇空中社区。整个空中都市的意象有如一棵大树（新城市）从一片茂密的灌木林（老城市）中拔地而起。这种区分垂直支撑结构和可居住空间，并赋予它们各自鲜明建筑形态的做法应当受到了路易・康的启发。康所设计的宾夕法尼亚大学理查兹医学研究实验楼开创性地采用了区分“服务空间”（垂直核心）和“被服务空间”（实验

图 3.1
矶崎新，空中都市，1961年，模型

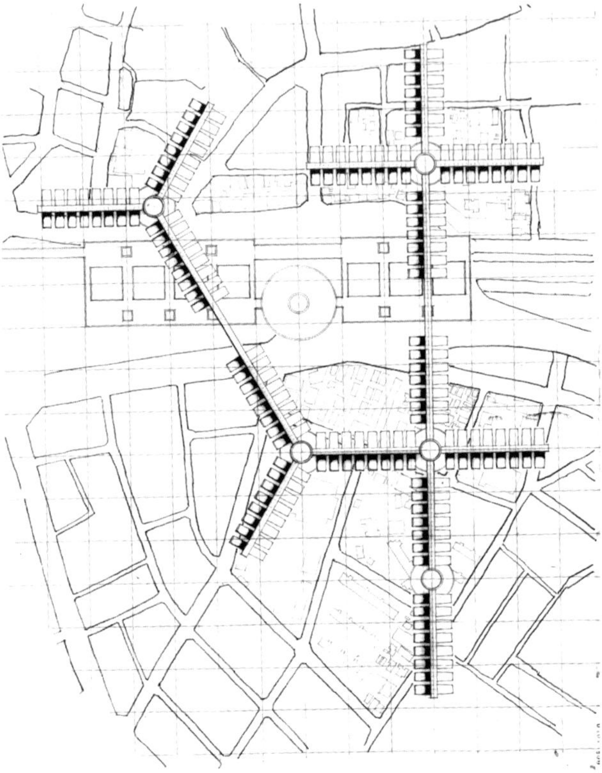

图 3.2
矶崎新，空中都市，1961 年，平面图

室和办公室）的设计方法，使建筑物能够随着时间的延续而不断增添新的空间。矶崎新则将这个手法的尺度推向极致，创造出科幻电影般横跨于城市上空的巨构造型[5]。尽管矶崎新并非真的想将这一设计蓝图付诸实施，但它确实极具震撼力，以至于丹下健三在 1963 年东京城市高度限制正式解除之后，便将这一构想结合到了静冈新闻与放送东京支社大厦（Shizuoka Press and Broadcasting Center）的设计中，虽然它的尺度要比矶崎新的构想小得多。

矶崎新这种不妥协的态度得到所有新陈代谢派成员的认同。社会的快速变化在带来混乱的同时，也激发出不同寻常的能量，在这两者的共同影响下，这些建筑师们呼吁一种能彻底改变现有城市结构的新模式。在这场运动中，建筑师们对战后日本城市所面临的问题提出了不同的解决方案，菊竹清训着迷于“海上都市”的构想；黑川纪章提出了“城市连接器”（Urban Connector）的概念；大高正人潜心研究

“人造土地”的可能性；槙文彦受到乡土民居的启发，提出了“群造型”理论；而丹下健三试图把这些概念联系起来，融合到一个“线性城市”模式之中——而在这所有的规划和设计中，没有一个是基于现有城市框架的。建筑师们坚信他们的社会需要一种新型的城市：不仅是新的城市形态，还要有新的组织和运行方式。他们对现有的城市状态持批评态度，担心任何与现有城市的关联都会导致都市混乱、社会冲突及战争和灾难等弊端延续下去。

新陈代谢派认为，这种旨在医治日本当下弊病的、彻底的城市重建并未与传统背离。相反，他们认为这将恢复日本传统的尊严，同时有助于解决社会危机和民族文化正面临的困境。事实上，“空中都市”与日本传统木构建筑斗拱系统之间的相似之处已得到普遍认可[6]，特别是奈良东大寺，其南大门立在巨柱上方的雄浑斗拱悬臂支撑着梁和大屋顶，被认为是矶崎新的巨构建筑的灵感之源[7]。

这些未来城市的设想成为新陈代谢派推广他们政治理想和社会抱负的工具。一方面，这些建筑师们倡导有时代特征的社会价值观，例如民主、平均主义、技术普惠性、土地解放，以及人与社会的流动性；另一方面，他们的设计所依托的城市组织结构往往是等级分明、中央集权甚至是公有制的，这些都是传统乌托邦设计的特征。类似的矛盾也出现在他们试图将东方传统价值观与西方科技力量结合起来的项目中。这些城市理想之间的矛盾表明，建筑师的创作受到包括建筑层面和意识形态层面在内的多种因素影响，而这些因素又与日本典型的城市和社会背景有千丝万缕的联系，共同塑造了对未来社会的规划。作为针对现代城市问题所提出的解决方案，新陈代谢派的城市设计有时也包含对其他乌托邦构想的批评。因此他们的城市模型表现出多样化的设计理念和意识形态。这种多样性体现在建筑师对技术的不同态度、体现在巨构建筑和群造型这两种概念之间的对立，还体现在“废墟城市”（City as Ruin）这种反乌托邦的理念上。这些多元的设计理念和社会理想使新陈代谢运动成为乌托邦城市主义研究中的一个特殊的对象。

公有制社会

诚然，城市的物质形态是新陈代谢派关注的重点。除了川添登对此略有着墨外，其他人并没有像罗伯特·欧文和夏尔·傅立叶等政治改革家或者弗兰克·赖特等建筑大师那样，对其所设想的理想城市的制度和社会条件作出详尽的描述，然而新陈代谢派所构想的非凡城市形态仍然传达了强烈的政治信息[8]。当我们深入剖析这些建筑师的城市构想，并将之与他们的各种宣言和其他著作结合起来分析时，便不难看出他们的理想城市也对应着大胆的制度设计，尽管在细节上多少有些模糊。

新陈代谢派的城市提案首要的一个共同特征源于他们对现代集体社会的畅想。新陈代谢派设计的城市往往由多个自成一体的集体社区组成，每个社区的人口少则2000人（农业都市），多则50万人（海上都市）。它们实行土地公有制、城市集中管理制。新陈代谢派希望用小城市集群来取代大都市，这些小城市集群将形成一个区域网络或线性城市体系。城市和乡村都会被融入新的城市集群中，因此城乡之间的差别将不复存在。建筑师们将成为这种新型城市的缔造者：他们不仅负责设计城市的主体结构以及建筑单体的原型，也负责公民的教育，使每个公民都能在这个公共的城市框架内自由选择他们的生活方式。这些城市将会享有经济上的富足和政治上的民主，人们过着和平、浪漫的田园般的生活，与此同时又能享受最新的科学技术所带来的种种便利。总之，新陈代谢派的理想城市的特点是诸多经典矛盾的融合：城市和乡村、集权和民主、秩序和自由、传统和现代。这些理想来自之前不同的思想流派，展示出了古典乌托邦思想的延续性，同时又以一种特殊方式对现代日本社会所面临的难题作出回应。

城市土地和基本设施，或是像新陈代谢派所提倡的“人造土地”，是公共所有、公共管理的，它们构成了城市的永久基础。与此相对，私人住宅和办公空间由可移动模块构成，它们并不“占用”任何土地或是人造土地，而仅仅是“附着”于这些土地之上。新陈代谢派奉行土地公有制，拒绝其他的理想社会模式，例如赖特在“广亩城市”中倡导的农业民主社会或霍华德的“田园城市”中提出的合作型社会

(co-operative socialism)[9]。对于新陈代谢派来说，土地公有制将杜绝土地投机，保证社会的真正平等。

纵观新陈代谢派的设计，每个社区都建立在巨大空间结构之上，并容纳固定数量的人口。例如，菊竹清训“海洋都市”里的“塔形社区”能提供1250个居住单元，供5000人居住，每个移动街区可容纳1万~3万人口；黑川纪章的“农业都市”建造在一块500米×500米的混凝土板上，可支持2000人的生活；丹下健三指导麻省理工学院学生设计的“波士顿湾25 000人社区”包含两个A形剖面的巨构，一共可居住2.5万人。新陈代谢派坚持在理想城市中进行严格的人口控制，当人口增长超出规定限额时，新的城市模块将以类似细胞分裂的方式诞生，这样每个城市将保持稳定的人口数量以避免过度拥挤带来的混乱。

新陈代谢派集体社区理念的原型之一是现代主义的公共住宅项目。20世纪初以来，建筑师、规划师、政府公共部门都在积极开发大规模住宅项目，以容纳工业城市不断增长的人口。这种趋势最初始于社会主义思潮与现代主义建筑同步发展的欧洲，如德国的Siedlungen（字面翻译为“居民点”）和奥地利的Gemeindebauten（字面翻译为“社区”）都是这个时代的产物，它们都是由市政府主导的大型开发项目，旨在为低收入家庭提供住房。知名例子包括恩斯特·梅（Ernst May）在法兰克福为工人建造的一系列公共住房项目，以及卡尔·恩（Karl Ehn）在奥地利社会民主党执政期间于维也纳兴建的卡尔–马克思住区（Karl-Marx-Hof）[10]。这些项目大都建于20世纪20年代后期，是信奉社会主义的城市政府、强大的城市规划师和有抱负的现代主义建筑师合作的结果。他们致力于使用现代建筑和技术（比如工业化建造技术和新建筑材料）来改善无产阶级的生活条件。第二次世界大战后，这一趋势蔓延到美国，无数的高层建筑在大城市里如雨后春笋般涌现，其中所包含的社会改良目标却在传播中淡化了。1950年前后，密斯·凡·德·罗（Mies van der Rohe）在芝加哥湖滨大道上设计的高层玻璃幕墙公寓成为美国大规模城市住宅的样板。1959年，贝特朗·戈德堡（Bertrand Goldberg）在芝加哥河畔设计了“马里纳城”（Marina City），包含两座圆柱形塔楼，塔楼底部是螺旋形的多层停车场，其上方是豪华公寓。这种形式显然启发了菊竹的塔状社区，他发表在《新陈代谢

1960》的文章中就包含了一张马里纳城的模型照片。大高正人作为新陈代谢小组中实践经验最丰富的建筑师，在 20 世纪 50 年代也参与了一系列公共住房建设项目[11]。1958 年，在为前川国男工作期间，他设计了位于东京湾填海区的晴海公寓大楼，这个项目是日本住宅公团（Japan Housing Corporation）为解决东京住房危机而开发的系列工程之一。

对新陈代谢派的集体社区设计影响最深的当属柯布西耶设计的马赛公寓（Unité d'Habitation de Marseille）。这座受马赛市政府委托设计的建筑物高 17 层，包含 337 套住房，整座公寓楼被巨大的立柱架空于地面之上。它不仅可以容纳约 1600 名居民，还在两层公共层里设置了商店、洗衣房、餐厅、医疗机构、教育设施和旅馆等商业服务设施。它的屋顶平台也被设计为社区公共空间，有游泳池、300 米跑道以及儿童游乐区等休憩娱乐场所。相较于这些公共服务空间，公寓的居住空间是绝对私密的，尽管每套公寓都有大大的窗户用以采光，但它们只能通过内部“走廊”进入。马赛公寓是一个坐落在公园般环境中的独立社区，柯布西耶将其描述为“垂直田园城市”（vertical garden city），他希望这一设计能成为工业城市大规模重建的居住区原型。柯布西耶这种在大型社区中创造私密生活空间的灵感来自中世纪修道院。当他首次

图 3.3
卡尔·恩，卡尔－马克思住区，维也纳，1930 年

图 3.4
贝特朗 · 戈德堡，
马里纳城，芝加哥，
1964 年

参观佛罗伦萨附近的爱玛修道院（Monastery of Ema）时，那种梦幻般的环境使他深刻感受到“个人和集体生活之间的积极互动所产生的和谐”[12]。修道院这一建筑类型中个体性和集体感的融合，构成了柯布西耶后来在其理想城市设计中追求的基本二重性。但是，爱玛修道院并不是柯布西耶的公有制生活理念的唯一灵感来源，19 世纪的法国社会哲学家傅立叶也对他影响颇深[13]。在《法兰斯泰尔》（*Phalanstère*）中，傅立叶详细描述了他的乌托邦——一个可容纳 1800 位居民的集体社区。柯布西耶的马赛公寓是在结合修道院和傅立叶思想这两种传统乌托邦概念之后，对现代社会理想城市的一次清晰阐述。

作为柯布西耶的终身追随者，丹下健三在参加了 1951 年于英国霍兹登（Hoddesdon）举办的第八次 CIAM 大会后，曾前往马赛参观接近完工的马赛公寓。这座建筑给年轻的丹下留下了相当深刻的印象，他后来回忆说：

“为期两个月的欧洲之旅结束后，我被那些古典建筑和柯布西耶的设计深深感动……目睹了希腊、罗马、哥特和文艺复兴时期的伟大建筑以及博物馆中的绘画和雕塑，我感到非常兴奋……此外，当我亲眼看到马赛公寓时，我对柯布西耶的伟大有了更深刻的领悟。尽管这项工程当时只完成了百分之九十，但是它的影响丝毫不亚于任何一个古典建筑。”[14]

图 3.5
柯布西耶，
马赛公寓，
马赛，1952 年

通过丹下健三，集体社区的思想在新陈代谢派中传播开来，他们把对集体和个体这两个元素的阐释发挥到了极致的尺度，将它们呈现为未来城市方案中的巨型结构和个体单元：社区公共服务和空间被扩大到覆盖整个城市的基础设施、公共设施和市政空间，个人空间则被缩小到只满足最低生活需求即可。一个个如出一辙的单人小室有如中世纪修道院的僧侣房间一般，蕴含了平均主义和斯巴达主义的思想。

苏维埃城市规划的影响

在现代社会中，还有另一种政治理论试图通过新的集体生活形式来建立一个平等的世界，那就是马克思的社会主义（Marxist Socialism）。卡尔·马克思（Karl Marx）和弗里德里希·恩格斯（Friedrich Engels）坚信资本主义及其具有个人主义色彩的资产阶级文化将很快被集体生活时代所取代，并基于该政治信念提出了某种程度上现代社会最宏伟的社会愿景。他们在许多著作中阐述了共产主义制度，其中有一系列目标后来都被克里尚·库马尔（Krishan Kumar）纳入乌托邦的范畴：物质上的极大丰富，没有异化和剥削，人与自然的相互关联，以及绝对平等[15]。

20 世纪 50 年代，日本学界涌现了一股强劲的马克思主义复兴思潮，与此同时，左翼政治运动也活跃起来，二者在 1960 年的反安保条约运动中达到高潮。在这种政治环境下，马克思对资本主义的批判及其共产主义社会愿景影响了许多进步建筑师，这当中也包括大部分新陈代谢派成员。他们开始关注苏维埃社会的城市规划思想，对在 20 世纪 20—30 年代出现的公有制社会这一新模式尤其感兴趣。正因如此，新陈代谢派的城市项目往往提倡土地公有化、消除城乡界限、推行绝对的社会平等政治理念。这些建筑师试图通过他们的理想城市规划来协调集体与个体的关系，其目标不仅仅是创造一个新的城市形态，还要从根本上建立一个新的社会秩序。

然而，马克思否认了将愿景直接转化为实践的可能性，他宣称：“我不是在为未来的餐厅写菜谱。”（I do not write recipes for the cookshops of the future）[16]。他在文章中没有就新型共产主义社会的空间形态提出明确的设想，这给后人的创造留下了足够余地。20 世纪 20 年代的苏联城市规划师虽然一致认为现有城市并不适用于新的共产主义社会，却在理想城市基本形态的问题上分裂为两个阵营：以经济学家列昂尼德·萨布索维奇（Leonid Sabsovich）为首的“都市派”（Urbanists）主张聚集型（agglomerations）城市结构；以规划师尼古拉·A. 米柳京（Nikolai A. Miliutin）为代表的“反都市派”（Disurbanists）则倡导建立线性城市[17]。这两种主张都影响了新陈代谢派对于未来城市的概念。

都市派规划的特点就是城市里的大规模集体式生活。萨布索维奇在其题为《十年后的苏联》（*The U. S. S. R. in Ten Years*）的宣言中提倡建设市政住宅综合体，以实现全面公有化[18]。根据他的设想，目前的城市和村庄将会在十年之内被一系列新城镇所取代，每个城镇由 25 到 50 个大型集体式街区组成。每一个街区居住 1400～2000 人，并包含完善的公共设施。当时的另一位先锋派规划师莫伊谢伊·金兹伯格（Moisei Ginzburg）把这种高密度的城市公社称作“社会凝结器”（social condensers），认为这种模式不仅能为市民提供住所，还能通过社区文化教育帮助人们适应新世界。其他城市规划师在此基础上提出了更大胆的建议：亚历山大·维斯宁（Aleksandr Vesnin）和维克多·维斯宁（Victor Vesnin）在为库兹涅茨克（Kuznetsk）制定的城市规划中提出，传统家庭住宅应改为分散在村庄各处的一系列宿舍楼和大量公共设施。每个村庄将设置若干个邻里社区，可容纳将近 35 000 人，每个邻里社区由 4 栋相同的三层建筑组成，每栋建筑能容纳 1100 位居民。与这种激进的城市形态相对应的是革命性的社会理念，比如婚姻和私人财产都将不复存在，男性与女性都将居住在各自独立的单身宿舍里，无论其婚姻状况如何。在这个巨型建筑中，每个人都是潜在的“未婚男子”“未婚女子”“丈夫”或“妻子”。

虽然约瑟夫·斯大林（Joseph Stalin）在 1932 年悍然解散所有非官方艺术群体，从而终止了都市主义运动，但是在两次世界大战之间兴起的苏联新城市模式不仅影响了像柯布西耶这样的西方建筑师，还影响了日本的理想主义者。对于全世界的进步知识分子来说，苏联所代表的是一个正在成型的、有希望解放所有人的新文明。和美国相似，苏联挑战了过去西欧在经济和技术领域的主导地位；但不同的是，苏联宣称要通过资本主义剥削以外的途径来达到这个目的。它提出了一种新的经济与社会发展模式，避免使大量人口陷于贫困与肮脏的生活。用库马尔的话说，这是“将乌托邦变为现实”。[19] 在这个社会主义国家中所涌现的新城市主义，也呼应了该模式为全民提供一个平等和自由的物质环境的承诺。因此，当日本在20世纪20年代后期占领中国东北三省时，许多学者和工程师聚集在那儿，将此区域作为苏联城市模式的试验田。苏联革命性的城市理念，伴随其生产力的爆发性增长，极大地触动了他们，促使日本人在中国东北效仿苏联实施自己的“五年计划”。[20] 他们还尝试在长春的一些片区建设供集体生活的新城市，尽管这种做法因受到其他方面的影响而带有折中主义倾向[21]。

第二次世界大战结束后，社会主义城市规划思想继续影响着日本，马克思主义再度获得日本知识分子的青睐。京都大学建筑学教授和马克思主义学者西山卯三便是将建筑与社会主义思想相结合的代表性人物。尽管他在战前从未出国游历，但对俄罗斯和德国的书籍涉猎甚广，且熟悉当时国际规划的最新发展。西山花了多年时间研究日本的住房问题，并提出一套住宅设计标准以提升工人和农民的生活水平。西山的城市规划提案彰显出强烈的社会主义色彩，他呼吁建造大规模公共住房以防止城市扩张，保护耕地。考虑到日本以山地为主的地理条件，土地资源十分有限，他提出应在山坡上建造城镇以保证平原地区用于农业生产，从而为不断增长的人口提供粮食。在他1946年的“山坡城市”规划中，西山提出效仿欧洲和苏联社会住宅模式。据西山的建议，每年应建设20座可容纳5万居民的新城，这样才能安置日本不断增长的人口。他敦促政府采纳这样的大型规划来解决城市住房问题[22]。

受苏联先锋规划师以及像西山卯三这样的日本马克思主义学者的影响，新陈代谢派把他们自己看作社会建筑师（social architects），并坚信城市规划是促进社会变革的有效力量。和苏联城市学家一样，他们期望通过将社会结构重组为公共住宅社区来消除人与人之间、家庭与家庭之间的隔阂。鉴于日本城市密度的不断增长，新陈代谢派积极推动与建造大型建筑和可移动住宅单元相关的工业技术，以期在紧凑的城市布局中也能够提供充足的社会活动场所。

黑川纪章还在京都大学西山卯三门下学习建筑学时，就提出了“城市连接器”（urban connector）的概念，这可能受到了萨布索维奇和金兹伯格的“社会凝结器”概念的启发。在他的构想中，“城市连接器”是一个超大规模的结构，可作为城市与人类、集体与个人之间的联结。这与后来的“巨构”概念类似，将无数个人的力量汇集成一股更强大的集体力量，将环境作为一个整体进行管理。川添登曾经评论过巨构规划模式在现代社会中的应用：

> “巨型城市将是连接这两者的装置：一边是大规模的机械、能源和速度，另一边是落实到个体的人类……更准确地说，如果有一个巨大的、能控制自然和城市的工程结构，也就是所谓的‘主体结构’，那么一定就是城市结构单元，或城市连接器。它将作为人类个体活动、生长和发展的‘栖居’（perch）或‘巢居’（nest）之地而建造，这个结构会提供所有必要的城市设施，每个人都能有自己的住处。”[23]

黑川和川添期望能将城市连接器和个人住宅的建造分离，给像东京这样分散且混乱的大城市带来新秩序，因为城市连接器能更有效地安置大规模的人口。

黑川提出两种巨构作为城市连接器，一种是“竹态社区”，另一种是“垂直壁都市”。它们的主体结构都是竖向的，一种采用多段式核心结构，另一种则利用了巨大的曲线墙体。这些巨构将把城市的基础设施和大量的居住单元整合到一个三维系统之中，同时摒弃了基于家庭的传统社会组织。黑川称：

> “传统意义上的家庭生活正在瓦解，以（数代同堂的）家庭为生活空间单元的日子已经一去不复返了。现代的生活单元是基于一代人的，并且最终将演变成为以个人为单元……整个城市都会变成一个巨大、紧凑的建筑结构，城市中固定的生活空间与工作空间将不可分离。”[24]

得益于核能等新技术的推广，在像“垂直壁都市”这样的巨构中，

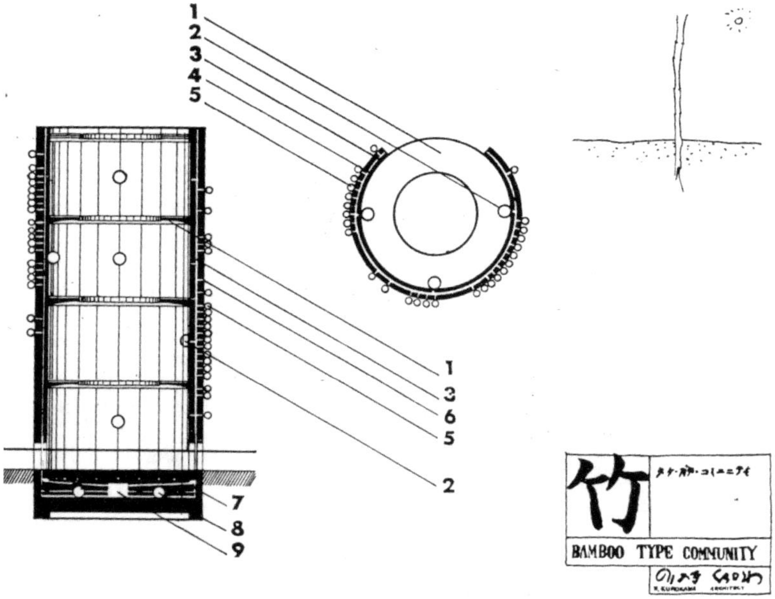

图 3.6
黑川纪章，竹态社区，1960 年

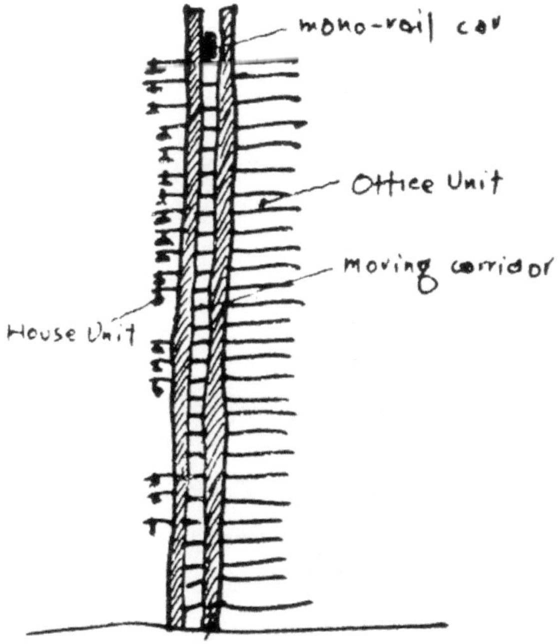

图 3.7
黑川纪章，垂直壁都市，1960 年，剖面图

城市生活将被“浓缩”至前所未有的程度。生活空间和工作空间将分别置于装载着交通和公共设施的巨构墙的两边，因此，住房和办公室之间的距离就仅相当于“墙”的厚度。这堵“墙”就是一个城市连接器，黑川称它将“给城市带来紧凑而持续的活力，以及明日生活的希望。”[25]

矶崎新也认为超大规模的城市结构能从根本上改变城市的运作方式。他的“空中都市”和“联合筒核系统”都是能开创新型城市生活的巨型结构。这些巨构设想重现了埃尔·李西茨基（El Lissitzky）著名的“铁云”（Cloud Iron）形态。为了让莫斯科这座平凡无奇的城市变得生动起来，这位先锋艺术家兼城市规划师构想了一系列造型相似的水平向摩天楼，它们就像云朵一样悬浮在城市主要交通路口上方，仅由一些垂直的柱子支撑。这些利用巨大的悬臂创造出的、“漂浮”在老城上方的巨构城市概念无疑是矶崎新的空中都市的原型。李西茨基希望他的巨构能够改变城市增长的结构，以及人与城市之间的基本关系，并由此自动实现都市的变革。他在 1929 年所著的《拉塞兰》（*Russland*）一书中说：

> “到目前为止，人们还没意识到这些建筑包含着开放式街道的新概念，即城市是新型关系的集合。这种概念即使在旧城市中实施，也能促进新型体量和空间关系的形成。人们对于建设项目的新态度催生了不少激进的提案，一些足以从整体上彻底颠覆旧城市的新建筑类型出现了。”[26]

打破旧城市的经典网格式空间布局或改变中世纪古镇蜿蜒的街巷系统是李西茨基设计的一贯主题。为了重构现有的城市空间，他建议“将建筑与大地相接的基底面积最小化”[27]。这个言论与矶崎新“占地仅需 10 平方米”的空中都市构想又一次吻合了。和李西茨基一样，矶崎新和他的新陈代谢派同伴们相信现代城市需要新的结构，并彻底摆脱旧的城市布局。他们设计的巨构代表强大的集合力量，肩负着颠覆一切现有建筑和城市文脉、推翻旧城市模式以创造新社会秩序的重任。

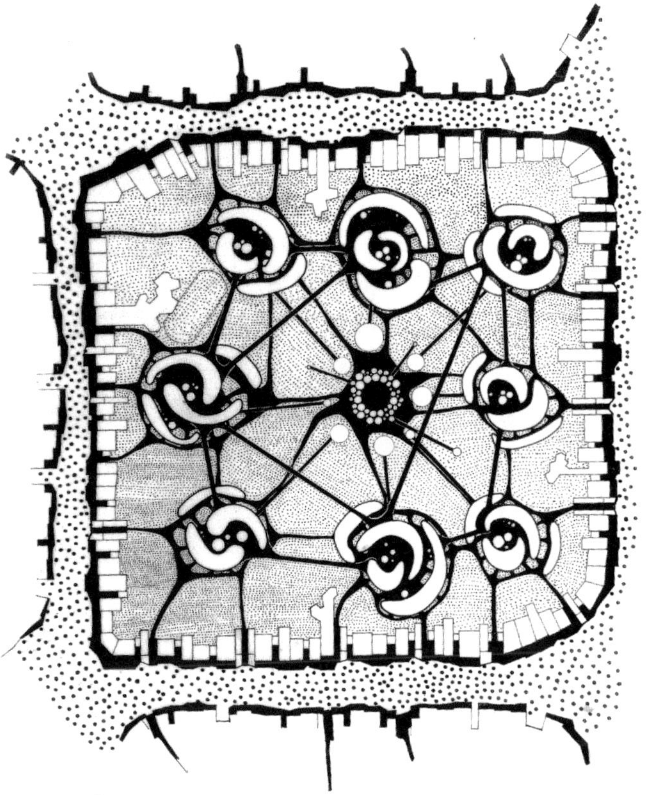

图 3.8
黑川纪章，“变形”，1965 年，平面图

图 3.9
埃尔·李西茨基，铁云，1923—1925 年，蒙太奇

城乡一体化

在苏联关于城市规划的辩论中，另一个阵营——“反都市派”的思想，对于战后日本建筑师在区域和国家规划方面的观念也产生了重要影响。马克思和恩格斯在 1848 年发表的《共产党宣言》中的第九条明确指出了未来社会的方向：“将农业和制造业相结合；随着人口在全国更平均地分配，城乡间的差别将被逐步消除。”[28] 20 世纪 20 年代在苏联兴起的反都市主义运动正是对这番共产主义社会预言的回应。反都市派的理想城市设计混合了“线性城市”理论和“田园城市”理论，把城市规划的范畴延伸到区域。在 1923 年出版的《文学与革命》（*Literature and Revolution*）一书中，列夫·托洛茨基（Leon Trotsky）提出，新的“城乡共同体”（city-village）将取代旧的城市形态，并呼吁通过运用新技术使土地恢复到自然状态[29]。20 年代苏联快速的城市化及建筑热潮为这些大胆的想法提供了实验的机会，一系列建立社会主义新城镇的计划涌现出来：这些城镇最多可容纳 10 万人口，选址分散于在全国各地。李西茨基在评论其中一个计划时提到：

> “如今，我们似乎走向两个极端：产业集中式的大型城市和被农业环绕的村庄。在这个特殊的城市体系中，这两种方案均有可能。一个地区要么被规划成工业生产区域，要么成为一片用于农业耕作的开放土地。”[30]

反都市派把大城市看作资本主义的产物，认为其不应该在社会主义社会存在。他们建议将莫斯科等大城市中的居民重新安置到一条连续的城市带中，使得工业生产者和农业工作者能共享公共设施和集体资源，并居住在预制的、可移动的统一住宅单元中。

反都市派尤其热衷于“线性城市”（Linear City），这一概念最早由西班牙工程师阿图罗·索里亚·伊·马塔（Arturo Soria y Mata）提出，旨在建立一种可以使工业、农业和家庭生活更紧密相连的城市形态，并消除城市与乡村之间的界限。在 19 世纪的西班牙，马塔的线性城市概念因为土地私有制而遇到了种种困难；而在苏联，得益于社会主义的土地国有化制度，这些问题都能迎刃而解。1928—1933年的第一个五年计划时期，苏联建筑师和城市规划师们对各种形式的线性城市进行了尝试[31]。在政府的支持下，米柳京在1930年出版了《索斯格勒：构建社会主义城市的问题》（*Sotsgorod: the Problem of Building Socialist Cities*）一书，提出了线性城市的全面方案[32]。他的理想城市由六个以特定顺序排列的平行区域组成：铁路区、工业区、绿化区、居住区、公园区和农业区；车行道和人行道将这些区域垂直连接起来；每一段城市能容纳10万～20万人。金兹伯格和米哈伊尔·巴赫金（Mikhail O. Bakhtin）也在1930年左右提出了一个更激进的线性城市项目及其实现途径：他们设想将莫斯科逐步疏散并转化成一个休闲公园，其工业和市政设施将沿一系列线状道路重新排列，最终形成一个由小城镇、工业区和沿高速道路两旁排列的预制式住宅所组成的、覆盖整个国家的完整网络。

当线性城市概念被引入日本时，人们发现通过线性城市实现城乡融合，并将人口分散至全国的社会主义理想正好契合了日本自身的地理条件。如前文所述，西山卯三建议在山坡上建设社区集群，平原则用于农业生产。但是，通过这种方式来重构城市区域有个前提条件，

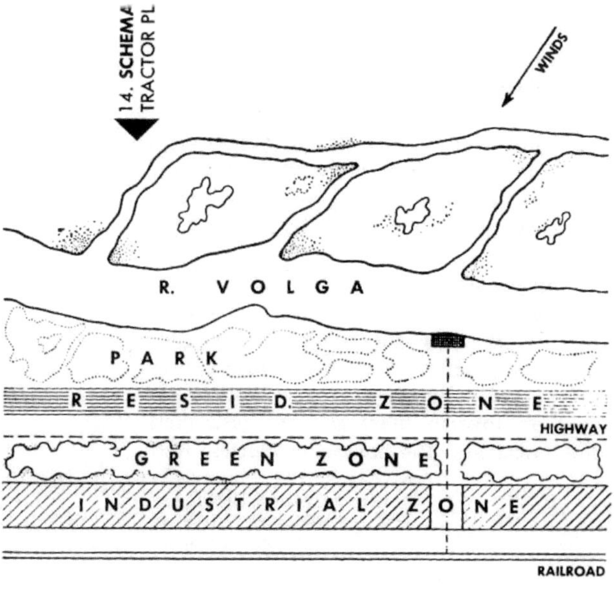

图3.10
尼古拉·米柳京，索斯格勒线性城市提案，1930年

那就是经由改革实现土地公有化。同时它也意味着许多大城市必须迁址，以便在城市和乡村间建立更为紧密的关系。基于西山的理念，黑川提出了他的“农业都市”概念，并将其作为“乡村城市”（Village-City）理念的具体方案。正如八束初所说，黑川的设计在一定程度上与苏联的巴维洛夫兄弟（Bavirov Brothers）在学生时代的建筑作品很相似[33]。在黑川的方案中，新型社会下的人类活动将被布置在由工作层、社交层和私密层所组成的垂直分层的城市之中，即农业生产将在地面进行，社区公共活动空间位于城镇公有的大平台或者人造土地之上，私人生活空间则更上一层，处于主体结构上方的“蘑菇形之家”里。黑川设想这样的农业都市将遍布整个国家，成为一种新的城市原型，一方面推动乡村城市化和生活现代化，另一方面也能够避免日本大城市人满为患。黑川还设计出农业都市的变化形态，将原本划分为网格状的大平台在水平方向延展，以生成更为灵活的结构，显示出它

图 3.11
弗兰克·赖特，广亩城市，1933—1934 年，1990 年的重制模型

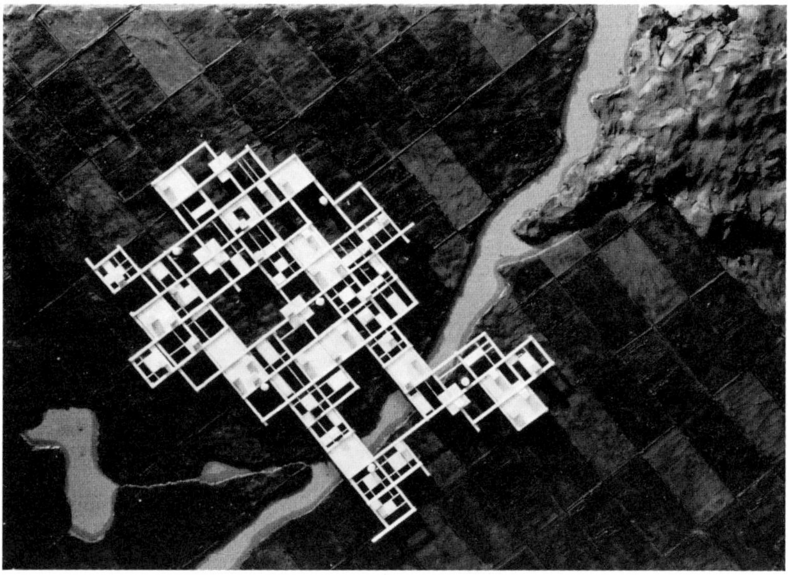

图 3.12
黑川纪章，农业都市，1961 年，模型

适应不同地形的能力。

黑川的农业都市方案与赖特 1934 年提出的“广亩城市”颇为相似，两个项目都采用正交网格布局，都主张疏散大城市，都强调土地和农业是城市的经济基础，也都致力于融合城市和乡村的优势[34]。但是两者在制度设计上又存在着根本性的区别：赖特的广亩城市是将土地平均分配到个人，而黑川的规划是通过实施土地公有制来创造一个平等和谐的社会，同时使土地得到更有效的利用。赖特的乌托邦构想是基于对艾默生个人主义（Emersonian Individuality）和杰弗逊民主主义（Jeffersonian Democracy）的信仰，黑川则是被马克思的共产主义社会愿景所吸引。受现代交通技术启发，在赖特的设想中，汽车和高速公路将成为未来城市的骨架，而黑川的农业都市似乎对现代技术的运用不太感兴趣，规划中甚至没有连接农业都市和外界的公路，它更像是一个中世纪小镇，自给自足，与自然和谐共处，隔绝于外部社会。

其他新陈代谢派成员则希望与现代社会保持联系，因此他们提出的城乡一体化途径也有所不同。他们强调现代技术的重要性，把规划范围从城市扩大到整个区域，并呈带形延伸。丹下健三 1960 年提出的东京湾规划是迄今为止最复杂的线性规划，旨在有序疏散东京这座世

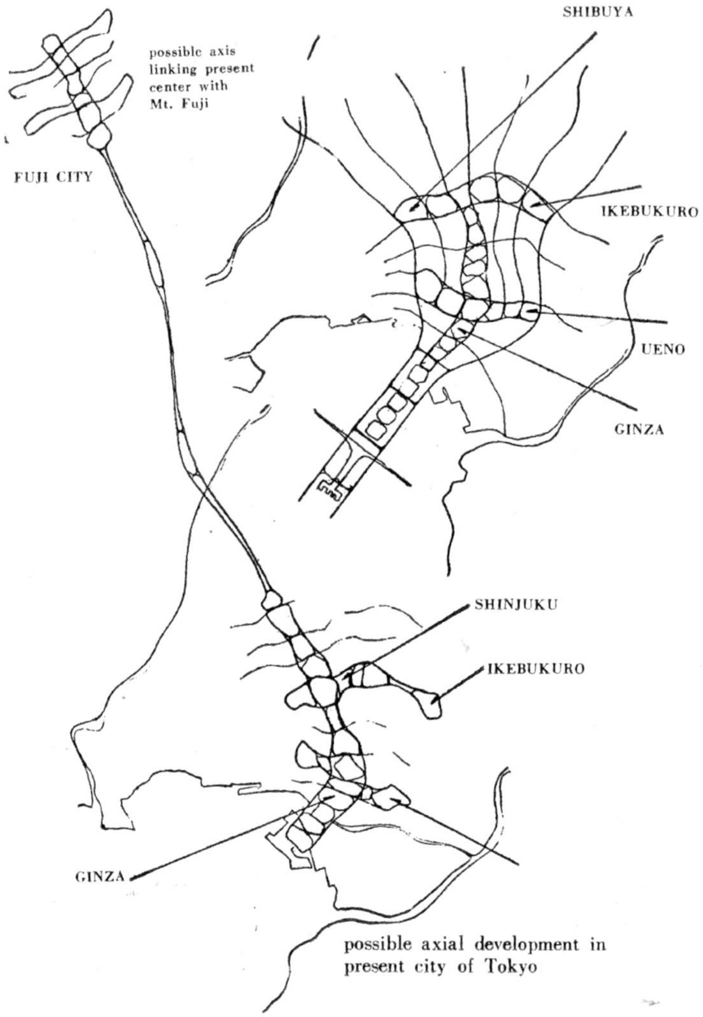

图 3.13
丹下健三，东京湾城市的线性扩展，1960 年，草图

界特大城市。在东京湾规划中，汽车和高速公路作为现代技术的代表，成为重构日本城市体系的决定性因素。一道线性主轴承载着先进的高速公路系统，以连接未来东京的中央行政区和商业区，并横跨东京湾直抵千叶。在丹下的设想中，这道主轴在更远的未来将穿过东京现有城区并继续向西延伸，最终连接到富士山和日本西部其他城市。这种模式将建立一个连续的线性城市集群，也就是后来被简・戈特曼（Jean Gottmann）称作“带状都市群”（megalopolis）的形态[35]。

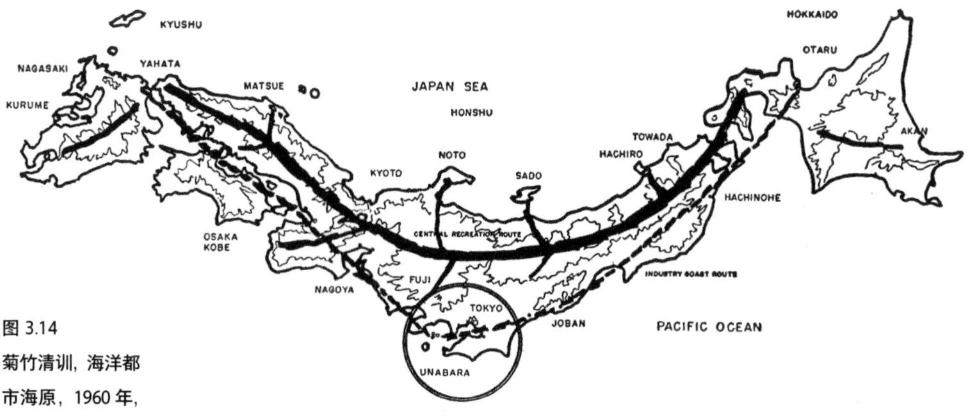

图 3.14
菊竹清训，海洋都市海原，1960 年，呈现为线性城市网络的日本愿景

日本狭长的疆土为“线性城市网络”这一规划概念的合理性提供了支撑。日本的主要大城市，包括东京、横滨、名古屋、大阪、神户、京都、广岛、福冈都位于临太平洋的南部沿海通道上，靠近日本海的北部海岸则呈多山地形。这样的地理特点启发了新陈代谢派建筑师们通过线性网络将大部分国土连接起来的想法。在《新陈代谢 1960》一书中，菊竹提出了在太平洋沿岸建立一系列“海洋都市”的建议[36]。这些城市将被布局在小樽市、八户市、千叶市、横滨市和北九州这样的大城市附近，这些工业城市的人口和产业将逐渐向海岸线迁移。随着海洋都市的繁荣，一条“工业高速公路”（industrial highway）将被建立起来，连接这些海洋都市并形成沿海“工业带”（industrial belt），就像一串“刚刚结晶而成的宝石”[37]。同时，另一条高速公路也将沿着作为“日本列岛骨架”的北部内陆地区修建，承担着“娱乐带”（recreational belt）的功能[38]。这样一来，整个国家将由两条东西走向、彼此平行但服务于不同目的的高速公路所连接。

丹下和新陈代谢派的区域规划方法体现了他们的技术官僚统治论思想，即利用现代技术、管理和规划来控制整个国家的发展，这种思想也源自苏联。正如八束所指出的，20 世纪初的俄国构成主义不仅仅是一种先锋派建筑艺术运动，还体现了一种经济理论的萌芽，这种理论坚信技术官僚肩负着规划整个国家的经济和社会发展的重任[39]。这种理念为苏联反都市派所拥护，并体现在新陈代谢派的城市规划作品中。这些新陈代谢项目通常受到一种乌托邦愿景的启发，试图打破城乡之间的界限，并把城市规划的对象扩展到整个国家，而它们的实现方式就是线性城市。

未来社会的城市生活

记者冈特·尼奇克（Günter Nitschke）在他发表于《建筑设计》杂志上、向西方读者介绍新陈代谢派的文章中谈道：

> "对欧洲人来说，新陈代谢派的梦幻规划最震撼的地方在于：首先，从建筑学的角度来看，这些提案的规模巨大；其次，从社会学角度来看，它们呈现出一种截然不同的幸福观。"[40]

毫无疑问，新陈代谢派的规划需要对现有城市布局进行大规模更改，这往往涉及整个地区甚至国家的结构调整。他们的理想规划，不管是线性城市群还是海洋都市，都蕴含着社会重组这一根本性任务。然而微观层面上的问题也随之产生，比如，在这样特殊的城市环境中，城市规划通过何种机制来塑造个体生活？如何在巨构中保留他们所宣扬的自由和民主等现代价值？建筑师在未来社会中应扮演怎样的角色？

在新陈代谢派的设想中，未来城市不仅要提供人们所期望的物质环境，还要为自由与秩序、效率与休闲相结合的和谐生活方式奠定基础。他们坚信幸福应建立在新的土地所有制基础上，通过土地公有化来建立一个团结的社区环境。尽管大多数实践建筑师对集体主义社会持保留态度，担心它们剥夺私人土地权利和妨碍选择生活方式的自由——赖特对此尤为深恶痛绝——新陈代谢派却认为消除私有制能将人们从土地的束缚中解放出来，带来真正的自由。从历史来看，土地私有制的确在一定程度上限制了城市和农村居民的流动。日本曾经历长达 1500 多年的封建社会，直到 19 世纪下半叶[41]。在这样等级森严的社会中，佃农、工匠和下层武士都被土地所束缚。现代社会的新技术、工业生产方式和流动性使人们有可能摆脱对土地的依赖。然而，要促进人类的自由，适宜的物质环境和新的社会制度必不可少。在谈到新兴的城市格局时，建筑师艾莉森·史密森这样说道："新型社会需要新型环境。开放的社会需要开放的城市，包括良好的通信服务、区域高速公路和城市高速公路，使人们能够自由地在城市内外流动。"[42]和十次小组的理论家一样，新陈代谢派也强调流动性是现代社会的一个关键特征，可以帮助人们摆脱对土地的依赖。川添登指出，"城市中永不停息的新陈代谢，人口的不断流动，使人们放弃了对特定地块的依恋"[43]。对于社会主义乌托邦者来说，建立在土地公有制基础上的现代社会是大规模生产时代的必然结果，它能够实现经济和社会发展的科学规划，使资源得到更合理的利用，以确保社会生产力和生产效率达到最高水平。

新陈代谢派也认为，建立在公有制基础上的城市不仅能确保物质丰富，还能为居民的流动和自由提供保障：在摆脱了土地私有制的束缚之后，兼具灵活性和流动性的新城市将带来一个无阶级、平等、和谐的社会。菊竹在设计"塔状社区"时，就设想了这样一个新家庭加入社区的仪式：

> "为了庆祝一个新家庭的诞生，他们的新住所将绕着塔身缓慢旋转升至高空。随着住所升到塔顶，同塔和邻塔的居民都会欢呼雀跃，为这对新人的新生活送上真诚而热烈的祝福。"[44]

根据这一规则，每个家庭最开始都可以住在塔顶，享受壮丽的景色和邻居的关注。随着塔上新成员的加入，其他房屋会逐渐向下移动。最旧的房屋最终将被经过设计改进的新房屋取代。通过这种富有仪式感和逻辑理性的安排，菊竹强调了平等主义的原则：没有等级，没有剥削，每个人都享有同样的机会。

新陈代谢派认为，工业化提高了生产效率，人们不再被土地拖累，可以享受更多的闲暇时间。他们预计未来人类的工作时间将大幅减少，每周人们将有三天甚至四天的时间用于娱乐。他们也主张人们把闲暇时间投入建设性的活动中，而不是沉迷于无止境的消费[45]。川添登发现了一种名为“星期日木匠”（Sunday Carpenter）的流行趋势，通过这类爱好，人们可以“体验到个人的自由和表达的乐趣”。他指出，从事这些自发的建设性活动对于“融入新社会”非常重要[46]。黑川对此表示赞同，在基于他的“螺旋都市”（Helix City）概念所规划的霞浦湖（Lake Kasumigaura）项目效果图中，他展示了业余钓鱼爱好者休闲垂钓的宁静场景，加上海面上壮观的巨构城市、空中未来派飞行器的衬

图 3.15
黑川纪章，霞浦湖规划，1965 年，效果图

图 3.16
黑川纪章，霞浦湖规划，1965 年，效果图

图 3.17
黑川纪章，霞浦湖规划，1965 年，平面图

托，整个画面传达出强烈的浪漫主义和技术乐观主义色彩。

新陈代谢派强调建造的多样化尺度，认为这将提供现代社会所需的灵活性。未来的建筑设计将大量使用预制构件，建筑师的工作主要是从各种构件和连接件中进行选择，并根据客户的需求和喜好进行组装。川添登写道：

> “未来的住宅将被简化为‘部件’（parts），并附着在‘城市结构单元’（city structural units）上，通过这些工厂生产出来的部件结合标准化的系统和连接件，可以实现无穷无尽的组合和变化。人们可以根据自己的喜好选择部件的形状、颜色，并按照所需的规模将它们组合起来。”[47]

因此他进而宣称，“必须摒弃‘只有建筑师才能建造房屋’的观念”[48]。新型社会的“星期日木匠”具备自己建造一栋楼房的能力，但是需要一些建筑学校教会人们如何建造，就像日本传统的花道或茶道专门学校一样，由建筑大师担任校长并以其名字命名，如“勒·柯布西耶学校”（School of Le Corbusier）或“丹下学校”（School of Tange）[49]。

川添登认为，这样一来，城市与社会都将变得更加多元。

“星期日木匠”的想法似乎暗示着建筑师这一职业在未来可能会衰落，因为建筑不再依赖专业人员设计与建造，但新陈代谢派的观点恰恰相反：在未来社会中建筑师将扮演更重要的角色。川添登设想，要建造一座城市，建筑师要负责设计住宅单元的原型，测试各种组合，并培训人们建造自己的房屋[50]。城市开始运行后，他们应继续为城市注入新元素、提供新设计，以使城市能够不断自我更新。在这样的社会中，最有影响力的人将是一位“城市建筑师”（city architect），他们负责规划城市的主体结构和公共设施，控制着整个城市的发展及其与自然的关系。通过建立城市框架、制定城市运行和生长模式，这样一位总规划师将成为社会的实际领导者（要知道，几乎所有新陈代谢派的理想城市都没有政府）。显然，对于新陈代谢派来说，城市的物质结构决定了社会的组织形式。

在两次世界大战之间，现代主义在欧洲兴起，把建筑师推向一个更广阔的舞台。他们往往被赋予领导整个城市改革和转型的权力，如法兰克福的恩斯特·梅、柏林的马丁·瓦格纳（Martin Wagner），以及维也纳的卡尔·恩。像柯布西耶和赖特这样的乌托邦建筑师则更加雄心勃勃——他们试图为整个世界创造一种新秩序。他们相信个体的想象力可以改变历史，并试图将自己的价值观注入城市规划中以引导社会变革。他们提出了“光辉城市”和“广亩城市”等影响深远的蓝图，尝试推动建筑革命，并宣示人类理性可以驾驭技术和自然力量。

新陈代谢派，尤其是丹下，显然受到这一信念的影响，即建筑师无所不能，在社会中应该发挥超越传统职业范畴的更大作用。他们将自己视为“社会建筑师”[51]，认为由于建筑师受过的训练能够将艺术家的想象力和工程师的逻辑性结合起来，因此他们肩负着引导现代社会发展的责任。丹下在1960年世界设计大会上的演讲中声称：“建筑师和设计师是唯一连接技术与人文的桥梁，因此，随着科技进步，他们必将表现出越来越高的创造力。”[52]他们与柯布西耶和赖特一样，认为制定全面规划（total planning）对城市的未来至关重要，这样的责任必须由一位公正、睿智和有魄力的总规划师来承担。

然而，这种依赖权威的总规划师的做法无疑与新陈代谢派建设民主社会的目标相悖。彼得·史密森就毫不留情地指出丹下的东京湾规划中隐含的专制体制，他写道："无论如何解释，它（东京湾规划）首先是集权的、专制的、独裁的。"[53] 并继续评论道：

> "当然，我确信这不是该项目规划师的本意，但无论如何，它已悄然渗透到这个计划的各个层面，包括它的基本思想、组织结构，甚至图像中，只是设计者天生的敏感性使它表现得不那么冷酷无情。"[54]

当然，与传统专制社会不同，在新陈代谢派的理想城市中，世袭统治阶级和被统治阶级将不复存在。相反，领导这个社会的将是一群专业人士，他们负责为人们的共同利益设计一个完美系统，从而建设一个繁荣、公正和可持续发展的社会。建筑师和工程师是这一职位的不二人选。

这种技术官僚统治论思想决定了新陈代谢派塑造理想城市的方法。虽然年轻建筑师们没有详细描述他们理想城市的社会制度和实施过程，但丹下的东京湾规划明确提出了一个成熟的概念——他将城市视作一台"机器"，一个由现代工业社会精英们所管理的、超理性运作的实体。他将城市中最重要的组成部分，即行政、商业和通信设施，置于城市的中心轴线上。就像柯布西耶设想的位于"当代城市"中心的摩天楼群一样，丹下的城市中轴线也是为整个社会的领导者——建筑师、工程师和工业家——量身定制的。

新陈代谢派认为将社会置于全面规划与控制之下，反而能使人们获得自由。公有制将把人们从土地的束缚中解放出来，为建立公正、平等的社会奠定基础，人们将有更多的闲暇时间投入到建设性活动中。然而，为了维持社会有序和持续发展，城市应该由代表现代进步力量的建筑师和专业人士来领导。这意味着新陈代谢派的城市方案必须调和社会价值观中的一系列矛盾：集体与个人、秩序与自由、城市与乡村、专制与民主。这一系列融合表明新陈代谢主义与历史上的乌托邦传统一脉相承。但丹下和新陈代谢派的实验围绕着一个新的城市设计概念来推行这些原则，即"城市是一个有机发展的过程"，这一理念成为新陈代谢派对当代城市主义的最大贡献。

城市即过程

古典乌托邦构想通常以完成态作品的形式出现，描绘一种完美的场景，通常不考虑任何进一步发展或变化的可能。传统的理想城市方案也是如此，尽管建筑师为城市的改造描绘了全面的蓝图，并提供了大量关于未来环境的详尽细节，但他们往往会避开理想城市如何继续演进这个问题。因此，城市历史学家罗伯特·菲什曼声称“理想城市没有历史；事实上，它是对历史的逃避”[55]。

与此不同的是，新陈代谢派则宣称他们的方案正是为了顺应变化。这个理念构成了他们的理想城市的基石[56]，也清楚地体现在这个小组的名字中。人们普遍认为城市是一种被动的造物，而在新陈代谢派看来，城市是一个有生命的、可变化的系统，具有内在的应变能力。他们认为当代城市的主要特征恰恰在于其能够不断成长和演变，这和任何自然有机体并无不同。因此，新陈代谢的规划方法与传统的总体规划截然不同，后者倾向于设计最终的稳定状态，并通过恰当的分区提供最佳功能布局。新陈代谢派则认为，由于城市会不断发展和自我更新，“终极状态”没有意义。在现代城市转型日益加快的背景下，任何静态的城市规划蓝图都将无法与时俱进。正如大高正人和槙文彦提到的：

> “在城市规划中，‘总体规划’（master planning）的概念常常因以下缺点受到批判：首先，在规划完全落实之前，其全貌无法被真正理解。其次，规划建成后很可能就或多或少与社会脱节了，在最糟的情况下，这张蓝图甚至根本无法建成。总体规划基本上是一个静态的概念，而我们在此提出的‘总体形态’（master form）的概念是动态的。总体形态是一个在任何社会变化中都具有弹性和持久性的实体。”[57]

因此，新陈代谢派提出了与总体规划截然相反的一套系统，它充分考虑了未来的增长，能指导城市“从现在一直到遥远未来的发展”[58]。在他们看来，传统的总体规划局限于定性和定量指标的制定，而新陈代谢派的系统规划方法将视城市为一个不断扩张和自我再生的生命体，在每一个发展阶段都处于完整的状态。

“城市作为一个有机过程”的概念在大多数新陈代谢派的城市提案中都有体现。菊竹在转行从事建筑设计之前曾是医学生，他声称自己的海上都市方案既有着向外扩张的可能，又能容纳内部更新[59]。一

图 3.18
菊竹清训，海上都市，1963年，模型

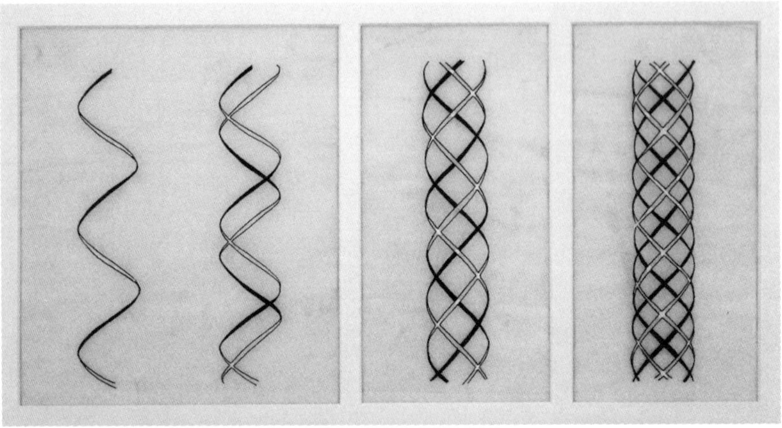

图 3.19
黑川纪章，螺旋都市，1961 年，图解

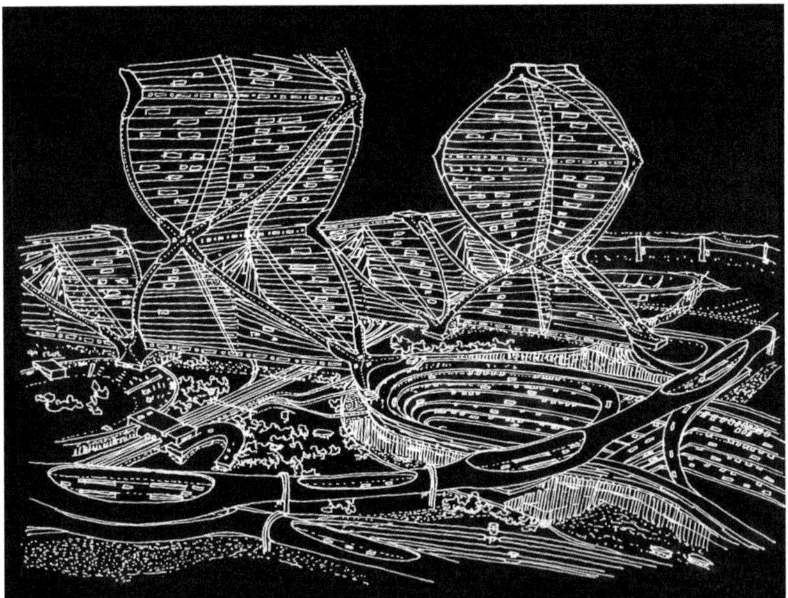

图 3.20
黑川纪章，螺旋都市，1961 年，草图

方面，塔作为城市的主要结构，可以随着人口的增加而持续升高。海上都市的模型展示了处于不同发展阶段的塔状社区集群——一些已经成熟，一些正在成长，还有一些刚刚破土动工；另一方面，附着在塔体上的个体居住单元会进行自我更新：新单元不断加入，旧的可能“死亡”，一些设计过时的单元也会被替换。城市作为一个整体也有生命周期，当塔状社区不再适合居住时，它们会被移到大海中沉没[60]。黑

图 3.21
黑川纪章，螺旋都市，1961 年，模型

川建在海上的“螺旋都市”也体现了相似的生物性理念。受当时生物学上发现的 DNA 结构的启发，黑川为这座城市设计了双螺旋结构，希望它能像 DNA 一样实现有机的自我复制[61]。

关于城市演变以及建成环境可更替性的概念激发了许多日本设计师的灵感，除了建筑方案，相关主题也不断出现在其他形式的艺术作品中。例如，参与新陈代谢运动的设计师粟津洁创作了一系列名为“手与眼”的海报，描绘了堆叠着无数眼睛的塔群，周围环绕着像起重机一样的巨手。这些手忙着移动安置眼睛，就像新陈代谢派建筑师设计的巨构中的可移动居住单元一样。

在东京湾规划中，丹下以另一种形态诠释了“城市即过程”的概念：线性城市。他将线性城市比作脊椎动物，脊柱为其中心结构，随

图 3.22
粟津洁，手与眼，
1963 年，版画

着动物的生长而延伸，同时始终保持有机体的整体性[62]。在丹下的提案中，新的线性城市将从目前的东京中心逐渐生长，横跨东京湾，20 年后抵达对岸的千叶。丹下的雄心不仅限于拥有 1000 万人口的东京，他还希望这道城市发展主轴朝另一个方向继续延伸至日本内陆其他区域。

通过强调城市的不断变化和持续转型，新陈代谢派在城市规划中引入第四维度——时间，将其视为影响建成环境塑造的关键因素。他们的方案不但预见各种变化，而且试图将其纳入城市结构中，这种对不完整性、开放性和流动性的追求超越了理想城市的传统概念，从而为现代城市注入新的活力。

新陈代谢派运用生物隐喻表达城市设计理念的做法有先例可循。早在 20 世纪初，苏格兰城市理论家帕特里克·盖迪斯（Patrick Geddes）就在 1915 年出版的《进化中的城市》（*Cities in Evolution*）一书中提出了城市与有机体的类比[63]。盖迪斯同时还是一名生物学家，信奉进化论，这决定了他对城市形态和城市过程的思考方式。他使用生物学术语分析城市的组成部分、时序特征，以及与所处区域之间的复杂关系。社会学芝加哥学派的重要成员厄内斯特·伯吉斯（Ernest Burgess）也曾在1925年撰写过一篇题为《城市的生长》（The Growth of the City）的文章，他将城市的发展模式描述为“新陈代谢”[64]，进而批判了“把城市扩张视作纯物理性生长”的观点，提出应将城市发展当作社会进程来研究。伯吉斯将这一方法运用于芝加哥城市人口增长模式的研究中，并表示如果“将城市增长视为组织生成和瓦解的结果，类似于人体新陈代谢中的合成代谢和分解代谢”，许多城市问题都可以得到解答[65]。

不过，川添登认为新陈代谢派关于城市演变的概念与西方先例的不同之处在于“繁衍”的理念。他认为马克思主义中的发展进化理念是围绕人与自然通过生产过程进行物质交换展开的。但新陈代谢更侧重于更新和繁衍，是以“承载于基因中的信息、传统和文化”为基础的[66]。新陈代谢派反对西方所谓的“有机”城市类比，坚持认为他们的理论不应被简化为纯粹的生物学模型。相反，他们认为“城市即过程”这一理念源于日本独特社会背景下的历史和文化意识。

毋庸置疑，东京在战后的迅速复苏和扩张对新陈代谢理念有不可忽视的影响。虽然整座城市在战争结束时几乎被夷为平地，但它以史所未见的速度起死回生。在短短的十五年间，城市人口从战后的不足300万猛增至1960年的近1000万。周边广大农村地区急速城市化，整个大都市变得比以往任何时候都更庞大和兴旺。与此同时，1955年以来蓬勃发展的经济给城市生活带来了重大变化，汽车、电视和各种电子设备迅速普及，商品的更新换代和交通工具现代化催生了以消费为中心的新都市文化。川添登指出：

> “东京城内发生了急剧变化。昨天还屹立的建筑今天就不复存在，而明天又将出现更多。也许世界上其他城市的变化速度都不会如此惊人。这些变化给城市带来了兴奋、喜悦和悲伤，同时也无疑将催生新文化的萌芽。”[67]

作为目睹了城市巨变的一代，新陈代谢派将城市视为一个不断变化和更新的有机体，并将这一意象投射到对城市未来发展的构想中，便是顺理成章的。

现代世界快速发展与变化所带来的体验也与日本的传统文化观念不谋而合。这种现代与传统的交汇使新陈代谢派的城市概念有别于其他同时代的思潮。尼奇克在1964年的文章中指出，发源于中国的东方哲学最早在《易经》中就提到，世界上一切事物都处于不断变化之中[68]。这种观念自古以来就影响着日本人的生活方式，并体现在各种艺术形式中，包括语言（汉字）、宗教（禅宗和神道教）和建筑（茶室）。他多次提到伊势神宫定期重建的独特现象，认为这是文化实践中永恒与瞬变之辩证关系的突出表现。这种富有象征意义的重建，颂扬了神道教关于演变和再生的重要思想，给新陈代谢派带来了灵感。1953年，伊势神宫举行了第二次世界大战后的首次重建仪式，释放出了日本恢复政治和文化自治的信号，极大地鼓舞了日本建筑师在设计中寻找新的身份认同。新陈代谢派尤其热衷于用城市设计方案诠释他们对演变和再生的理解。丹下和川添在《伊势神宫：日本建筑的原型》一书中描述了这种思想[69]。他们写道：

> “古代日本人建造伊势神宫的创造性能量在现代国家建设的过程中重新得以释放。伊势神宫的形态体现了日本民族的本质。探究这一形态及其产生的方式，就是探究日本文化的根基。”[70]

他们相信，这一独特的传统基于人与自然的基本关系，为各种规模的城市开发提供了明确的原则，有助于推动新的设计方法的产生。

“代谢周期”

新陈代谢派将城市发展视为一个有机过程，希望建立一个能够适应现代城市扩张和再生的系统。该系统内的城市元素拥有长短各异的生命周期，或者如他们所称的“代谢周期”。城市基础设施和以改造地貌为目的的大型结构生命周期较长，如水坝、港口和高速公路；小型建筑生命周期则较短，如房屋、商店和街道设施。新陈代谢派在设计时为长周期和短周期元素赋予不同的形态，通常分别以巨构和细胞式单元的形式呈现。例如，菊竹设计的塔状社区中，塔状结构与附着其上的住宅单元之间形成的强烈对比成为这个设计的核心特色；大高和慎的新宿车站项目首先设计了横跨铁轨的巨大人造土地，在这个“永久性”平台上建设可生长的商业、商务和娱乐设施集群；黑川的螺旋都市则是在巨大的双螺旋结构上附着了无数细胞式居住单元。

在现代社会，这种差异变得比以往任何时候都更加明显。预制化和标准化建筑技术的发展，进一步扩大了“永久”和“临时”元素之间的差异。巨构主体将在现场建造，而单元可以预制，然后安装在巨构上，并可根据需要随时拆除或更换。这种结构逻辑和功能机制的差异化，在巨构和单元之间形成了一种有别于常规建筑的高度灵活的关系。

日本的建筑传统为新陈代谢派提供了另一个灵感来源。日本的木结构建筑长期以来对现代建筑具有重要影响，其形式简洁、结构清晰的特点给陶特、赖特和格罗皮乌斯等许多建筑大师留下了深刻印象。格罗皮乌斯在 1954 年访问日本后，开始鼓励年轻建筑师“忘掉罗马，到日本来！”[71]。但在此之前，还没有人尝试过将传统木结构建筑的设计原则应用于城市尺度的设计中。菊竹对木结构部件的可替换性特别感兴趣，这可能是因为他曾参与多个历史建筑修复项目。他对主要结构和小型木构件之间的关系以及两者的连接部分进行了研究，并观察到“木结构系统拥有一个极大的优点：可以灵活拆分和组装”[72]。木结构的模块体系对他的启发尤其深刻，它通过对标准化建筑部件的调整，使其具有可换变性，并与整体相连接。在传统建筑技术的基础上，菊竹提出了“可替换系统”（system of replaceability）的概念，并将其应用于从单个住宅到整个城市的各种尺度的设计中[73]。在他看来，巨构城市与其住宅单元之间的关系，无异于佛教寺庙的木构梁柱框架与斗拱或障子等局部构件之间的关系。大构件和小构件应相互独立，并具有不同的代谢周期。

代谢周期和可替换系统的理念在一系列新陈代谢派城市项目中均有所体现。虽然由于当时的技术局限性，建成的作品未能完全实现这些结构概念，但它们仍然影响了建筑师对形态层级的处理方式。例如，

图 3.23
菊竹清训，树形住宅，1968 年，效果图

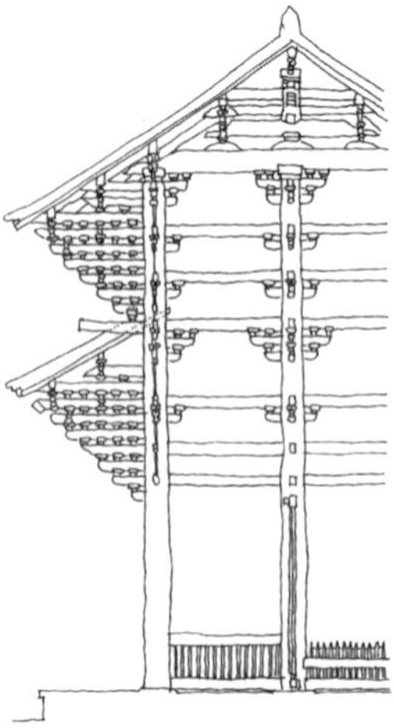

图 3.24
奈良东大寺，剖面图，公元 13 世纪，局部剖面图

菊竹的树形住宅方案（1968 年）和矶崎的空中都市项目都采用了一系列从中央结构伸展出的悬臂体量，这两个项目经常被称为中式和日式传统建筑中斗拱组合的放大版[74]。

作为对“代谢周期”和“可替代性”概念的鲜明诠释，巨构建筑与细胞式单元结合而成的形态成了新陈代谢派设计的标志。这种设计手法虽然从未在整个城市规模的尺度上实现过，但仍然在一系列建筑项目中得到了象征性应用，其中最著名的就是丹下的静冈新闻与放送东京支社大厦和黑川的中银胶囊塔。这两座建筑都比邻东京市内高速公路，相距不到一公里，都是基于建筑师的城市形态基本原型来设计的。前者有一个核心筒，后者有两个，核心筒上用悬臂支撑着用于办公或居住的“胶囊”。虽然在设想中，这些胶囊应当是可预制的工业化产品，其外观也模仿了集装箱形态，但建筑主体仍采用传统的钢筋混凝土结构建造，因此拆除或更换胶囊实际上非常困难，甚至完全不现实。所以这些新颖的概念并未像建筑师们预期的那样对城市大规模开发产生影响，而建成的单体建筑也只能孤零零地矗立于熙熙攘攘、瞬息万变的东京商业区中，成为纪念碑般的存在，以一种看似未完成的面貌展示着巨构城市的理想和“城市即过程”的独特美学。

人造土地

巨构与个体单元的反差与结合，反映了新陈代谢派对集体与个人之间关系的基本理解。这些建筑师们也明白，他们的大型设计所依赖的现代化大规模生产和标准化技术，与他们同样关切的自由和民主社会价值观之间存在根本性冲突。但他们坚持认为，以大规模生产为特征的现代社会仍然为个人选择留有足够的空间，而面向个人的设计不应千篇一律。新陈代谢派以“人造土地”概念为基础，旨在创造一种让个人自由度最大化的新社会结构。黑川的“农业都市”设想将整个社区建在一块架空于自然地表上方的巨大混凝土板上，就是人造土地的一个典型例子。其他建筑师则用不同的词汇来诠释这一概念，如丹下的波士顿湾 25 000 人社区项目中的“多层地面”（multi-level ground）、菊竹的塔状社区中的高塔，以及黑川的垂直壁都市中的“垂直地面”（vertical ground）。

新陈代谢派试图通过人造土地这一概念来定义人与自然之间的新关系。从“土地不属于任何个人”这一原则出发，其首要目的是将土地作为公共财产解放出来，使其恢复到自然状态。不仅如此，建筑师还可以利用人造土地设计底层架空装置或建造海中人造岛屿，以此打造新的居住形式。最重要的是，人造土地可以为个性化建筑提供一个通用框架，让人的创造力得以发挥。在新陈代谢城市中，虽然人造土地必须由城市建筑师来设计，并使用公共投资来建设，但个人住宅的设计和建造仍然是个性化的，可以展示居民多样化的需求和品位。尽管这些房屋很可能是用预制构件组装的，但新陈代谢派认为，预制构件可以衍生出无数不同的组合，照样可以使人们表达自己的个性[75]。

事实上，人造土地并非新陈代谢派的发明。它的早期形式可以追溯到勒·柯布西耶的城市愿景，其典型代表包括他1929年在南美旅行时为里约热内卢（Rio de Janeiro）、圣保罗（São Paulo）和蒙得维的亚（Montevideo）绘制的城市草图。随后，他在1931年为阿尔及尔所做的“奥布斯规划”（Plan Obus）中充实了这一概念，该规划也成为众多新陈代谢项目的直接范本[76]。奥布斯规划是一座线性的多层巨构，它所提供的人造土地能容纳18万个居住单元以及一条内部高速公路。在这些巨大的平台上，居民可以自行建造任何造型的双层房屋。柯布西耶在草图中展示了不同风格的房屋，包括他当时刚完成不久的别墅式公寓（Immeubles Villas）设计和一座摩尔风格民居，以表明在这里每个人都可以按照自己的喜好建造房屋，无论品位高低。

受到柯布西耶规划概念的启发，丹下将人造土地的概念运用到1959年的“波士顿湾25 000人社区规划”项目和1960年的东京规划

图3.25
柯布西耶，阿尔及尔规划，1931年，草图

中。“波士顿湾 25 000 人社区规划”以两座巨大三角形框架支撑的多层混凝土平台为骨架，承载学校、教堂和人行道等各类公共设施，其上的房屋则“为居民提供了无限的选择空间”[77]。虽然住房单元由预制构件组装而成，它们的组合和位置是“随意的”，住宅细节和装饰也“由居民自行决定”。丹下声称，“该项目的重要意义在于通过个人住所在整个体系中的存在，实现居民的自我表达”[78]。

波士顿湾项目中的 A 字形框架是丹下对柯布西耶人造土地概念的改进。它的三角形截面可以增加各层房屋的自然采光，并使巨构内的共享空间产生多种变化。罩在这个巨大框架内的基础设施包括一条高速公路、一条轻轨铁路、停车场和电梯。丹下于同一年设计的日内瓦世界卫生组织总部大楼竞赛方案也使用了 A 字形巨构。在这个方案中，两个倾斜体量之间的巨大空间被设计成“高速公路尺度和个体尺度之间的过渡区域”，成为向来自世界各国和地区的代表与访客们开放的公共空间，它象征着“世界卫生组织的社会生命力”[79]。这种颇具象征意义的巨构公共空间，叠加上波士顿湾项目中承载个人自发建造活动的人造土地框架，成为了丹下 1960 年东京规划中的巨构住宅区设计的蓝本。这三个设计都体现了丹下的重要理念，即城市的基本结构应作为公共财产由集体建设，其上的住宅建设则应由个人掌控，以满足个人需求和喜好。

大高正人的城市设计同样秉持将私人建造与集体建设分离，并在形态上将两者予以明确区分的理念，他在住宅和商业项目中都运用过人造土地的概念。在他与槙文彦共同设计的新宿车站项目中，火车站周围的公共设施被置于人造地面之下，在“地面”上则是私人开发的商业建筑群，它们有着多样的建筑形式，包括有着夸张悬挑、形态粗

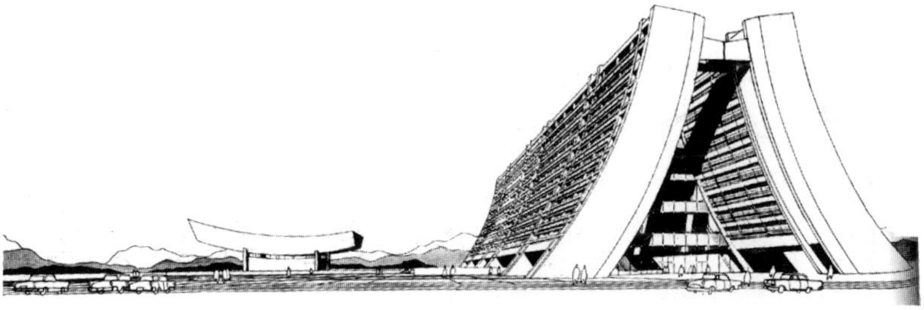

图 3.26
丹下健三，世界卫生组织总部大楼，1959 年，未实现的竞赛提案

图 3.27
丹下健三，世界卫生组织总部大楼，1959 年，模型内部

犷的办公楼，以及形如花朵的娱乐设施和大型购物中心，其建设受市场规律主导，松散、灵活地分布在人造土地上。

在之后几年的建成项目中，大高正人继续采用人造土地的策略来处理集体建设与个人建造之间的关系。在为坂出市设计的一个集合住宅区项目中，他在离地面 6～9 米的高度设置了一块人造土地。混凝土“地面”下方的空间被预留给商店和停车场，上方是根据各个家庭的不同需求建设的不同规格的住房。

新陈代谢城市强调个人创造力和行动自由，这与欧洲的情境主义国际小组的观点不谋而合。该团体活跃于 20 世纪 50—60 年代，他们反对僵化的城市规划，呼吁创造流动的城市“情境”（situations），在其中人们的生活方式是自发形成的，鼓励“做自己所想”[80]。他们通过城市畅想倡导社会变革，寻求适合“后工业时代的人”（postindustrial man）的环境。该团体的领导人康斯坦特・纽文惠斯（Constant Nieuwenhuys）在其名为“新巴比伦”（New Babylon）的理论项目中诠释了这一目标。

图 3.28
大高正人，坂出集合住宅项目，1962 年

“新巴比伦”设想了一个永远处于变化之中的游牧都市，它的日常空间既反映又能激发“游戏者”（Homo Ludens）的欲望。这种城市形态以巨型框架为特点，人们可以在这个框架上自由打造自己的住宅和休闲空间。情境主义者提倡的无政府主义的自由乌托邦启发了欧洲其他先锋建筑运动，包括建筑电讯派和超级工作室（Super Studio）。他们的思想在 1968 年的巴黎学生运动中得到进一步传播，对后现代思想文化产生了重大影响。

毫无疑问，新陈代谢派与情境主义国际一样，将自由和个性视为人类的基本价值；然而，新陈代谢派同样极其重视理性在现代社会塑造中的作用。他们认为，正如人造土地应作为所有个体建造行为的基础一样，规划也应成为个体自由和创造力的基石。他们的方案试图在理性的规划系统和自发的创造活动之间取得平衡，利用人造土地促进个人自由并对其加以有效约束。由于这两个目标之间存在内在矛盾，这项任务显然十分艰巨。这些对立导致人造土地理念在实施过程中矛盾重重。正如彼得·史密森所指出的，“从勒·柯布西耶的阿尔及尔项目开始，在人造平台上‘人人建造自己的房子’这一浪漫想法总会被‘如何实施’这一问题打败”[81]。尽管新陈代谢派的城市提案都极富创

图 3.29
康斯坦特·纽文惠斯，新巴比伦，1956—1974 年，蒙太奇

意，但无论它们如何努力居中调和，对中央集权的要求与对个性的追求之间始终存在无法化解的矛盾，这在一定程度上解释了为什么这些提案几乎无一实现。

海洋文明

新陈代谢派常常设想建设在海上的未来城市，也创造了大量与海洋城市相关的图景，包括菊竹清训的“海上都市”和“海洋都市海原”、黑川纪章的“螺旋都市”、大高正人的“新东京规划”，以及丹下健三的“波士顿湾 25 000 人社区规划”和“东京湾规划”。虽然建于海上或海底的城市在 20 世纪 50—60 年代的科幻小说中早已屡见不鲜，但在探索海洋文明的空间形态方面，新陈代谢派的这一系列城市项目比历史上任何其他前瞻性建筑师都走得更远[82]。

要解读新陈代谢派关于海洋城市的概念，必须了解战后日本的城市发展和社会危机，包括有限的土地资源、快速增长的人口，以及频发的自然及人为灾害等。由于通过战争途径获得土地的野心已宣告失败，日本必须找到新的途径以应对未来发展对土地的需求。从 1958 年起，随着日本最大的城市群在环东京湾地区逐渐形成，一系列开发利用东京湾的方案也相继出台。由于战后城市土地快速升值，填海造地的实际成本要低于城市内部再开发，而且这样做还能规避那些大型项目经常遇到的复杂的土地使用权问题，因此不只是新陈代谢派，许多政界领袖、企业家和规划师也都坚信向东京湾拓展才是解决日本土地危机的最佳答案。在“海上都市”其中一个方案中，菊竹清训设计了建于人工混凝土岛上的圆柱形居民塔，并把工业设施安排在水面之下，他在设计图下标注：“土地供人类居住，海洋供机器运作”，以此呼吁打造更多能自给自足的海上都市[83]。

但是，在海上建造城市的意义并不仅限于满足对可开发土地的迫切需求。有关海洋对日本的特殊意义及其对新陈代谢派的影响，建筑历史学家肯尼思·弗兰姆普敦（Kenneth Frampton）曾精辟评价道：“新陈代谢派之所以把海洋视为创造全新文明之地，是因为海洋一直以来与日本精神和物质存亡息息相关。”[84]日本人向来与海共生、敬畏大海，海洋也是构成日本文化与文明的关键元素。大量以海洋和渔民生活为主题的日本传统木版画证明了海洋对日本社会的重要性。黑川纪章的螺旋都市所表达的正是这种海洋与人类之间的深层联系：在方案中，他用多幅乌托邦式的城市图景描绘了渔民们住在海上宏伟建筑中、乘坐未来风格直升机自由穿梭的祥和生活，表达了对新型海洋文明的向往。

图 3.30
葛饰北斋，神奈川冲浪里，1832 年，彩色木版画

丹下健三的东京湾规划则将海洋视作一种新的地形，把“城市与海洋紧密连接”的理念推向新的高度。在丹下的设计中，陆地与海洋二者没有本质性区别，环环相扣的链状高速公路从东京市中心直接延伸入东京湾，直达海湾对岸的千叶县。住宅建筑也直接坐落在海面上，甚至不需要以人工岛屿为地基。这种特殊的关系体现了建筑师将海洋转变为城市用地的雄心，成为了城市设计中一个生动、独特的日本风格体现。

新陈代谢派以海为址打造新文明的理念也与乌托邦的另一大传统相呼应。从柏拉图（Plato）的著作《对话录》中对亚特兰蒂斯（Atlantis）的描述到莫尔的《乌托邦》，古典乌托邦文学的作者们一直钟情于海洋，把海视为打造理想城市的绝佳地点。亚特兰蒂斯和乌托邦都以岛屿的形式出现。作为一个“美好的地方”（eutopia），乌托邦一定要与世隔绝，这点与新陈代谢派的理念相似。新陈代谢派声称，只有当人们足够勇敢，彻底摒弃“大陆文明”的混沌、危险和痛苦，转而重返大海的时候，一个全新的文明才会真正出现。菊竹清训称，“大陆文明的积累是在一片有限的土地上、通过人类血泪斗争完成的，它就是一部无休止的战争史”[85]。谈及当时的冷战，他说：“最终，大陆文明的发展带来了当前两个大洲的对立，让全世界人民日日惶恐。”[86]与之相反，“海洋正在等待重新发掘，它将给人类带来真正的幸福。就像石油能源时代取代煤炭能源时代一样，以海洋城市为开端的海洋文明取代大陆文明只是一个时间问题”[87]。

对于菊竹来说，打造海洋城市代表对社会政治现状的全面变革；建设不受战争和社会弊病威胁的全新社会是迈向未来人类文明的唯一通路。

由此可见，建设海洋城市并不是简单地扩大领土或逃离陆地，其目的是重塑人与其所处环境之间的关系，以及社会中人与人之间的关系。川添登表示：“正如生命起源于海洋那样，漂浮在海上能够让一座城市的新陈代谢更加顺畅。”[88]发展海洋文明能够让土地恢复到自然状态，能对丰富的天然海洋资源加以利用，能建造紧凑、可持续的城镇。最重要的是，它能改变人类社会的基础结构。如菊竹所言：“海上都市将成为人类社区的单位，而非个体生活之地。”[89]这意味着把城市移到海上不但能解决土地稀缺问题，而且新的海洋文明将化解长久以来基于土地私有制的社会冲突，从而使人类团结成一个新的集体社会。

菊竹也宣称，工业革命带来了“打破人与陆地之间因果循环的最重要机会”[90]。技术的进步让人们在海上建立新的栖息地逐渐成为可能。他提出的完整而宏大的城市构想——“海洋都市海原”，就是一座浮于海上、能容纳 50 万居民的工业城市。在菊竹的规划中，经过全国性的城市重建后，海原将成为一系列线性城市群中的重要节点，这些城市群沿太平洋海岸而建，将取代现有城市并成为国家产业中心。

这些海洋城市的理想规划让菊竹声名鹊起。到了 20 世纪 60—70 年代，菊竹进一步发展了海上都市的想法以应对不断恶化的环境和气候变化。在最初的概念提出十五年后，他终于有机会打造了一座微型海上都市——水城（Aquapolis）。作为冲绳海洋世界博览会场馆之一，水城建在一个长宽均为 100 米的正方形平台上，具备自给自足的独立环境，只通过一座浮桥与陆地相连。参观者可以“感受这座海洋城市安稳、安全、安乐的环境”[91]。水城由预制组件拼装而成，配有海水淡化装置、发电设备，以及为了避免污染海洋而设的净水和垃圾处理设备。然而，水城虽然展示了利用现有技术在海上建立一个自给自足的环境的潜力，但尚无法证明这种人工岛屿上的巨构能实现新陈代谢主义所

图 3.31
菊竹清训，水城，冲绳海洋世界博览会，1975 年

期望的那种理想的社会组织结构。

群造型

乌托邦项目是新陈代谢派用以反抗现代主义城市规划范式、宣传其社会理想的工具。尽管在城市主义方面拥有相同的社会价值观和愿景，新陈代谢派并不是一个团结的设计师群体，成员们的乌托邦理想也各行其道。在“城市作为一种有机过程”这一理念的驱使下，新陈代谢派尝试了各种各样的设计方法和策略，它们时而相辅相成，时而针锋相对。这意味着新陈代谢运动对城市主义的影响并非像以往的建筑史所描绘的那么简单明了；成员之间不同的技术、城市和社会理念导致了他们在设计手法上的分野。这种复杂性和多样性让新陈代谢运动成为乌托邦城市主义研究中的一个独特现象。

基于对城市结构中局部与整体关系的不同理解，新陈代谢运动中出现了两派对立的理论——巨构城市和群造型。菊竹清训、黑川纪章、大高正人、矶崎新和丹下健三对巨构这一概念的发展贡献巨大。他们把城市设想成一个无比庞大的整体建筑，围绕着这个超级架构形成的严谨层级系统决定着单体建造的布局。菊竹的塔状都市和海上都市系列规划、黑川的农业都市和螺旋都市、矶崎新的空中都市和联合筒核系统、丹下的东京湾规划，都属于巨构城市的典型设计。槙文彦则致力于研究群造型，群造型与巨构的区别在于它不是一种先主体结构、后单体元素的组织，而是通过自下而上地将众多小单体进行集群化（grouping）形成的整体形态。群造型代表一种更灵活的城市系统，能不断纳入新的单体，也能更好地适应当代社会的波动性。受其影响，其他新陈代谢派成员也将群造型结合到他们后期的一些设计中，比如1968年槙、黑川和菊竹合作的秘鲁住宅设计竞赛参赛作品和1974年丹下的麦加（Mekka）规划[92]。

槙文彦在和大高正人合著的文章《走向群造型》中首次介绍了群造型的概念，这篇文章被收录在《新陈代谢1960》中。在1964年出版的名为《集合形态研究》的个人著作中，槙文彦进一步阐述了这个概念[93]。该书介绍了集合城市形态的三种原型，分别是“组合形态”

（composition form，指的是基于二维平面的传统构成形式）、“巨构形态”和“群造型”。这本书虽然篇幅较短，却相当有名，最重要的原因就在于它是首部对“巨构”作出书面定义的著作[94]。槙文彦把巨构描述为依托当前最新科技而实现的大型开放结构，也是一种人造景观；其内部包含拥有不同代谢周期的元素，构成城市增长的基础。虽然槙文彦承认巨构在环境工程、多功能综合体和城市基础设施等公共领域有广阔应用前景，他也随即指出巨构城市的固有属性中包含了“某些静态的特征”（certain static nature）[95]——将所有功能集为一体，以致形成一个僵化系统，就是巨构存在的问题。他认为：

> “理想的模式应当是一种可以在变化中不断达到新的平衡状态，并且保持视觉连续性和秩序感的总体形态（master form），而不是一个系统，因为作为系统的城市的物质结构难免不断经受不可预知的变化考验。”[96]

他转而推介一种塑造“总体形态”的策略，即群造型，它是一种通过无数动态元素的组合而形成群体形态的结构主义方法。在这个过程中，一个集群与构成它的每个单体具备同质性。群造型提供的不是一个震撼人心的巨大物质结构，而是一把掌握所有形态的总钥匙，或者说一种视觉编码系统。通过它，建筑师可以应对城市设计中大尺度的开发以及城市快速的变化。与自上而下的总体规划方法相比，群造型提倡循序渐进的累积式增长，生成的是非等级化的集合形态。

槙文彦坦承他对于“形态”（form）和“系统”（system）之区别的理解受到路易·康在1960年世界设计大会上阐述的“形态”（form）和“设计”（design）之辩证关系的启发。康当时谈到：

图 3.32
槙文彦，三种集合形态的图示：组合形态、巨构形态、群造型，1964 年

> “我们有必要区别‘形态’和‘设计’。形态展示的是建筑的基本形式，回答‘是什么’的问题——是一间教堂、一所学校，还是一栋房子？而设计是在这种基本形式基础之上衍生出来的一个间接的、视情况而定的行为，具体取决于现场条件、预算限制和客户的想法等。”[97]

槙文彦对康的思考作出了自己的解释：“一个形态一旦被创造出来，就成为社会的财产……而一个设计是属于它的设计者的。”[98] 因此他认为设计是个人创造，形态则是集体智慧。好的形态能提供良好内部秩序来协调不同元素的设计。

在群造型中，秩序与生俱来地存在于构成集群的每一个元素之中。槙文彦将这种秩序称为“空间中的生成式元素系统”（a system of generative elements in space），这个定义意味着生成“形态”的关键是个体元素，而非主体结构。[99] 他将中世纪欧洲城市、希腊岛屿、北非村庄和 16 世纪的荷兰小镇作为应用这一方法规划的城镇范例。他特别提到了日本传统乡村与村庄中房屋的关系，认为其中包含了群造型的基本精神。槙说：

> “过去许多日本村庄都建造在主要道路旁边。房子通常呈 U 形，一座挨一座垂直于道路方向排列。房子的前部一般两层高，靠近道路的房子紧密排列连成一个连贯的村落立面。房子后面是一个封闭的院子，用于做家务、晒谷物、扎稻草等活动。谷仓位于房子的另一端，同时面对一片开阔的田野……在这里，房屋单元是整个村庄形态的生成元素。增加新单元不会改变村庄的整体结构，每个单元的深度、临街立面及院子和谷仓的大小都可以不同，但形成整个村庄的基本结构原则不受影响。”[100]

槙文彦这段话明确了群造型中个体（房屋）和整体（村庄）两者在形式和操作层面的相互关系。个体单元的造型由同一个原型定义，这个原型也决定了整个群体的特征。当这种关联被建立起来以后，个体

图 3.33
槙文彦的《集合形态研究》一书中记录的日本线性村庄伊贺

元素在细节上可以彼此不同，但集群特征会保持不变。这种关系可以让村庄不断更新和成长，但不影响其整体形态，从而维持村落的动态平衡。槙文彦强调，群造型并不是随意的形式组合，它是从传统乡土聚落固有的社会结构中衍生出来的。如他所说："我从这些群造型中看到了地域文化的表达。"[101]

槙文彦受到乡土聚落（vernacular settlements）启发所提出的城市理论，并非仅仅是一次将有机的城镇形态语言转译为当代城市设计原则的孤立尝试。1958—1960 年期间，槙文彦受格雷厄姆基金会（Graham Foundation）资助开展游学，走访了欧洲和非洲的大量乡土聚落，这些人居形态的形式连贯性（formal cohesion），以及构成它们独特秩序美感的非等级式社会结构，都给他留下了深刻印象。槙文彦的群造型理论来源于他对这些地域文化和自然秩序的深刻理解。20 世纪 60 年代，建筑界逐渐摆脱教条化的现代主义城市理论，鼓励建筑师探索新的城市形态。包括欧洲的阿尔多·凡·艾克和吉安卡洛·德·卡洛（Giancarlo De Carlo），以及美国的伯纳德·鲁道夫斯基（Bernard Rudofsky）在内的众多建筑理论家热衷于研究乡土建筑与聚落，从自发的、相似或不同的单体组成的集合形态中汲取灵感。凡·艾克是十次小组发起人之一，他从非洲中部的原始村落形式中得到启发，领悟了部分和整体、小和大、房屋和城市之间的相互关系。他由此发展了“配置性规律”（configurative discipline）理论，希望用这样的相互关系来加强单体和群体各自的特征，并在阿姆斯特丹孤儿院（Amsterdam Orphanage，1960 年建成）的设计中运用了一种基于生成元素的城市主义策略。1964 年，即槙文彦出版《集合形态研究》的同一年，鲁道夫斯基在纽约 MoMA 举办了“没有建筑师的建筑”（Architecture without Architects）展览，并出版了同名图书[102]。该展览激励了大批建筑师和设计师去关注乡土建筑和村庄聚落的创造力的根源，产生了深远影响。

同一时期，伊藤郑尔和矶崎新带领一个东京大学团队，正进行着关于日本传统城镇形态的研究，并在 1963 年 12 月的《建筑文化》杂志上首次发表了题为《日本都市空间》的调查报告，报告中包含了大量关于乡土建筑和传统城镇空间的案例研究[103]。这个团队运用类型学方法对城镇空间的组织结构（organizational structure）、组成元素（compositional elements）、空间序列体验（sequential experience）、宇宙观隐喻（cosmetic metaphor）及城市空间的象征意义（symbolism of urban space）进行研究，并发现：日本城镇不像西方城镇那样，围绕着纪念碑和市民广场等永久性的物质空间组织而成；其公共空间更多是为沿街市集、宗教仪式、民间庆典等社区活动而创造出来的、视觉层面上的可变围合形态。这次调查的感悟也启发了矶崎新写下《隐形城市》这篇文章，他在开篇提出：“城市没有永恒的形态，它通过不断的变化来迎合新的城市状况和需求。日本城市规划师需要把注意力放在创造象征性的城市空间上。”[104]

槙文彦的研究与其他传统城市空间研究的不同之处在于，他对乡土聚落形态的社会学含义给予了更多关注。建筑学者詹妮弗·泰勒（Jennifer Taylor）观察到槙文彦致力于打造一种激发空间组织和社会组织的灵活性的秩序，这样的秩序产生于各个尺度上部分与整体之间、参与者与场所之间的关系[105]。槇文彦对巨构形态和群造型之间的根本区别的辨析，也是从社会学角度展开的：

> “巨构形态中的个体元素如果脱离了框架就无法存在。这个框架决定着每个个体的生长，因此个体元素依赖于它。而群造型中的个体元素本身往往就是整个集群的必要组成部分，它们构成了后者在功能上、社会上或空间上的统一性。一般来说，群造型来源于社会中的群众，而不是来自一个强势的领导者，这一点十分重要。我们所使用的‘群造型’一词来自村庄、聚落和市集，而非组合式的宫殿建筑群。”[106]

由此可见，槇文彦有关城市形态的观点根植于他对城市社会组织和物质结构之间关系的理解，并认为群造型来自人民的智慧和本地性的创造。和诞生于集权力量的巨构形态相比，群造型更能代表一种民主的、灵活的系统。

槇文彦在美国的学术研究和设计从业经历对其城市概念的形成颇有影响，也使他有别于其他新陈代谢派建筑师。1955—1965 年间他在美国居住，并在大学任教，见证了对抗现代主义城市更新（urban renewal）计划的社区运动的兴起，他所生活过的城市——波士顿、纽约和圣路易斯——恰恰是这波运动的中心[107]。这些年间，槇文彦大量接触了城市理论家的著作，比如简·雅各布斯、凯文·林奇（Kevin Lynch）和阿尔多·凡·艾克的著作。这些作家和教育家从不同角度批判了现代主义城市建造范式，强调当地居民的日常生活是城市活力最主要来源，正是居民的行为塑造了城市，因此他们应该参与城市的规划与发展[108]。这些理论家的人文主义倾向反映了这一时期美国知识分子和大众的关切，加强了槇文彦对城市设计的社会学意义的认识，引领他从社区与民主的角度来看待集合形态。

对槇文彦来说，秩序不一定是显性的，相反，它常常难以察觉。在哈佛大学的一门城市设计课程中，他指导学生研究对波士顿的城市基础设施进行重组的可能性，并于 1965 年发表了一篇名为《城市的通行系统》（Movement System in the City）的报告[109]。正如泰勒所发现的，槙文彦对波士顿的研究与1959年丹下健三在麻省理工学院和学生共同提出的波士顿湾社区规划形成鲜明对比：丹下的项目以巨大的A形巨构建立起强大的视觉秩序，槙的提案则着眼于战略规划层面，而非指定某种具体布局形式，其关注点是通行网络的组织而不是物质形态的控制。因此，泰勒认为这个项目反而具有“确定无疑的日本特性”[110]。

关于巨构和群造型之间的争论还引出了一个更深层次的议题：秩序与混沌（Chaos）之间的关系。根据槙文彦的观点，城市的秩序可以存在于看似混乱的表象之中；城市规划师的工作就是将这种秩序以可认知的组织形式——或凯文·林奇所提出的“城市的可想象性”（imaginability）——呈现出来。在对波士顿的研究中，槙文彦指出，“混沌”并非“结构的缺失”，而是“结构的不易察觉性，所以问题不在于重构结构，而在于让结构变得更易理解”。他进一步指出，“一个人要在城市中移动就必须得到视觉线索的引导，并且明确自己在哪、要去哪、经过什么地方，以及这些地方之间有什么联系”[111]。群造型所强调的连贯性（cohesiveness）是基于感知秩序（sensory order）而非物质秩序（material order）的，这种感知秩序存在于一座城市中的每一个独立个体身上，这些个体基于共同的结构汇聚形成了统一的整体。

槙文彦强调群造型的时间维度，以此来批判以“总体规划”为代表的现代主义静态规划概念。他声称群造型“可以在变化中不断达到新的平衡状态，并长期保持视觉连续性和秩序感”，因为它的意象“来自其生成式元素的动态平衡，而不是模式化的定型事物组合”[112]。尽管群造型的基本原型和秩序系统将保持稳定，但其内部单体的形态会随时间而改变以应对环境的变化。这种“拥抱不完整性、不可预测性和瞬时性的思考方式，将导向一种能够综合应对城市现状需求和复杂性的设计思路”——“序列群造型”（sequential group form），它将群造型视为一种开放性规划过程，持续引导城市的进化。[113]

槙文彦在日本的代官山集合住宅（the Hillside Terrace）可以说是他职业生涯中最有代表性的城市项目，在这个设计中，他的群造型概念在空间、社会以及时间维度上均得到充分展现。该项目来自朝仓家族的私人委托，实际上由一系列建筑单体组成，融合了居住、商业、文化等多种功能，还有一个地块出让给丹麦王国大使馆[114]。这个建筑群坐落在东京代官山区的旧山手大道（Kyu-Yamate Avenue）两侧，形成了一段长度近 250 米的狭长片区。从 1967 年槇文彦设计第一期开始，整组项目持续了 25 年，前后经历六个阶段。每个发展阶段都脱胎于前阶段所设定的模式，但又有别于前阶段，因为新的设计反映了城市规范的修正、科技的革新、建材的更新以及城市文脉的演变，就像代官山区也从一片安静的住宅社区逐渐演变成繁忙的商业区。槇设计的早期建筑由混凝土建造，覆盖以水泥和瓷砖，视觉上常常显得厚重且空间比较封闭，后期的建筑越来越多地运用钢结构、金属板和玻璃，外观上轻盈透明，围合出的户外空间、庭院或小公园也变得更开放宜人。

尽管三四十年间外部环境发生了巨大变化，代官山住区（包括之后建设的代官山西）的总体环境依然保持了高度的统一性。通过平衡建筑与街道的关系、将公共空间融入建筑体量，以及强调形式简洁和结构连贯性的现代风格，整个建筑群保持着和谐的图底关系。建筑和街道之间建立了一种“形态学对话”（morphological dialogue），建筑布

图 3.34
槇文彦，代官山集合住宅，东京，1967—1992 年，轴测图

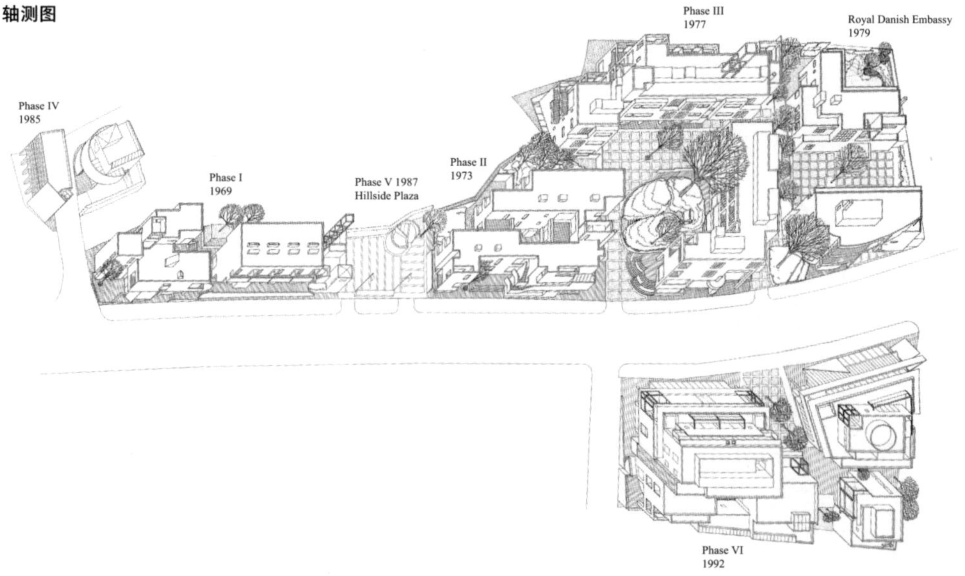

图 3.35
槙文彦，代官山集合住宅，东京，1967—1992 年，早期的庭院

图 3.36
槙文彦，代官山集合住宅，东京，1967—1992 年，后期的街道立面图

局并未采用刚性轴线和等级化手法，但在建筑与建筑之间形成了互通的视觉关联；通过将建筑细分为较小的体量组群，为城市环境赋予了乡村风貌般的亲切感。代官山集合住宅严格遵守山手大道两侧 10 米的建筑高度限制，虽然这个限高在后面几期项目设计时已经从当地的分区规划条款中删除，但槙文彦依然坚持将其作为所有建筑的标准，以保证沿街道的建筑高度线一致。总体而言，这个项目具有形态开放性，各种各样的庭院和走廊沿着略微倾斜的街道组成公共空间序列，成为这个综合体中的节点，将建筑与城市有机联系起来。

代官山集合住宅代表了“随着时间有机地成长和演进、最具活力的群造型”[115]。它证明可以通过城市设计对形态和空间进行协调，为城市赋予连贯性与多样性，使每一个建成单体在保持其独立性的同时，也对整体有结构性的掌控。整个项目由此成为具有一定模糊性的开放系统，能够应对各种不确定性，并随着群造型的持续进化产生新的风貌，因为它的每一个阶段都是完整的，但又随时准备接纳新成分的加入或变化的产生。槙文彦认为，这种基于群造型的渐进式城镇景观已经成为东京的精华，并且为现代城市注入了一种崭新的都市性。

图 3.37
槙文彦，代官山集合住宅，东京，1967—1992 年，航拍照片

废墟

槙文彦的群造型理论和他的设计作品代表了对新陈代谢主义巨构理论的批判。这一现象并不意外，因为新陈代谢派从一开始就是借一个特殊事件形成的松散联盟。虽然其成员普遍相信建筑能通过当代技术革新为社会变革提供强大动力，但他们对于技术进步的展望及大规模城市建设在社会演进中所扮演的角色的看法不尽相同。具体而言，有的成员相信技术可以赋予建筑师规划和掌握城市发展的能力，另一些成员则对技术统治论对人文环境的影响抱有疑虑。这种态度上的差异导致了他们在城市观念上的矛盾性。

这种矛盾性早在矶崎新 1962 年写的《城市破坏业公司》一文中便有所体现[116]。这篇文章从一位城市规划师 Arata 的视角展开叙述，记录他与从杀手转变为城市破坏者的朋友 Shin 之间的对话。Shin 设立公司的宗旨在于摧毁现代城市，而"乌托邦式的城市规划"恰恰是实现这个计划的途径之一。正如八束所述，这篇文章揭示了建设城市的激情和类达达派（Quasi-Dadaistic）破坏城市的欲望之间的暧昧关系，这两种行为看似对立，实则可以同时发生。在第二次世界大战后的日本社会，这两种主张之间的冲突非常激烈，纠缠多年仍悬而未解[117]。

这个矛盾贯穿了矶崎新整个 60 年代的创作。虽然他并非新陈代谢派的正式成员，但与新陈代谢派受到了相同的思想影响，同时他对巨构形态和未来主义的技术也抱有极大热情。丹下健三的城市设计方法深受控制论（Cybernetics）理论的影响，作为丹下的学生和后来的同事，矶崎新的城市主义概念也强调控制论[118]。但是，相较于热衷用生物过程来隐喻环境演变和社会转型的新陈代谢派，矶崎新对通过技术手段实现社会变革的可能性持怀疑态度。他一方面赞同新陈代谢派的基本观点，并称"城市是一个演化的过程，这点毋庸置疑"，另一方面也认为，新陈代谢派相信自然和社会可以和谐、稳定地持续发展，这种观点过于乐观[119]。对新陈代谢派来说，城市的发展和转型是可以预测的，因此能够对这个过程实施规划、引导和管控。矶崎新则认为在一个城市的社会发展中，突发性或灾难性事件随时可能发生，其后果是不可预料的。他后来回忆道：

> “我赞同他们（新陈代谢派）的大多数说法，但是在一个关键论点上无法与他们达成一致，即拿有机体的新陈代谢过程和建筑构图做直接类比。变化往往不是系统性的，而是剧烈的、毁灭性的、超出了人类控制范围的过程。它是相互交织、不可预见的偶然性复杂积累的结果。方法与逻辑往往源自对自然过程的变化的容忍。”[120]

矶崎新所强调的剧烈的、毁灭性的变化自然包括仍然留存于大多数日本人记忆中的战争、原子弹爆炸和大规模自然灾害，这样的悲惨事件完全中断了当时城市发展的进程。对矶崎新来说，新陈代谢派的城市模型没有考虑这样的事件。之后，丹下似乎与矶崎新在关于城市剧变的观点上产生了共鸣，主张“把城市仅仅理解成一个过程就是承认城市的自然发展，这是一种倒退的观点”。丹下因此强调，建筑师和城市规划专家应该重视新陈代谢过程中“剧变发生的那一刻”[121]。

对城市过程中的剧变的认识使矶崎新提出了“废墟”（ruins）的概念，即灾难之后城市的状态，这是新陈代谢运动对日本文化和城市环境做出的更激进的回应。这一概念首次在矶崎新一幅题为《孵化过程》的拼贴画中体现，这幅作品为 1962 年“未来城市与生活”展览而创作，展示了 1960 年矶崎新为新宿站周边重建方案而设计的联合筒核系统，但画中这个未来主义的巨构被叠加在古典废墟的图像之上，硕大的多立克柱廊分崩离析，碎块成为建造新的混凝土巨构的基座，巨构旁边是一条高速公路。矶崎为这幅作品写了解说词：

> “孵化的城市注定要自我毁灭
> 废墟是我们未来城市的风格
> 未来城市本身就是废墟
> 我们的当代城市，因此，注定只能存在一瞬
> 它们耗尽能量，城市回归为原始材料
> 我们所有的建议和努力都将被埋葬
> 孵化机制将从头开始
> 那将是未来”[122]

图 3.38
矶崎新，孵化过程，
1962 年，蒙太奇

《孵化过程》这个作品让矶崎新的城市主义的矛盾性显露无遗。一方面，城市从古典废墟中再生，展示了新陈代谢主义对于人类社会重生和自我更新能力的基本看法——即使城市被彻底摧毁，新的生命也会从废墟中诞生，就像核爆后的广岛和被盟军空袭夷为平地的东京；另一方面，这幅作品表明矶崎不愿意接受新陈代谢主义对技术向善的天真信任，以及对城市未来的乐观主义。他认为变化既有建设性又有毁灭性，导致人类社会在城市与废墟之间反复循环："在孵化过程中，废墟是我们城市的未来状态，而未来的城市本身就是废墟。"[123]

《孵化过程》也显示矶崎新有意与新陈代谢的技术统治论拉开距离，并拒绝"社会变革可以通过新技术手段实现"的观点[124]，因为废墟象征着死亡，与操纵城市发展和社会发展的乌托邦策略形成了对冲，表达出矶崎新对"进步"的讽刺和些许悲观。"废墟"概念从目标和表达形式上为新陈代谢主义提供了另一套话语，但作为一种先锋性的无政府主义思潮，它与新陈代谢派的精神仍然保持一致。在一定程度上，这幅作品预言了十年后技术乌托邦的衰落，以及后现代主义意识形态的崛起。建筑历史学家大卫·斯图尔特指出：

> "一座当代城市诞生于非常原始的古典废墟中，预示着其未来的生长（同时也是衰落）——这一图景正是对这个时代恰如其分的写照。它反映了起源于新陈代谢派的生命哲学，但事后看来，又可以被解释为一种特定的'后现代主义'思想的先驱，即狭义的新古典主义复苏所定义的那一类。一种含糊的矛盾性和微妙的造作伴随着废墟这个

图 3.39
矶崎新，大分县立图书馆，1966 年

> 新策略而产生，在新陈代谢派关注至今的社会和人口问题之上增加了一道形式和历史的维度。”[125]

城市和废墟轮转更替的观点也为矶崎新后来的建筑作品提供了灵感。在1966年完成的大分县立图书馆项目中，他设计了一系列巨型梁柱般的水平体块，将其突然垂直截断，暴露出切面，隐喻了由于剧变产生的废墟状态。这种象征手法流露出后现代主义建筑运动的早期思想，而矶崎新正是这个运动的先驱。

矶崎新的废墟隐喻可能也要追溯到路易·康身上，后者于1960年短暂访问日本期间曾向年轻的日本建筑师大力宣传这一哲学命题。康的灵感来自1950年他在罗马美国学术院（American Academy in Rome）为期四个月的客座学者经历，在那期间他遍访意大利、希腊和古埃及遗迹，此后便经常将废墟的图像纳入他的建筑中，赋予建筑物以永恒性[126]。这一概念在理查兹医学研究实验楼、萨尔克生物研究所（Salk Institute for Biological Studies）和位于艾哈迈达巴德的印度管理学院（Indian Institute of Management-Ahmedabad）等康的建筑代表作中得到

充分体现。

废墟的概念在日本文化中也占有特殊地位，但与在西方的意义不同。由于火灾、台风、地震、海啸和战争在日本列岛频繁发生，不时发生的大灾难事件长期以来已成为日本社会生活的一部分，这造成了日本人对生命无常和万物短暂的逆来顺受心态。矶崎新提到：

> “在我的整个少年时代，直到我开始学习建筑学之前，我经常要面对周围物质实体的破坏和消亡。日本城市在火焰中灰飞烟灭，前一刻还存在的形态在下一个瞬间就消失了。构成我童年环境的废墟是由突发性的破坏所产生的，而不像古希腊、古埃及的遗址那样，是早已长久存在的废墟。在这样的废墟间游走让我感受到灭绝的场景，而不是人世无常的瞬变。”[127]

少年时期目睹战争的经历强化了矶崎新对城市毁灭和复兴的认识。他的故乡位于九州岛的大分市，距离广岛和长崎这两座惨遭原子弹轰

图 3.40
矶崎新，未来城市的毁灭，1968 年，蒙太奇

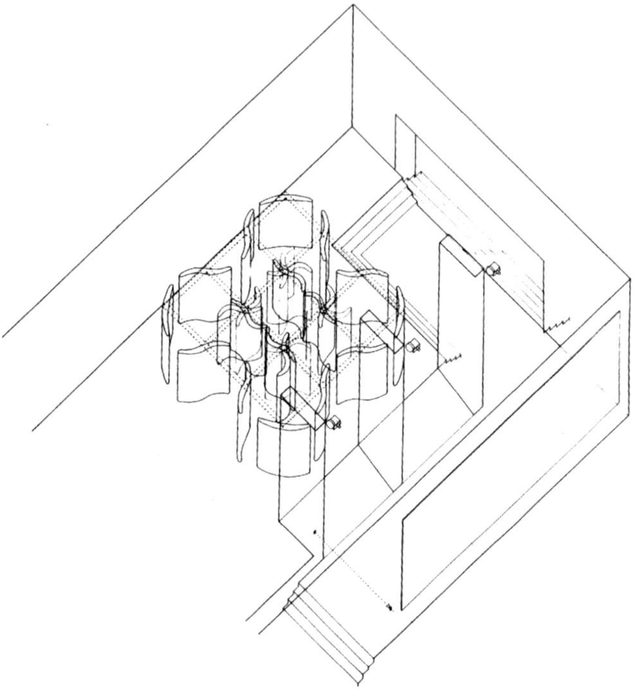

图 3.41
矶崎新，电气迷宫，米兰三年展装置艺术，1968 年，轴测图

炸的城市均不到 300 公里。这些被摧毁的城市和其居民所经历的巨大创伤引发了这位青年建筑师对废墟城市的遐想。矶崎新后来回忆道：

> “必须承认且无可磨灭的是，广岛的遭遇正是日本重建进程的起点。我这一代人经历过日本作为一种出口商品的破产、城市的毁灭、社会结构的转型，以及最重要的，由广岛见证的历史的终结。尽管现实中的世界正在快速地重建和复苏，但看着这一切，首先映入我脑海中的仍然是毁灭和灭绝的景象。虽然建筑师和城市主义者都期待社会进步并为之奋斗，但仍然无法逃避崩溃再次降临的不祥之兆。”[128]

在矶崎新后来的作品中，广岛不断成为废墟意象的代表。在 1968 年的米兰三年展（Triennale in Milan）上，他以此主题制作了一幅题为《未来城市的毁灭》（Destruction of the Future City）的拼贴画，作为他设计的展览装置的一部分。整个装置名为“电气迷宫”（Electric Labyrinth），由16片旋转的曲面有机玻璃构成，每一片有机玻璃表面都张贴着来自日本中世纪“地狱绘”的烈焰图像，或18世纪浮世绘中的神怪图案。那张巨大的拼贴画被投射在展厅尽端的大屏幕上，画面背景是被摧毁和烧焦的广岛的全景照片，上面拼贴着两个未来主义的巨构建筑，但它们也已经沦为废墟，被烧到只剩下了框架，在地平线上投下剪影。展厅中央的那一组有机玻璃板通过红外线控制，伴随着暗室里的同步声光效果转动，将上面张贴的鬼怪图像投影到拼贴画上，强化了暗室中的神秘气氛。

斯图尔特在他的著作中评论道，这个作品中未来城市废墟的表达比《孵化过程》更深一步：它已不再期待未来城市从过去和现在城市的废墟中诞生，未来城市“已经背叛了自己，也背叛了我们——人为的终极毁灭的发生地，现在仅成为未来乌托邦衰落的缩影”。他因此提出疑问：“或者说，这是所有这类乌托邦愿景的自我毁灭的预言？”[129] 最终，这个具有讽刺意味的城市废墟概念使矶崎新逐渐远离新陈代谢派的乌托邦理想，转向反乌托邦的阵营。更具讽刺意味的是，整个“电气迷宫”装置作品所营造的神秘、恐怖的气氛，正是1968年前后的先锋艺术的共同特征，但装置刚刚完成，米兰三年展场地便被1968年学生运动的示威者占领[130]。在某种程度上，可以认为该事件预示了随后十年的社会动荡、经济衰退和技术乌托邦的破产。

注释

1　布鲁诺·陶特和勒·柯布西耶都深刻影响了日本现代建筑。陶特1933—1935年生活在日本，写了一些关于日本文化和建筑的著作，参见：Bruno Taut. *Houses and People of Japan*（Tokyo: Sanseido, 1937）. 他的乌托邦城市概念见于：*Alpine Architektur*（Hagen: Folkwang-Verlag, 1919）. 柯布西耶在第二次世界大战后到过日本，设计了东京的国立西洋美术馆。参见：David B. Stewart. *The Making of a Modern Japanese Architecture: 1868 to the Present*（Tokyo: Kodansha International, 1987）: 206-210.

2　菊竹清訓．“海洋都市”，METABOLISM 1960：都市への提案，菊竹清訓，川添登，大高正人 等（東京：美術出版社，1960）：10-13.

3　Teiji Ito. “Moratorium and Invisibility,” *Arata Isozaki: Architecture 1960–1990*, David Stewart and Hajime Yatsuka eds.（Los Angeles: Museum of Contemporary Art）: 90.

4　勒·柯布西耶的伏瓦生规划收录在他的著作 *Urbanisme*（1924）中，该书英译版为：*The City of Tomorrow and Its Planning*（New York: Dover, 1987）. 对这个规划以及柯布西耶的现代城市规划理论的批判，参见：Lewis Mumford. “Yesterday’s City of Tomorrow,” *Urban Prospect*

（New York: Harcourt, Brace & World, 1968）; Robert Fishman. *Urban Utopias in the Twentieth Century: Ebenezer Howard, Frank Lloyd Wright, Le Corbusier*（Cambridge: MIT Press, 1982）.

5 威廉·加德纳（William O. Gardner）曾发表研究，讨论新陈代谢运动的城市项目与第二次世界大战后几十年兴起的科幻小说之间的相互影响。参见：William O. Gardner. *Visions of the City in Postwar Japanese Architecture and Science Fiction*（Minneapolis: University of Minnesota Press, 2020）.

6 Günter Nitschke. "The Metabolists of Japan," *Architectural Design* vol. 34, no. 10（1964）: 522; Stewart. *The Making of a Japanese Modern Architecture*: 219-221.

7 东大寺是坐落在奈良的著名佛寺，它的南大门建于 8 世纪，被认为是现今世界上最古老的木构架建筑之一。

8 20 世纪 60 年代后期出现了一些变化，一些新陈代谢派成员更积极地投身于政治讨论中。1969 年黑川纪章把他的公司拆分成两个，一个公司负责建筑和城市设计，而另一个从事社会研究工作，称为社会工程公司。

9 赖特和霍华德都在各自的著作中详细阐述了自己的理想城市概念。参见：Frank Lloyd Wright. *The Living City*（New York: Horizon Press, 1958）; Ebenezer Howard. *Garden Cities of Tomorrow*（London: S. Sonnenschein & Co. Ltd, 1902）. 对两人思想的差异的比较，参见：Fishman. *Urban Utopias in the Twentieth Century: Ebenezer Howard, Frank Lloyd Wright, and Le Corbusier*.

10 恩斯特·梅于 1925—1930 年担任法兰克福的总规划师。他受到英国田园城市运动的影响，又以现代主义建筑理念对其进行了改良。在他的指导下，法兰克福短短五年内就建成超过 15 000 个居住单元，形成了一系列居住区。1930 年，梅试图将这一公共住房开发模式应用于苏联，但没有成功。卡尔－马克思住区是奥地利社会民主党执政期间于 1927—1930 年在维也纳建造的。卡尔·恩是一名规划师，也是建筑大师奥托·瓦格纳（Otto Wagner）的追随者。他规划的 Ringstraβe des Proletariats 项目有 1382 个公寓，可供 5000 人入住，社区中提供各种便利设施，包括自助洗衣店、澡堂、幼儿园、一个图书馆、诊所以及商店。了解细节参见：William J. R. Curtis. *Modern Architecture since 1900*（New Jersey: Prentice Hall, 1996）; Kenneth Frampton. *Modern Architecture: A Critical History*（New York: Thames & Hudson, 1992）.

11 大高正人参与 20 世纪中叶的公共住房设计的同时，还参加了一些新城规划，包括东京市郊的新型卫星城多摩新城。

12 参见：Le Corbusier. *The Marseilles Block*, Geoffrey Sainsbury trans（London: Harvill Press, 1953）: 45. 对勒·柯布西耶从修道院得到的灵感的研究，参见：Peter Serenyi. "Le Corbusier, Fourier and the Monastery of Ema," *The Art Bulletin* vol. 49, no. 4（1964）: 277-286.

13 参见：Serenyi: 281. 关于傅立叶的 *Phalanstére* 的详细描述，参见：Victor Considerant. *Description du Phalanstére et considerations socials sur l'architectonique* [法兰斯泰尔的描述与建筑的社会考量]（Paris: Librairie Sociétaire, 1848）.

14 Kenzo Tange. "Recollections: Architect Kenzo Tange, no. 3," *Japan Architect*（June 1985）: 12.

15 库马尔认为，从圣西门到马克思和恩格斯的一系列社会主义乌托邦是 19 世纪乌托邦文学复兴的主要诱因。这类文学作品包括：Edward Bellamy. *Looking Backward*; William Morris, *News from Nowhere*; Theodor Hertzka. *Freiland*; H. G. Wells. *A Modern Utopia*. 库马尔认为社会主义是乌托邦的现代形式，也是唯一能吸引现代乌托邦作家注意的思想。参见：Krishan Kumar. *Utopianism*（Minneapolis: University of Minnesota Press, 1991）: 61-62.

16 同上，61 页。

17 了解苏联"都市派"和"反都市派"的城市规划项目及其理念的概要，参见：Ruth Eaton. *Ideal Cities: Utopianism and the（Un）Built Environment*（New York: Thames & Hudson, 2001）: 195-196. 了解米柳京的反都市派思想，参见：N. A. Miliutin. *Sotsgorod: the Problem of Building Socialist Cities*, Arthur Sprague trans.（Cambridge: MIT Press, 1974）.

18 Leonid Sabsovich. *SSSR cherez 10 Let* [十年后的苏联]（Moscow: The Moscow Worker, 1930）.

19 Kumar: 80.

20 有关这段历史的详细信息，参见：Louis Young. *Japan's Total Empire: Manchuria and the Culture of Wartime Imperialism*（Berkeley: University of California Press, 1999）.

21 在长春的相关尝试包括坂仓准三的南湖居住区规划，该规划显示出坂仓受其导师勒・柯布西耶的光辉城市概念的影响。光辉城市则受了苏联规划思想的启发。

22 了解对西山卯三规划的详细情况，参见：Carola Hein. "Visionary Plans and Planners," *Japanese Capitals in Historical Perspective: Place Power and Memory in Kyoto, Edo and Tokyo,* Nicolas Fieve and Paul Waley eds.（London: Routledge Curzon, 2003）: 333-341.

23 Noboru Kawazoe. "City of the Future," *Zodiac* 9（1961）: 110.

24 菊竹清訓 , 川添登 , 大高正人 等 . METABOLISM 1960：都市への提案 : 84.

25 同上。

26 参见：El Lissitzky. "Alte Stadt – Neue Baukorper" [老城市 - 新建筑], *1929 Rußland: Architektur für eine Weltrevolution* [1929 年的俄国：为世界革命而建的建筑], Ulrich Conrads ed.（Berlin: Ullstein, 1930）. 重印于：*Bauwelt Fundamente* vol.14（Boston: Birkhäuser Boston, 2000）: 32-38.

27 同上。

28 Karl Marx. *The Communist Manifesto*, Fredric L. Bender ed.（New York: W. W. Norton & Company, 1988）: 75.

29 Leon Trotsky. *Literature and Revolution*（Ann Arbor: University of Michigan Press, 1960）: 249.

30 Kenneth Frampton. "Notes on Soviet Urbanism, 1917–32," *Urban Structure: Architects' Year Book XII*, David Lewis ed.（New Jersey: John Wiley & Sons, 1968）: 238-252.

31 了解线性城市概念在苏联的发展，参见：Frampton, 同上。

32 Miliutin. *Sotsgorod: the Problem of Building Socialist Cities*.

33 八束はじめ , 吉松秀樹 . メタボリズム：1960 年代—日本の建築アヴァンギャルド [新陈代谢主义：1960 年代日本建筑的先锋派]（東京 : INAX 出版 , 1997）: 17.

34 赖特的广亩城市理论最先发表于：*The New Frontier: Broadacre City*（Spring Green: Taliesin Fellowship, 1940）. 有关这个乌托邦规划的讨论，参见：David G. De Long ed. *Frank Lloyd Wright and the Living City*（Weil am Rhein: Vitra Design Museum, 1998）; Fishman. *Urban Utopias in the Twentieth Century: Ebenezer Howard, Frank Lloyd Wright, and Le Corbusier*.

35 法国地理学家简・戈特曼（Jean Gottmann）创造了 Megalopolis 这个术语，用来描述美国的东北沿海城市带。参见：Jean Gottmann. *Megalopolis: the Urbanized Northeastern Seaboard of the United States*（New York: Twentieth Century Fund, 1961）.

36 菊竹清訓 , 川添登 , 大高正人 等 : 27.

37 同上。

38 同上。

39 Hajime Yatsuka. "The 1960 Tokyo Bay Project of Kenzo Tange," *Cities in Transition*, Arie Graafland and Deborah Hauptmann eds.（Rotterdam: 010 Publishers, 2001）: 178-180.

40 Nitschke. "The Metabolists of Japan" : 524.

41 日本的封建时代开始于大约公元 350 年大和政权的建立。参见：Peter Bleed et al. *Japanese History: 11 Experts Reflect on the Past*（Tokyo: Kodansha International, 1996）: 23, 168.

42 Alison Smithson ed. *Team 10 Primer*（Cambridge: MIT Press, 1968）: 61.

43 Kawazoe. "City of the Future" : 110.

44 菊竹清訓 , 川添登 , 大高正人 等 : 18-19.

45 菊竹清訓 , 川添登 , 大高正人 等 : 84.

46 Kawazoe. "City of the Future" : 107.

47 同上。

48 同上。

49 Kawazoe. "City of the Future" : 110.

50 同上。

51 了解日本 20 世纪 60 年代“社会建筑师”和 70 年代后现代主义艺术家的区别，参见：Hajime Yatsuka. "Architecture in the Urban Desert: A Critical Introduction to Japanese Architecture after Modernism," *Oppositions* 23（1981）: 2-35.

52 Kenzo Tange. "Technology and Humanity," *Japan Architect*（Oct. 1960）: 11-12.

53 Peter Smithson. "Reflections on Kenzo Tange's Tokyo Bay Plan," *Architectural Design* vol. 34, no. 10（1964）: 479-480.

54 同上。

55 Fishman. *Urban Utopias in the Twentieth Century: Ebenezer Howard, Frank Lloyd Wright, Le Corbusier*: 95.

56 川添登后来解释了他对这个词的理解：“我们选择‘新陈代谢’的原因正如恩格斯在《自然辩证法》中说的，‘新陈代谢是生物存在的基础’。但是这个概念是不完善的。有机体同其他物质的一个根本区别就是繁殖，日语中‘新陈代谢’包含了繁殖和传代的意思，也是‘生命力’的体现。”参见：大高正人 , 川添登 編 . メタボリズムとメタボリストたち: *Metabolism & Metabolists*: 16.

57 菊竹清訓 , 川添登 , 大高正人 等 : 59.

58 Kawazoe. "The City of the Future" : 100.

59 菊竹清训早期在医学院的学习对他的有机城市理念有所影响。参见：David B. Stewart. "Irony and Its Fulfillment," *Arata Isozaki: Four Decades of Architecture*, David B. Stewart and Richard Koshalek eds.（New York: Universe, 1998）: 19.

60 菊竹清訓 , 川添登 , 大高正人 等 : 21-23.

61 DNA 的双螺旋结构由詹姆斯・沃森（James Watson）和弗朗西斯・克里克（Francis Crick）1953 年在剑桥大学发现。

62 参见：Kenzo Tange. *A Plan for Tokyo, 1960: Toward a Structural Reorganization*（Tokyo: Shikenchikusha, 1961）: 13. 更多关于丹下健三对于线性城市和有机体的类比可见本书第四章。

63 参见：Patrick Geddes. *Cities in Evolution: An Introduction to the Town Planning Movement and to the Study of Civics*（London: William & Norgate, 1915）. 帕特里克・盖迪斯因在城镇规划中引入“区域”（region）的概念而被人熟知。他也是保护城市历史中心的倡导者，并对爱丁堡的城市再生做出了贡献。了解盖迪斯的城市理论，参见：Volker M. Welter. *Biopolis: Patrick Geddes and the City of Life*（Cambridge: MIT Press, 2002）.

64 Ernest Burgess. "The Growth of the City: An Introduction to a Research Project," *The City*, Robert Park et al. eds.（Chicago: University of Chicago Press, 1925）: 47-62.

65 同上，53 页。

66 参见：Noboru Kawazoe. "Thirty Years of Metabolism," *Thesis, Wissenschaftliche Zeitschrift der Bauhaus-Universität Weimar* [论文：魏玛包豪斯大学科学杂志], 44（1998）: 146-151.

67 Noboru Kawazoe. "A New Tokyo: In, on, or above the Sea?" , *This is Japan* 9（1962）: 65.

68 Nitschke. "The Metabolists of Japan": 509-524; Laotse. *The I Ching*, Richard Wilhelm trans. (Princeton: Bollingen, 1967).

69 Kenzo Tange and Noboru Kawazoe. *Ise: Prototype of Japanese Architecture* (Cambridge: MIT Press, 1965).

70 同上，18-19 页。

71 Carola Hein et al. eds. *Rebuilding Urban Japan after 1945* (New York: Palgrave Macmillan, 2003): 200.

72 Kiyonori Kikutake. *Kiyonori Kikutake: From Tradition to Utopia* (Milano: L'Arca Edizioni, 1997): 10.

73 Kiyonori Kikutake. "On the Notion of Replaceability," *World Architecture* 32 (1995): 26-27.

74 关于菊竹清训的树形住宅项目，参见：Kiyonori Kikutake. "Metabolism and Habitat," *World Architecture* 32 (1995): 380. 树形住宅的概念后来在菊竹职业生涯晚期的作品——1994 年建成、位于东京上野公园旁的索菲特酒店项目中得以实现，但该建筑于 2007 年被拆除了。

75 Kawazoe. "The City of the Future": 110.

76 奥布斯规划是勒·柯布西耶为阿尔及尔市做的一系列规划中的第一个。随后几年中他做了几轮改进设计，渐渐缩小规划规模，并聚焦于商业中心的建筑解决方案，但是所有方案无一被采纳。了解勒·柯布西耶的阿尔及尔规划，参见：Mary Mcleod. "Le Corbusier and Algiers," *Oppositions 19/20: Le Corbusier 1933–1960* (Winter/Spring 1980): 54-85.

77 Kenzo Tange. "Towards Urban Design," *Japan Architect* (Jan. 1971): 31.

78 同上。

79 同上。

80 情境主义国际建立于 1957 年，1972 年解体。期间共吸收 70 名会员，并推动了法国 1968 年 5 月的学生运动。居伊·德波（Guy Debord）是该运动的领袖。了解情境主义国际的城市理论，参见：Simon Sadler. *The Situationist City* (Cambridge: MIT Press, 1998); Elizabeth Sussman et al. eds. *On the Passage of a Few People through a Rather Brief Moment in Time: the Situationist International, 1957–1972* (Cambridge: MIT Press, 1989); Eaton: 223-227.

81 Smithson. "Reflections on Kenzo Tange's Tokyo Bay Plan": 480.

82 20 世纪 50—60 年代出现了大量描绘水下世界和海洋世界的科幻小说，参见：Kenneth Bulmer. *City under the Sea* (1957), *Beyond the Silver Sky* (1961); Frederick Pohl and Jack Williamson. *Undersea/Eden Trilogy: Undersea Quest* (1954), *Undersea Fleet* (1956), *Undersea City* (1958); Stanislaw Lem. *Solaris* (1962); Gordon R. Dickson. *The Space Swimmers* (1963).

83 菊竹清訓."海上都市", 国際建築 26 (Feb. 1959): 36-39.

84 Kenneth Frampton. "The Rise and Fall of Mega-architecture: Arata Isozaki and Crisis of Metabolism, 1952–66," *Arata Isozaki vol.1 1959–1978*, Yukio Futagawa ed. (Tokyo: A.D.A. Edita, 1991): 8-15.

85 菊竹清訓, 川添登, 大高正人 等. METABOLISM 1960：都市への提案: 20–21.

86 同上。

87 同上。

88 Kawazoe. "The City of the Future": 111.

89 菊竹清訓, 川添登, 大高正人 等, METABOLISM 1960：都市への提案: 20–21.

90 同上，22 页。

91 Kikutake. "Metabolism and Habitat": 28-47.

92 1968 年，联合国在秘鲁主办了一场保障性住房设计竞赛，要求参赛者设计一座具有大量

DIY 元素以及可进化的形态的房屋。新陈代谢派和若干国际知名建筑师（包括阿尔多·凡·艾克、克里斯托弗·亚历山大和詹姆斯·斯特林）应邀参加了此次竞赛。

93 Fumihiko Maki. *Investigations in Collective Form*(St. Louis: Washington University, 1964).

94 Reyner Banham. *Megastructure: Urban Futures of the Recent Past*(New York: Thames and Hudson, 1976): 8.

95 Maki. *Investigations in Collective Form*: 8-13.

96 同上，11 页。

97 同上，20 页。

98 同上。

99 同上，14 页。

100 同上，18 页。

101 Fumihiko Maki. "Notes on Collective Form," *Japan Architect* 16(Winter 1994): 248.

102 Bernard Rudofsky. *Architecture without Architects: A Short Introduction to Non-pedigreed Architecture*(New York: Museum of Modern Art, 1964).

103 参见：都市デザイン研究体 [城市设计研究小组]."日本の都市空間"[日本都市空间], 建築文化 [建筑文化](Dec. 1963). 1968 年，这个研究以专著形式重新发表，参见：都市デザイン研究体 . 日本の都市空間(東京 : 彰国社 , 1968); Arata Isozaki. *Japan-ness in Architecture*(Cambridge: MIT Press, 2006): 325.

104 "隐形城市"首先作为矶崎新为《日本都市空间》写的总论的最后一节出现，后来矶崎将这个主题扩展成一篇完整的文章。参见：都市デザイン研究体 . 日本の都市空間 : 26-27.

105 Jennifer Taylor. *The Architecture of Fumihiko Maki: Space, City, Order and Making*(Basel: Birkhäuser, 2003): 58.

106 Maki. *Investigations in Collective Form*: 19.

107 简·雅各布斯在她的著作《美国大城市的死与生》中把波士顿西区和纽约的格林威治村当作富有活力的社区的典型，作了详细描述，她参与了这些社区反对城市更新的运动。由山崎实（Minoru Yamasaki）于 1955 年设计的圣路易斯的普鲁特 - 伊戈（Pruitt-Igoe）社会住宅项目也卷入了另一场风波，成为现代主义规划失败的证明并于 1972 年被拆毁。参见：Jane Jacobs. *The Death and Life of Great American Cities*(New York: Random House, 1961).

108 参见：Jacobs; Kevin Lynch. *The Image of the City*(Cambridge: Technology Press, 1960). 凡·艾克这一时期在美国很多城市做过演讲和教学。

109 Fumihiko Maki. *Movement Systems in the City*(Cambridge: Graduate School of Design, Harvard University, 1965).

110 Taylor: 43.

111 Maki. *Movement Systems in the City*: 11.

112 Fumihiko Maki. "The Future of Urban Environment," *Progressive Architecture* 45(Oct. 1964): 178.

113 Taylor: 23.

114 代官山集合住宅项目包括 1967—1969 年的一期工程、1971—1973 年的二期工程、1975—1977 年的三期工程、1985 年的四期工程（由原来在槙文彦事务所工作的元仓真琴设计）、1987 年的五期工程，以及 1992 年的六期工程。建成于 1979 年的丹麦王国大使馆也由槙文彦设计。1998 年槙文彦设计了离代官山不远的代官山西（Hillside West），它延续了代官山系列项目的设计风格。详见：Taylor: 132-138.

115 Taylor: 26.

116　磯崎新 . “都市破壊業 KK”, 空間へ（東京 : 美術出版社 , 1971）: 11-20.

117　Yatsuka. “ Architecture in the Urban Desert: A Critical Introduction to Japanese Architecture after Modernism” : 2.

118　矶崎新于 1953 年以大四学生的身份加入了丹下健三在东京大学的研究室。他们的合作一直持续到 1963 年矶崎新成立自己的工作室 Arata Isozaki Atelier（简称 AIA，与美国建筑师协会的简称相同）。参见：Stewart. *The Making of Modern Japanese Architecture*: 219.

119　磯崎新 . 空間へ : 39.

120　Arata Isozaki. *The Island Nation Aesthetic*（London: Academy Editions, 1996）: 34.

121　引言出自：川添登 . “メタボリズム 1960–2001—21 世紀への実験 ,” 季刊大林（特集 : Metabolism）no. 48（2001）: 2-19.

122　磯崎新 . “孵化過程” [孵化过程], 空間へ : 40; Arata Isozaki, *Japan-ness in Architecture*: 87-88.

123　同上。

124　矶崎新声称《孵化过程》这个作品体现了自己与新陈代谢派的关系：“这张拼贴画经常被用来代表新陈代谢派的作品。虽然我创作这幅作品时是从新陈代谢派的角度来思考的，就像我也思考世代的流动性和城市的毁灭一样，但我从来不是新陈代谢派中的一员。事实上，我一直试图清晰地区分自己的工作方法与他们的技术指向，以及他们有些天真的实用主义，即相信社会革命可以通过新技术手段实现。”参见：Isozaki. *The Island Nation Aesthetic*: 33.

125　Stewart. *The Making of a Modern Japanese Architecture: 1868 to the Present*: 219-221.

126　路易・康在罗马美国学术院任职期间，给他在费城的同事写信提到：“意大利的建筑将持久地成为未来工作的灵感来源。”参见：Eugene J. Johnson and Michael J. Lewis. *Drawn from the Source: The Travel Sketches of Louis I. Kahn*（Cambridge: MIT Press, 1996）: 72-73. 康在 1961 年一次采访中谈到他关于废墟的想法时说：“我总想起那些废墟的美丽……那些生命终止之处的美丽……所以我想把废墟环绕在建筑周围。”康关于废墟的理念的讨论也收录在：Kent Larson ed. *Louis I. Kahn: Unbuilt Masterwork*（New York: Monacelli Press, 2000）: 38.

127　Isozaki. *The Island Nation Aesthetic*: 31.

128　Isozaki. *Japan-ness in Architecture*: 84.

129　Stewart. *The Making of a Modern Japanese Architecture: 1868 to the Present*: 222.

130　同上。

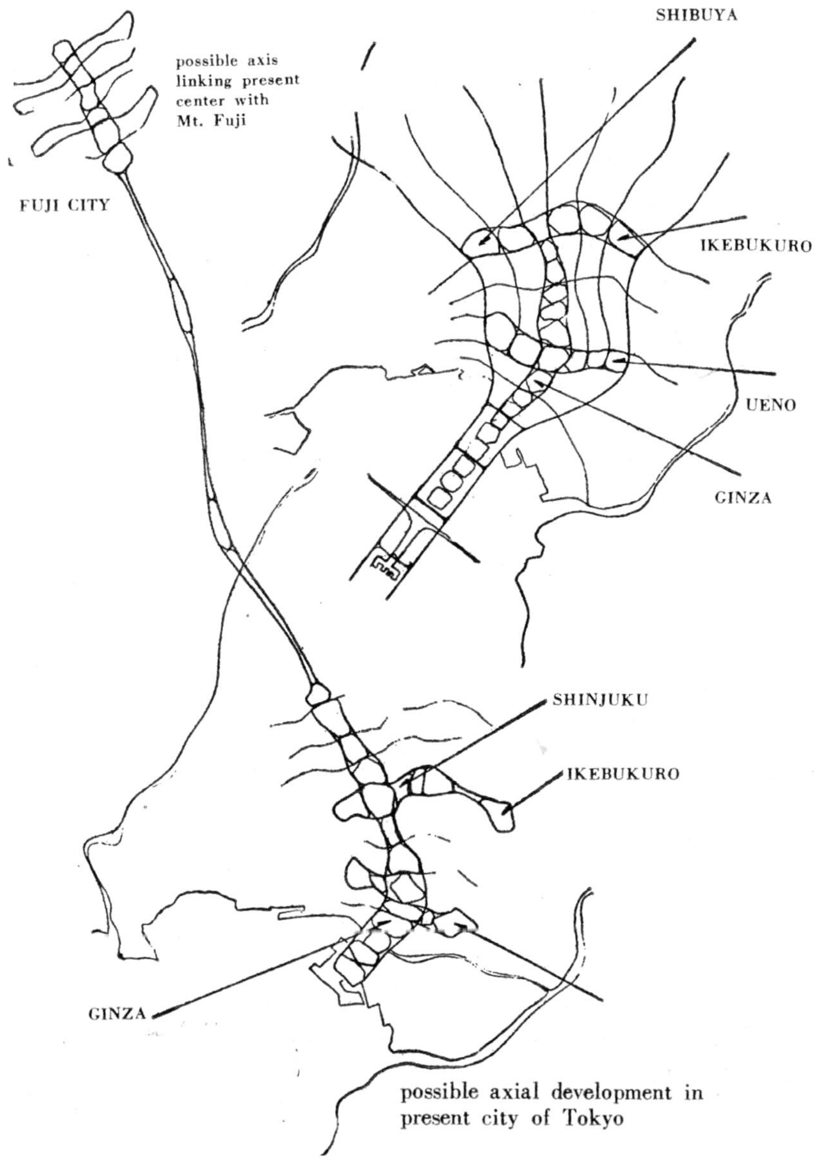

丹下健三，东京规划 1960 草图

第四章
东京湾神话

新陈代谢派的作品以其激进的城市设计方案向既有的城市主义概念发起挑战，其中，由丹下健三主持编制的“东京规划 1960”（又称“东京湾规划”）对世界城市设计实践所产生的影响尤为深远。这一规划不仅是丹下与年轻的新陈代谢派合作的成果，更是他对于现代城市理想的集中体现。这项规划创造了一个巨型线性城市结构，把东京的版图扩大到东京湾的彼岸，并把雷纳·班纳姆在 1976 年出版的《巨构》一书中所记录的方兴未艾十余年的巨构城市运动推向顶峰[1]。另一位历史学家八束初也赞叹丹下的这个宏伟规划，认为它是“20 世纪城市主义发展的诸多思想和哲学结晶中最令人震撼的诠释之一”[2]。

大多数新陈代谢派的作品并没有指定理想之城的具体所在，丹下的东京湾规划则不同，它建立在对东京大量分析的基础之上。因此，研究这一规划能让我们洞悉建筑师的宏大愿景与这个特大城市 1960 年前后的真实城市状况之间的关系，并解答如下问题：丹下提出该规划之际，东京面临的主要挑战是什么？他规划的主要目标是什么？他采用了何种策略来实现这些目标？这一规划与之前的诸多提案区别在哪里？要理解丹下的规划，必须先了解 1960 年的东京。

东京的城市危机

第二次世界大战结束前夕，日本首都东京遭受了人类历史上最具破坏性的空袭，这次空袭导致约十万平民丧生、一百多万人流离失所，并摧毁了东京中心区超过 40 平方公里土地上的建筑物和基础设施，这意味着城市大部分区域都必须彻底重建。借助历史的契机，东京战后重建的速度也十分惊人。1950 年开始的朝鲜战争不但推动了日本经济复苏，也为东京的城市化进程注入了新活力。这座城市以前所未有的速度扩张，吸引了大量劳动力前来就业发展，导致人口呈指数级增长，很快东京又成为了一个生机勃勃的城市。

然而，尽管经历了这样的大规模重建和快速工业化，东京依然保留了前工业化时代的城市结构和承自封建时代的城市特性。东京的城市重建以一种零敲碎打的方式推进，并未进行有效的城市布局重组，也没有新建太多大型基础设施。为了满足急速增长的住房需求，被战争夷平的空地上迅速地建起了大量新建筑，同时汽车的剧增引发了严重的交通问题，但城市基础设施的发展明显滞后。虽然解决这些问题的提案层出不穷，但始终治标不治本，因为传统的规划手段难以应对这样一个急速增长的特大城市所面临的复杂问题，包括大规模人口流动、交通流量剧增、公共服务不健全、土地极度短缺和所有权分散，以及相关部门经验的不足[3]。大而混乱的城市景观和缺乏连贯性的规划指导使东京备受指责，甚至被嘲笑为“世界上最大的村庄”[4]。对于日本建筑师和企业家来说，东京城已经病入膏肓。

战后人口的急剧增长，既成就了东京的繁华，也造成了混乱。在战后的最初五年，东京人口就从 278 万激增到 538 万[5]。市中心 15 个辖区的人口增速更为惊人，有的甚至达到原来的 7 倍。人口迅速增长源自几个方面的因素：战后撤回的士兵及文职人员，从丢失的殖民地返回的殖民者，以及成千上万来自贫穷地区和战时被毁城市的走投无路的求职者。东京的人口增长持续了整个 20 世纪 50 年代，使其人口在 1955 年达到 696 万，1960 年达到 831 万[6]。人口爆炸带来的冲击中，首先就是住房短缺。1945 年美军的反复空袭使大面积高密度城区彻底化为灰烬[7]。战争结束后，临时性建筑迅速填补空地以安置回流的人口。由于特定时期的经济条件限制，这些临时建筑后续的拆迁或更新花了数年才完成，导致东京一直无法进行系统的规划和重建，住房短缺问题迟迟得不到解决，到 1960 年，住宅缺口已达 42 万户[8]。

与此同时，人口和工业的过度集中给东京交通系统带来了巨大压力。50 年代私人汽车的增加进一步加剧了城市交通堵塞，局面严重到报纸专栏文章甚至开始讨论修建一条横穿皇宫的高速路以缓解市中心交通压力的可能性，并建议把皇宫的半侧改造为公园，只留下另一半作为皇室宫殿[9]——当时人们对东京城市现状的焦虑情绪，从这类激进的想法中可见一斑。东京的交通系统是以皇宫为圆心、从老城区向外扩散的圈层格局，这是导致城市交通状况恶化的一个重要原因。因此，当时市政府扩宽已有街道的传统疏导措施导致城市主要功能进一步向市中心集中，造成了更严重的交通拥堵。

土地的所有权问题使局面进一步复杂化。人口快速增长和产业聚集让东京的土地价格成了天文数字。尽管东京大部分原有建筑在空袭中被摧毁，但已有数百年历史的细分土地产权，以及从江户时期遗留下来的狭窄街道肌理依旧存在。日本在盟军司令部监督下编制的第一部战后宪法旨在保护土地私有制，甚至将所有权进一步分割以推动社会公平[10]。高地价加上复杂而高度碎片化的土地产权，使征集足量土地建设大规模市政公共设施变得困难重重。

建筑师和规划师们一致认为，所有这些问题的症结在于东京缺乏一个强有力且连贯的规划框架。在西方大城市中常见的土地用途协调、分区限制、基础设施规划等措施在这里成效不彰，在城市设计层面对美学的关注更是稀有。这些欠缺引发的许多不协调，最终导致了城市的混乱状态。在许多人看来，东京城只是一团杂乱的、彼此之间毫无关系的建筑，街道系统就像一个巨大的迷宫，既不满足现代交通需要，也无任何美学考量。德国作家艾哈德·赫希（Erhard Hürsch）在 1965 年出版的《东京》一书中描绘了一幅逼真生动的城市景象：

> “东京城是一个巨大的荒野，它就是木块和水泥块、主干道和窄巷子、水道和铁轨、树木、电缆和招牌胡乱堆积起来的混合体——一个人满为患、噪声冲天的丛林……无论你抵达东京时乘坐的是飞机、轮船还是火车，迎接你的都不会是明朗有序的城市场景，而是一个直接将你吞没的巨大漩涡。这里的强烈冲击让人猝不及防，这里的缤纷万象使人眼花缭乱，这里的滚滚浪潮将人瞬间吞没。”[11]

毫无疑问，丹下健三对东京城的无序发展状态十分清楚，并深刻认识到通过实施强有力的规划来重构一个完整城市体系的必要性。他写道：“东京的现状完全是在毫无规划指引的前提下，居民各行其是、自发建设的结果。政府在对东京强制执行理性规划时表现出的领导力缺失令人恼火。”[12]但问题是，东京能否承受一个激进的现代主义规划？

错失的机会与错配的规划

20 世纪上半叶，东京曾有数次优化城市结构的机会。在多次类似

1923 年关东大地震（Kantō Great Earthquake of 1923）的重大自然灾害和第二次世界大战的轰炸后，东京都不得不大规模重建。关东大地震及其引发的大火造成东京超过 63% 的住房被毁。20 余年后，东京城在盟军飞机反复轰炸之下再次濒临毁灭，超过 40% 的建筑灰飞烟灭[13]。这两次灾难后，政府都拟定了雄心勃勃的重建规划，但是由于所需费用的高昂、重建住房的迫切性以及土地所有权的复杂性，这两个规划都未能得到有效执行。关东大地震后，旨在复兴东京的“帝国首都重建计划”出台，并被誉为“日本近代史上唯一真正的总体规划”[14]。该规划由时任东京市长后藤新平提出。后藤试图以大地震造成的破坏为契机，把东京重塑成为一个符合西方标准的现代化都市，提出了建设林荫大道、城市公园和提升市政服务等一系列措施。但是，如果想要完整实施后藤的规划，需要三倍于当时国家年度预算的财政支出。此外还有来自有权势的地主们的阻力，他们害怕公共项目开发导致自己丧失土地所有权[15]。因此该规划中仅有几个项目得到了执行，重建之后的东京大多数城区和过去并无太多不同。

第二次世界大战后，东京在美军占领下开始重建。1946 年，东京都政府编制并颁布了“东京战后重建规划”和“首都区域发展规划”，旨在提供 30 万预制住房，并解决土地调整、城市疏解、限制城市中心区扩张等一系列问题[16]。两个规划都提出利用战时被摧毁的地段来打造环绕市中心的永久绿带，并延伸出绿廊深入市中心，以此将东京重新划分为几个独立区域，由四通八达的环路、公园大道、绿带和绿廊构成的网络串联互通，并意图将东京中心城区人口限制在 350 万。然而，由于战后人口飞速增长和捉襟见肘的财政，实施如此全面的城市规划更为艰巨。虽然东京城快速得到重建，并重新成为一个拥挤和繁华的大都市，但其重建的过程显然偏离了详细制定的规划。仅有一小部分片区被划定为大规模重建区，在官方监管下得到再开发，剩余大部分片区的重建都由私人土地所有者包揽。这样的高速增长和仓促重建，造成了东京城市结构的持续混乱和失调[17]。

进入 20 世纪 50 年代，一些新因素的出现再次激发了东京的城市复兴。日本进入高速经济增长期，即将迎来“日本经济奇迹”。1958 年，随着国家实力日益增强，东京宣布取得 1964 年奥运会的举办权。

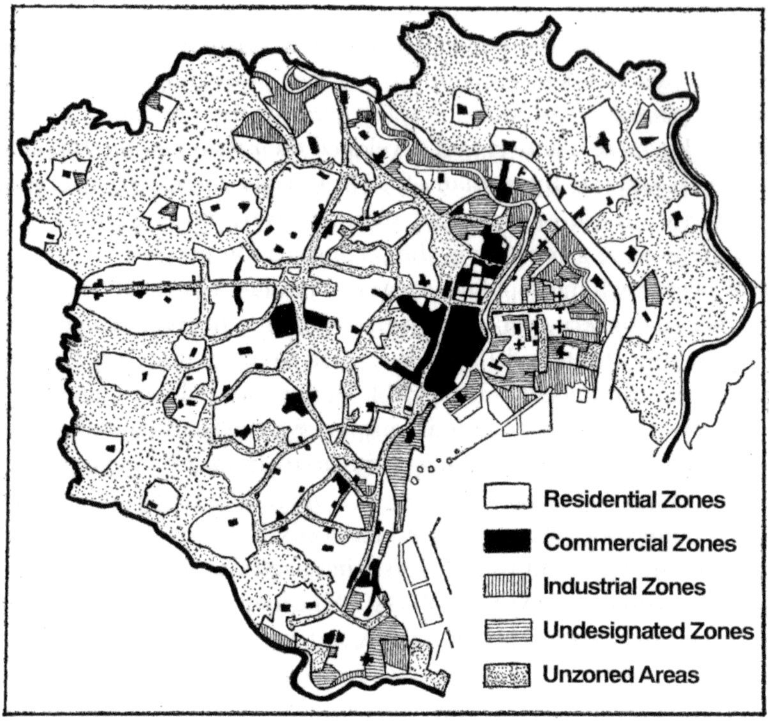

图 4.1
东京都政府，
东京战后重建
规划，1946 年，
土地利用图

奥运会对东京提出了大幅改善城市基础设施和新增公共设施的要求，这对于城市规划者来说既是严峻的挑战，也是绝佳的机遇。

毋庸置疑，日本中央政府在 20 世纪 50—60 年代的首要任务是发展经济。1950 年朝鲜战争爆发之后，“联合国军”把日本作为其军事基地和物资供应国，这极大地促进了日本制造业和出口导向型经济的发展。创纪录的经济增长始于 1955 年，并一直持续到 70 年代，这段时间日本国民生产总值平均年增长率超过了 10%[18]。高速增长引发空前的建设热潮，加速了大都市的扩张。东京是这一经济奇迹的引擎，人们从全国各地涌入首都，引发人口增长的新浪潮。50 年代晚期，日本也开始了城市郊区化进程，东京大部分新增人口被新开发的外围市区吸纳。1955—1964 年，东京大都市区总人口从 1328 万增至 1886 万[19]。伴随人口爆炸而来的是城市空间结构的重大转变，多核格局应运而生，逐渐取代商业功能集中在单一核心的面貌。在新的多核格局中，一系列的大型交通节点，比如新宿（Shinjuku）、涩谷（Shibuya）和池袋

(Ikebukuro)，成为新的商业和经济中心。

1964年东京奥运会也是首次在亚洲国家举行的奥运会，它引发了东京新一轮城市复兴。大规模的赛事筹备工作极大地提升了这座大都市的基础设施。由丹下健三设计的代代木国立综合体育馆（Yoyogi National Gymnasium）就是当时诸多为奥运会新建的场馆和公共设施之一。该场馆建址曾是美国驻军基地，场馆的选址和建设因此被赋予了日本走向自治的政治意涵。在热火朝天的赛事筹备期间，东京以“奥运主干道”（Olympic thoroughfares）的名义拓宽并修直了几条主要道路，还修筑了第一条市内高架公路，开辟了若干地铁新线路，并延伸了已有线路[20]。这些奥运会建设项目和举办东京奥运会本身一样，都意图向世界宣示，日本已经从战争造成的破坏中完全复苏，并掌握众多领域的尖端技术，其中最引人注目的就是其领先全球的交通技术：就在奥运会开幕前夕，东京至大阪的第一段新干线快速铁路刚刚竣工。新干线后来向西延伸至九州岛与福冈市，向北延伸至北海道，将日本列岛大多数主要城市串联在这条高速干道上，促进了东海道城市群（Tokaido Megalopolis）的形成，这一城市带承载了日本超过40%的人口。

图4.2
丹下健三，东京代代木国立综合体育馆，1964年

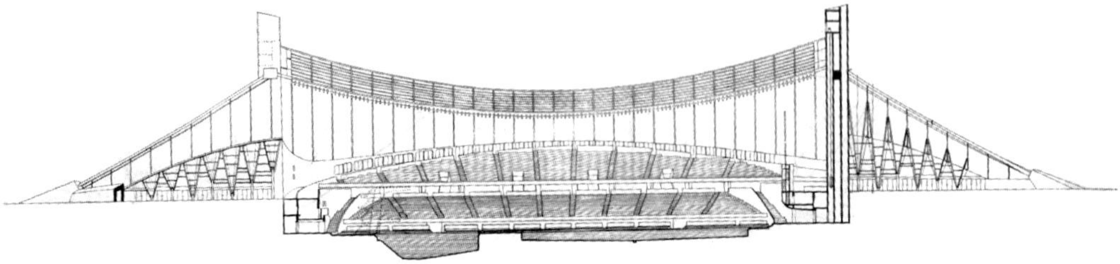

图 4.3 丹下健三，东京代代木国立综合体育馆，1964 年，剖面图

经济复苏与腾飞，以及奥运会等大型国际盛事激发的巨大建设热情，为规划师提供了重新思考东京城市未来的机会，这也是丹下发表 1960 年东京规划的一大诱因。在前所未见的城市发展态势下，需要一种超常规的方式来重塑东京的城市格局并控制其扩张，解决之道只能是区域尺度的规划。从 50 年代中期开始，东京采取了一系列区域规划措施。日本政府于 1956 年成立了内阁级别的首都区域发展委员会（Capital Region Development Commission），该委员会于 1958 年监督颁布了“国家首都区域发展规划”（National Capital Region Development Plan，也称 1958 年版东京规划），明确了所有土地使用类别，划定了一个拥有 23 个发展核心区、半径达 100 公里的庞大区域。这项规划在很多方面受到英国田园城市运动（Garden City Movement），尤其是帕特里克·艾伯克隆比爵士（Sir Patrick Abercrombie）1944 年大伦敦规划的影响[21]。1958 年版东京规划的主要特色是一条距城市中心 16 ~ 27 公里的永久绿带，这也是艾伯克隆比的大伦敦规划的核心元素之一。新的商业和市政设施被限制在这条环带以内；住宅、社区服务和产业用地被安排到圈外距市中心 27 ~ 72 公里的圈层内。这些外部圈层区域将建设大量的卫星城，来容纳增长的人口和扩张的工业。这版规划也倡导建设完善的快速路网，以保证这些新建城区和市中心之间的交通畅通。

东京都政府试图通过执行首都区域发展规划来重构这座特大城市的格局。然而，产业发展与城市扩张远比预期的快，导致规划所制定的许多限制措施很快因过时而被摒弃。例如，作为日本住宅建设主力军的日本住宅公团最终还是在原定的永久绿带区域内开发了多个住房

图 4.4
东京都政府，国家首都区域发展规划，1958 年

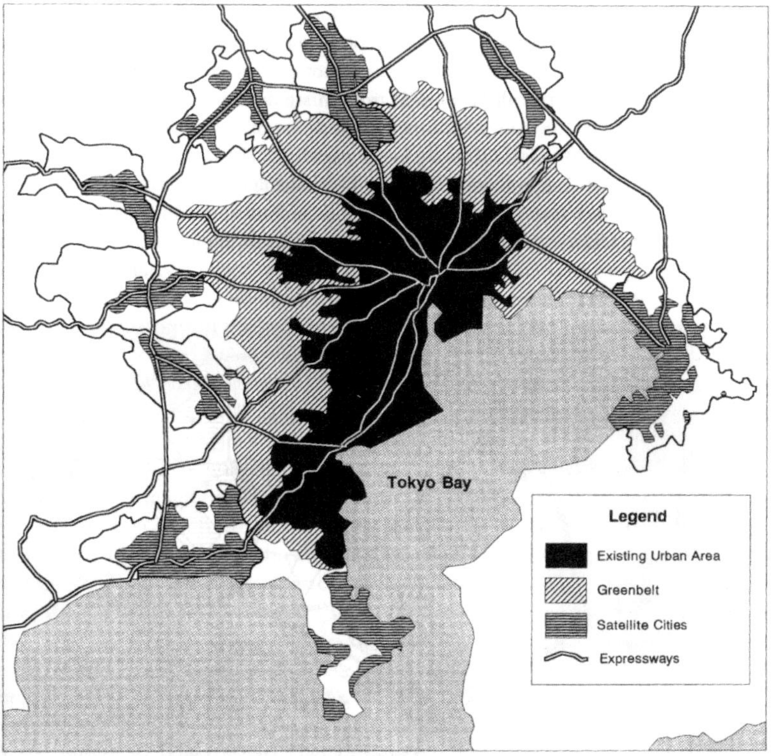

项目，以缓解东京住房严重短缺的问题。1965 年重新修订的总体规划则完全删去了绿带，并将其划为郊区发展用地，首都区域的外围边界也持续扩大。作为对 1958 年东京规划的另一个重大修正，1963 年东京宣布取消下辖 23 个特别区的 31 米建筑高度限制[22]。废除建筑限高反映了城市对发展空间的迫切需求，东京大摩天楼时代从此开始了。

城市前沿

战后东京发生的一切证实，在城市规划领域，理想与现实常常存在激烈的冲突。尽管政府尝试控制东京的扩张，并依据现代城市主义原则为其制定重建规划，但在城市的超速发展面前，他们的努力收效甚微。除了政府外，企业家和建筑师们也在积极探索城市未来的可能模式。相较于通过都市外扩来实现城市发展，他们选择将目光投向新

阵地——东京湾。

随着大公司在战后日本经济发展中发挥越来越大的作用，企业家们也越来越多地参与到城市规划过程中。日本企业家与国家和地方政府一直保持着良好的关系，通商产业省（Ministry of International Trade and Industry，MITI）在其中发挥了重要作用。通商产业省的主要任务之一是统筹私有部门，促进合作发展，提升日本产业国际竞争力[23]。许多半政府机构，如日本住宅公团，就是政府和产业界协作的产物，这些机构在制定城市规划和公共政策中扮演重要角色。20 世纪 50 年代，这些机构和公司组织了各类研讨会，鼓励企业家、经济学家、建筑师和其他专业人员共同商讨东京的经济和城市发展对策。丹下健三经常参加这些研讨会，并与政府和产业界领袖保持密切联系。在 1960 年之前，丹下在这类研讨会上所绘制的一些草图已经展示了在东京湾建设人工岛的想法雏形，尽管相较于他后来的提案，这些草图里的填海开发规模略显保守。

1958 年 4 月，日本住宅公团总裁加纳久朗发表了一个东京城市发展的概念规划[24]。该规划首次将东京城市扩张的焦点投向东京湾。作为千叶市前市长，他提议在东京和与其隔海相望的千叶县之间大规模填海，造出相当于三分之一海湾面积的陆地，在这些岛上布局一个工业带、若干住宅区、一个国际机场和一个大型公园，填海所需土方可以通过夷平房总半岛（Boso Peninsula）的山脉获得[25]。通过与产业规划委员会协作，加纳在 1959 年 7 月公布的“新东京规划”（Neo Tokyo Plan）中进一步细化了他的理念。在这一提案中，几个人工岛屿将发展不同功能，其中位于东京湾中心、最大的岛屿将成为新市中心，一组双环线高速公路和一条铁路将把新城区与老城区联系起来。

由于加纳久朗是个注重实效的商人且具备实现这样宏大规划的政商资源，他的填海提案引起了政府部门和专业人士的兴趣，进而启发了不少雄心勃勃的建筑师和城市设计师。他们中的许多人认为东京向海湾发展是合理的，也很可能是最佳解。事实上，由于城中土地稀缺、房价惊人，填海造地反而比市内征地更便宜。除了成本因素外，填海造地也能避免长期困扰东京大型开发项目的复杂的土地所有权问题。

新陈代谢派建筑师们很快接受了加纳的想法并加以发展。他们发

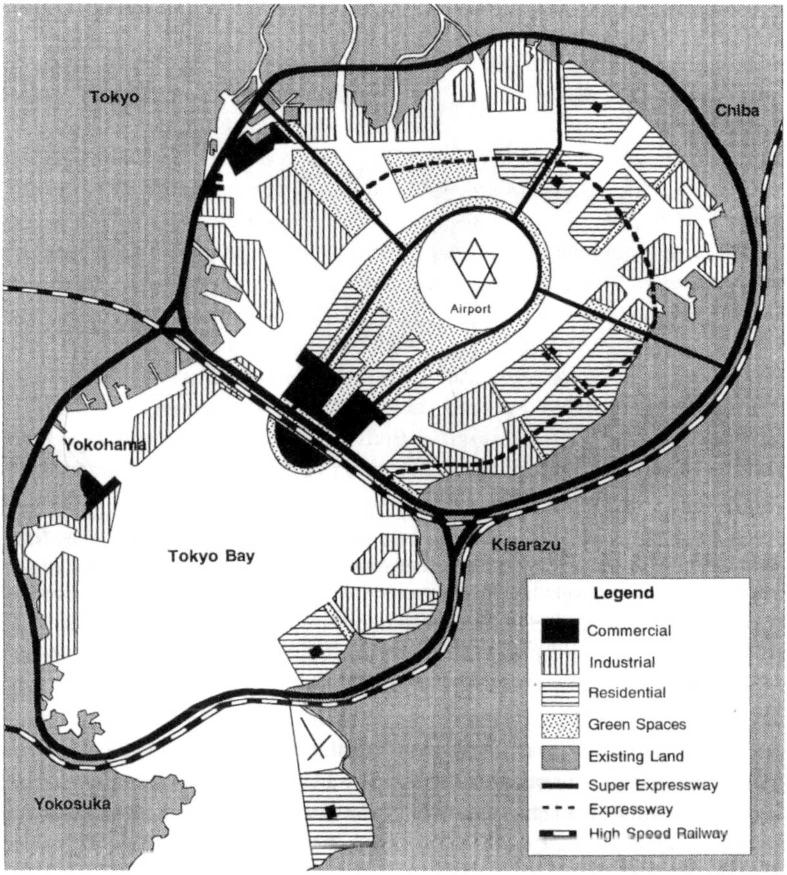

图 4.5
加纳久朗和日本产业规划委员，新东京规划，1959 年

现，虽然在海湾造陆可以得到建设用地，但要在人工岛屿上建造大型建筑物或巨构，仍须直接将地基打入海底岩石中。在靠近河流入海口的地段，桩基需要打 50 米深才能扎入岩石中。所以，相对于挖掘、搬移和填埋大量砂土，将桩基打入海中、再把建筑直接造在桩基上的做法更加易行且经济。根据这个新理念，大高正人在 1959 年发表了“东京海上城市规划”（Tokyo Marine City Plan），方案主体包括一片马蹄形人造陆地，以及一条位于其外侧、沿东京湾岸线而建的交通环带。[26]。在这条环带内坐落着一系列高层住宅区，其设计均以大高设计、日本住宅公团建设的晴海公寓大楼项目为范本。

大高正人的概念可能从两个方面影响了丹下健三后来的东京规划。在建筑形式方面，晴海公寓项目采用了一种大型 A 形结构，这种结构

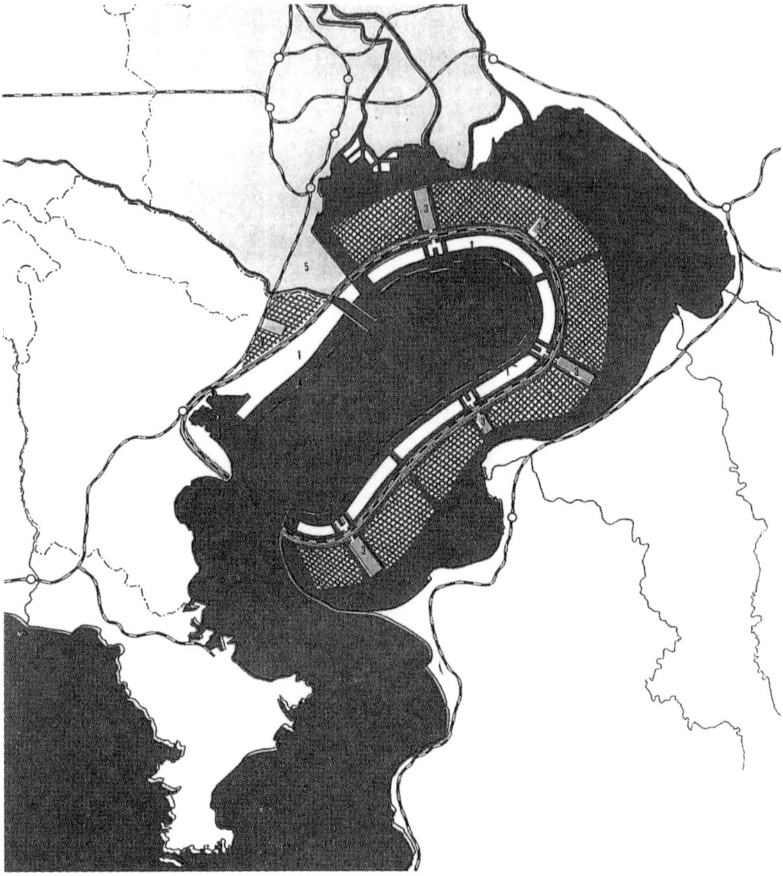

图 4.6
大高正人，东京海上城市规划，1959 年

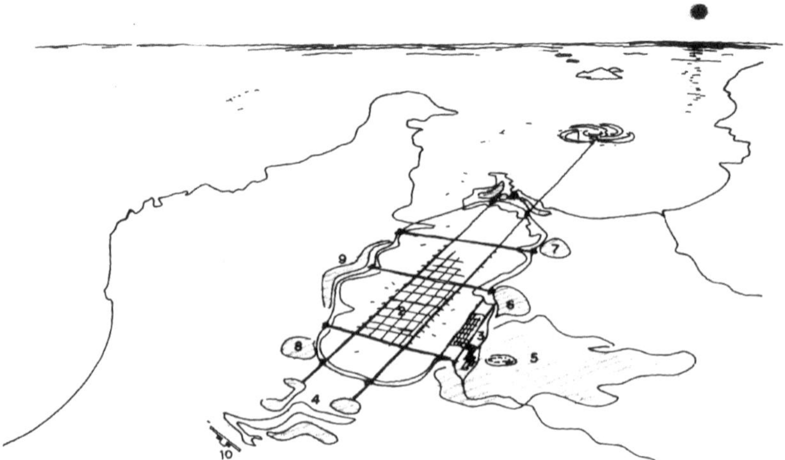

图 4.7
菊竹清训，东京漂浮城市，1961 年

能在建筑内部每一层都形成宽敞、开放的空间。这一想法在丹下的手里演变成了 1959 年他在麻省理工学院指导的“波士顿湾 25 000 人社区规划”项目，继而成为丹下的东京规划中的住宅结构原型。在城市结构方面，大高正人的线性城市形态可被视为丹下 1960 年规划中“市政轴线”（civic spine）概念的前身。

新陈代谢派中比大高正人年轻的建筑师们也纷纷采纳加纳的想法，并将其发展成更为激进的规划概念。与加纳和大高主张的固定结构相反，菊竹清训考虑的是打造漂浮在海上的海洋城市的可行性，他认为这种方法能让城市适应不断变化的土地需求和生活方式。根据他先前提出的塔状社区理念，菊竹在 1959 年提出“东京漂浮城市”（Floating City of Tokyo）的设想：在东京湾上建设一座巨大的矩形浮岛，岛屿呈方形网格状布局，人们可以在每个网格内建设住宅或工厂，岛上的路网也将不断延伸，将岛屿与东京湾周围的其他城市连在一起。如果城市遭遇变故，任何一个板块都可以脱离城市主体结构，漂移至海上其他地点，或被废弃，或任其自行沉没[27]。

东京规划 1960

在加纳久朗和新陈代谢派规划的启发下，丹下健三的“东京规划 1960”继续朝“新东京湾城市”的方向发展似乎是顺理成章的。然而，唯有丹下能够把各种新奇想法整合成一个看起来颇为可行的提案，他将现代城市建设技术与东京的区域与地方情况相结合，并在企业家的实用主义与乌托邦建筑师的理想主义之间巧取平衡。

1959 年 9 月，丹下前往荷兰奥特洛参加第十一次也是最后一次 CIAM 会议，那时他已经在思考“城市的未来形式”这一问题。大会要求每名参加者“拿出一个最能体现自己对于建筑师和城市设计师角色理解的项目，并通过这个项目展示这个角色如何诠释并调和人与环境的关系”[28]。除了他最新完成的香川县厅舍，丹下还带去了菊竹清训的两个项目——“天空之家”和“海上都市”。这是新陈代谢派设计作品首次在国际活动上展示。丹下从现实角度对菊竹清训的乌托邦愿景评价道：“东京正在扩张，但没有更多土地了，我们将不得不转向海洋。”[29]对于城市的未来，他的观点已经无比明确。

在奥特洛，丹下与一些对现代规划范式不满的人进行了交流，这些人正积极寻求新的城市设计方法。他们倾向于把城市作为一个“人类组织”来看待和重构，以凸显其社会学关系和象征意义。这一想法获得了路易·康和包括史密森夫妇、阿尔多·凡·艾克和乔治·坎迪利斯（Georges Candilis）在内的十次小组成员的支持。这些建筑师提出用人类组织的理念来代替《雅典宪章》制定的功能分区方法，他们强调交通系统在城市塑造中的核心作用，关注流动性、开放性和对变化的适应性等现代城市的重要特征。在实践这些城市设计想法的过程中，他们往往采用巨构策略。在奥特洛会议上展示的史密森夫妇的伦敦道路研究（London Road Study）和康的费城市中心规划（Plan for Central Philadelphia）都体现了这些特征。

另一个在奥特洛会议上引起热议的问题与设计中的地域主义（regionalism）有关。体现这个主张的代表性作品是意大利建筑师厄内斯托·罗杰斯设计的维拉斯加塔（Torre Velasca）。该建筑是位于米兰市中心的一栋综合性塔楼，罗杰斯在其建筑结构和设计细节上吸收了哥特式建筑的特征，以此向周围的历史地标致敬，包括与它遥相对望的米兰大教堂（Duomo di Milano）。在奥特洛会议上，罗杰斯的历史主义和地域主义遭到了彼得·史密森等激进建筑师们的批判。丹下支持史密森的观点，认为罗杰斯的地域主义是一种落后和倒退，并反对将他的香川县厅舍大楼设计阐释为对日本地域形式的延续。他将此问题扩展到城市规划范畴，并宣称：

> “我们必须反对城镇规划中的‘唯美主义’（aestheticism）。我们应该用批判的眼光和头脑重新审视传统和地域特点。我重申，前面所说的一切的前提是，我们对任何从当前现实中提炼新秩序的企图要持积极否定态度。活力（vitalism）对既有现实是具有破坏性的，但是对打造我们新的未来而言是具有建设性的。”[30]

在这段话中，丹下已经明确表达了摆脱“既有现实”去追寻城市规划新范式的决心。这也为他在次年推出的东京规划奠定了基调。

丹下在他东京大学的研究室里完成了东京规划1960。神谷宏治（Keji Kamija）、矶崎新、渡边贞夫（Sadao Watanabe）、黑川纪章和康炳基（Heiki Koh）这五位年轻建筑师参加了这个项目的设计[31]。设计成果首次亮相于日本NHK国家电视台1961年的一小时新年特别节目[32]。在审视这个规划之前，有两个相关细节值得关注：这次亮相的时间和场合。首先，虽然取名“1960”，但这个规划直到1961年1月才面世。其次，丹下选择首先在公共媒体，而非任何建筑期刊上公布它。60年代，看电视开始成为日本最受欢迎的娱乐形式，上电视必然能够收获更大关注。

图 4.8
丹下健三站在“东京规划1960”展板前

直到1961年3月，丹下的这个规划才以41页篇幅刊登在《新建筑》杂志上。同年4月，该文的英译版以专题文章形式刊登在《JA》（*Japan Architect*）杂志上，并补充了新数据。在海外，《人居生态学》（*Ekistics*）和《建筑论坛》（*Architectural Forum*）分别在1961年7月刊和9月刊上首次报道了这一项目[33]。

针对时间差这个问题，据八束初解释，丹下之所以将该项目命名为“东京规划1960”，很可能因为他原打算在1960年东京世界设计大会上发表这一作品[34]。但是由于丹下团队的几名成员需要参加世界设计大会筹备工作，同时1960年发生了政治动荡，这一规划不得不延期发表。黑川纪章作为丹下团队的主要设计师之一，需要经常与其他新陈代谢派成员会面，制定大会议程和编制新陈代谢宣言。另一位主要成员矶崎新虽然没有直接参与大会活动，但也忙于他自己的“空中都市”等多个理想城市项目，以及参与学生运动。反对日美安保条约续签的民众示威活动贯穿了1960年上半年，并在世界设计大会结束后迅速升级，在这样的政治动荡态势下，进步知识分子和学生们纷纷走上街头支持示威运动，丹下身边的工作人员也不例外，这导致了东京湾规划的延期发布[35]。

丹下后来回忆道，1959年秋在麻省理工学院担任客座教授期间，他就已经在酝酿东京湾规划的内容[36]。除了希望在1960年发表该规划外，丹下把“1960”加入规划标题可能也是为了与《新陈代谢1960》宣言呼应。旨在寻求城市化新范式的新陈代谢宣言一问世就引起国际建筑师群体的关注。该宣言发表的同年，一些新陈代谢派成员就受邀参加MoMA举办的题为“空想建筑”（Visionary Architecture）的展览。作为这些年轻建筑师的导师，丹下并没有直接参与该小组的成立，但新陈代谢派在世界设计大会上大放异彩，很可能成为了丹下发表自己的理想主义规划提案的动力。

丹下的东京规划1960并不是一项受政府或任何机构正式委托的设计项目，而是建筑师自发的创作。丹下选择大众媒体而非专业期刊来首发这一项目，表明他并不认为这个规划纯属理论试验。相反，他希望大众能听见自己的声音，并借此影响那些城市管理机构和官员。这一猜想并非空穴来风：在该项目即将完成的两个半月前，丹下就在知名新闻期刊《周刊朝日》（*Shukan Asahi*）上介绍了自己的想法[37]。他发表了一篇题为《未来海上城市：东京新规划的实现》的文章，介绍了通过填海造地打造“新东京”的愿景，并附上了草图。在东京规划1960最终发表后，不少国会议员敦促内阁交通大臣研读丹下的报告[38]。尽管这样的规划看起来不现实，丹下还是试图通过引发公众关注的方式来推动这项设想的实施。这样超大尺度的规划展现了他作为一位建筑师的雄心壮志——不仅试图为东京建立城市环境的新秩序，甚至还要重新定义它的社会体系。

中枢城市的流动性

丹下的东京规划于1961年以专题文章形式完整发表时，包含了丰富的地图、图片和表格，其中很多图片是一个庞大而精美的实体模型的摄影作品。规划中设想的新东京将从都心跨过整个东京湾延伸至对岸的千叶，其中最引人注目的是一条由高架高速公路系统构成的中轴，高速路系统由一系列开放型环路模块相接而成，在海上跨越30公里。中轴的第一环框定了现有东京市中心城区，第二环开始向海湾延伸，第三、四、五环完全处于海面上，它们将承载一个新的市政中心和一个港口。每个环内和环与环之间布置着办公塔楼和公共设施，这些建筑以巨型桥状结构的形式架立在巨型筒柱之上，筒柱以200米的间距排成矩形网格。从第六环开始，垂直于中轴的次级道路从主轴两侧向外延伸，将海湾中星罗棋布的帐篷状巨构社区与中轴连接起来。每个社区都有多层人造地面，供居民在上面建造自己的房屋[39]。整个城市以严密的等级化方式把交通和城市功能整合在一起，成为一个庞大巨型结构。

这个气势磅礴的东京规划源于丹下对于新出现的“中枢城市”（pivotal cities）——即1000万以上人口的大城市——的特征的理解。在他看来，像东京这样的巨型城市常常陷于一种混乱和瘫痪状态，因为这些城市的空间结构“太陈旧，难以适应目前扩张的速度”，挽救这些城市的唯一方法是对其基础结构进行彻底变革[40]。他也认为一个后工业时代城市的经济活力不再主要来自第一产业或第二产业，而是第三产业。因此，不应该像经典现代主义所倡导的那样，将城市简单地

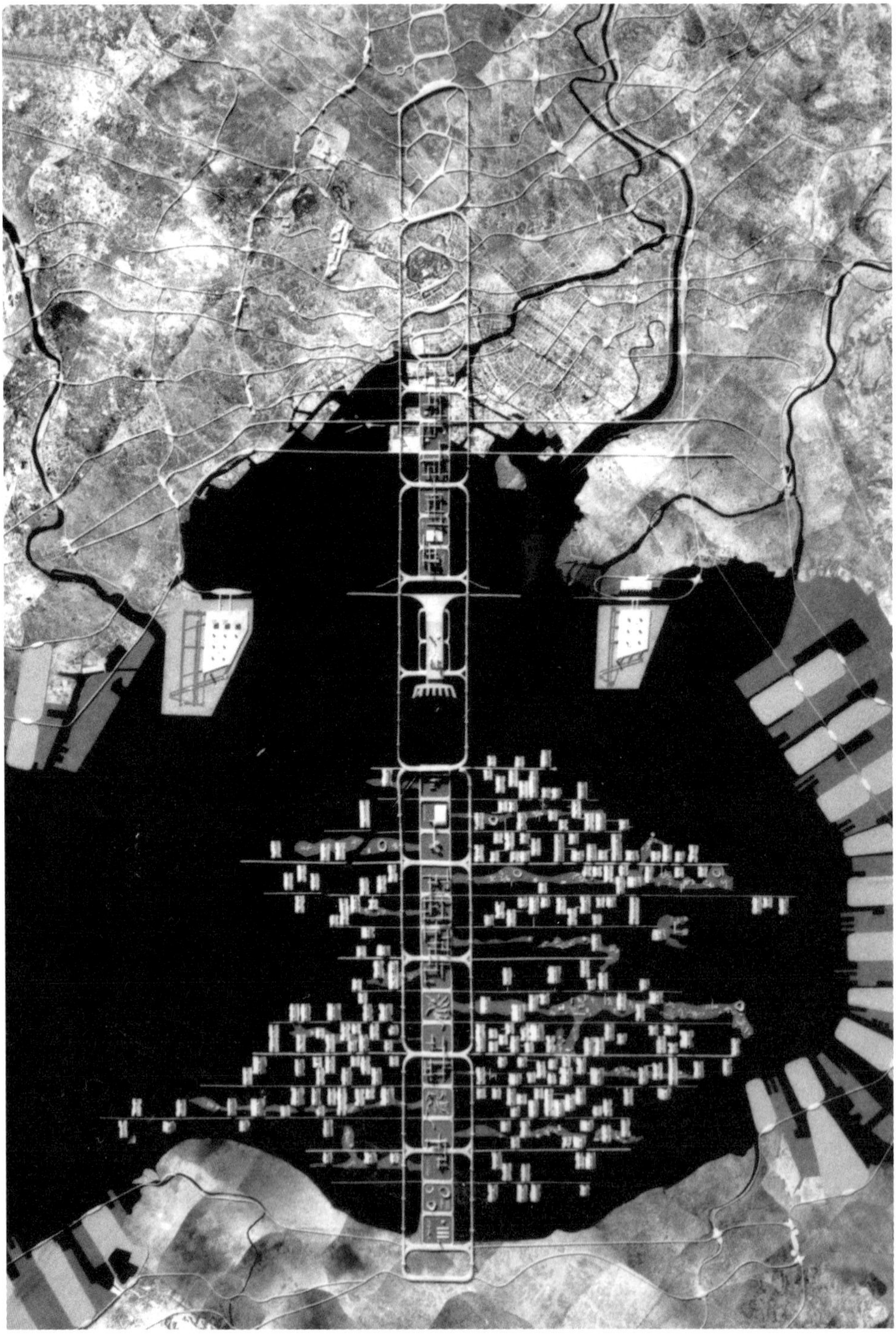

视为若干功能分区的组合，而应当将其看作一个通过交通网络将各种功能紧密联系起来的开放性综合体。丹下强调交通系统作为城市运作的物理基础，流动性则是给城市带来活力的关键因素。交通系统对东京这样的中枢城市而言无疑尤为重要，丹下用一个比喻来阐明其意义：“它犹如支撑城市生命力和其中所有人类活动的动脉，或如驱动大脑的神经系统。流动性决定了城市的基本结构。”[41]

东京规划 1960 用许多表格和插图展示了东京及整个日本的人口和经济发展趋势。这些是丹下早先完成的研究成果，并收录于他 1959 年提交给东京大学的博士论文《当代大都市的区域结构与建筑形态》中[42]。丹下在论文中讨论了当时东京正经历的巨大转变及面临的主要挑战，列举了东京和世界其他大型城市的比较数据，这些内容翔实的研究体现了丹下对区域规划的浓厚兴趣。在他看来，从更大尺度、以更综合的方式来构思当代城市发展是必行之路。

对丹下来说，以“中枢城市”的概念对东京进行重新规划是一项紧迫任务，而其中的当务之急是解决私人汽车剧增的问题。汽车改变了建筑和基础设施之间的关系，而新的关系需要新的交通系统。丹下指出：

> “过去，人们沿着街道步行到达他们的目的地，然后从门口进入室内……而自从街道上有了汽车以后，一切都不同了。首先要把行人与汽车分开，要建设车辆专用的公路和街道。汽车的到来意味着次序的改变：车辆从高速路转到慢速路上，然后才到达目的地。”[43]

丹下认为，汽车引领的新交通改变了人们对城市空间的感知和探索方式。这种新的空间观念反过来要求建立新的城市空间秩序。由于旧的交通系统已无法满足当代社会的需要，丹下呼吁打造以汽车为核心的全新城市结构取而代之。这种提升当代城市流动性的观念贯穿在他的整个东京规划中。

20 世纪早期以来，流动性问题就成为一个被欧洲现代主义者反复研究的主题。勒·柯布西耶的“光辉城市”是重新认识流动性与城市和建筑关系的重要一步[44]。他不仅意识到汽车将从根本上改变当代城

图 4.9
丹下健三，东京规划1960，模型

市的基础设施，还指出它将超越传统意义上交通工具的作用，并成为统一现代社会的主要出行方式。柯布西耶的光辉城市构想倡导以“底层架空立柱”为城市设计的基本元素，以分离人流与车流。在这个结构体系中，地面是开放的绿地，供社区所有人休闲娱乐，车辆则在一套独立的立体交通系统中运行，使各社区之间畅行无阻。“底层架空立柱”在城市设计中的运用在柯布西耶的马赛公寓项目中得到了局部体现，这个项目为城市重建中的大规模居住社区建设提供了一个新原型。柯布西耶的理论毫无疑问影响了丹下，后者将“底层架空立柱”设计融合进东京规划中，并与另一个称为“核心筒系统”（core system）的设计——包括楼梯、电梯、水电和服务设施的垂直竖井——相结合[45]。丹下这样解释：

> “‘底层架空立柱’形成了私人和公共区域之间的空间联系，它是流动的交通空间与固定的建筑空间交汇的地方。另一方面，‘核心筒系统’联系着城市动脉和建筑单体。在这个规划中，我们建议将核心筒与底层架空立柱整合在一个系统里。”[46]

通过底层架空立柱和核心筒系统，建筑师不仅能够分离人流与车流，而且能够赋予城市统一连贯的结构，使建筑与基础设施合二为一。

丹下称，底层架空立柱和核心筒系统既可以用于新区的开发，也可以用于现有城区的重建。因此，他在东京规划中让线性城市结构以市中心为起点向外延展，从而以具备更高流动性和社会互动性的三维系统取代传统的二维分区规划模式。丹下称：“这个系统既考虑到周围的空间环境，又能形成不脱离自然的、连续的开放性城市空间。在实效上，现行的功能分区规划方法将被这样组织严密的空间规划所取代。”[47]

这种反分区规划的态度和对城市交通系统的强调得到了西方同行们的认同，尤其是路易・康和史密森夫妇。康从 1952 年起绘制了一系列费城规划草图，以思考交通布局变化所带来的新城市形式。他通过一系列城市交通分析图定义了不同类型的流动性，并将其作为规划蓝图的出发点。他认为，交通不是为满足特定需要而衍生出来的机械性

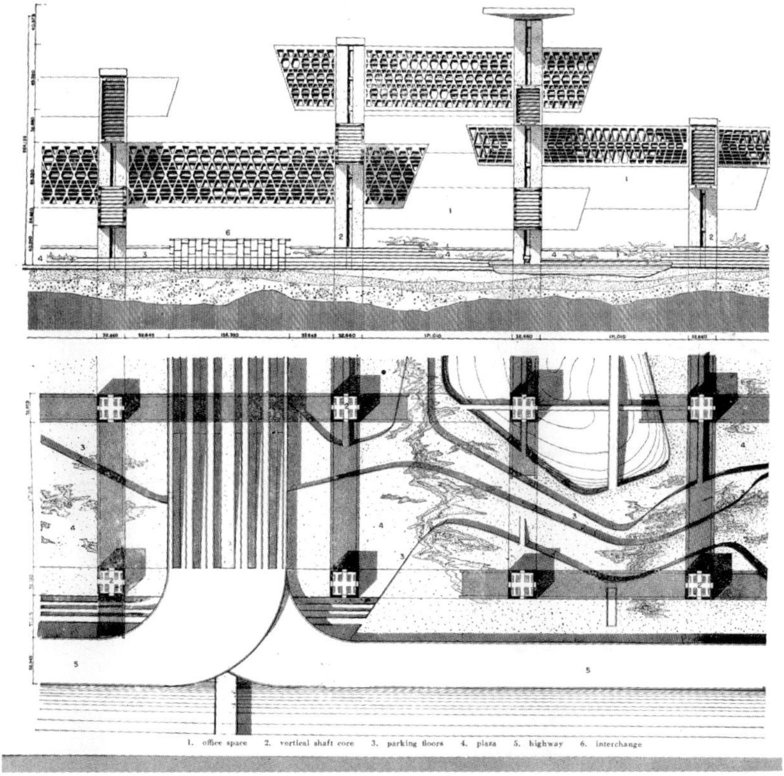

图 4.10
丹下健三，东京规划 1960，“底层架空立柱和核心筒”系统

功能，而是一个现代都市的精华所在。他把现代城市的交通流形象地类比为传统城市的运河系统，提出了一个大型城市的空间新秩序：

> “高速公路就像‘河流’。这些‘河流’框定了所服务的城区。‘河流’有‘港口’。市政停车楼就是城市‘港口’；从‘港口’衍生出一个服务内部的‘运河’系统，市内街道就是这些‘运河’。‘运河’的分支尽头是‘小码头’，也就是每个建筑的入口门厅。”[48]

这诗意的比喻将象征主义运用到平常的交通设施上，启发人们去建立一套符合现代城市流动性层级体系的新的城市结构。康在几版费城规划中都采用了这种做法，最典型的是被称作“高架桥建筑”(Viaduct Architecture）的规划方案。

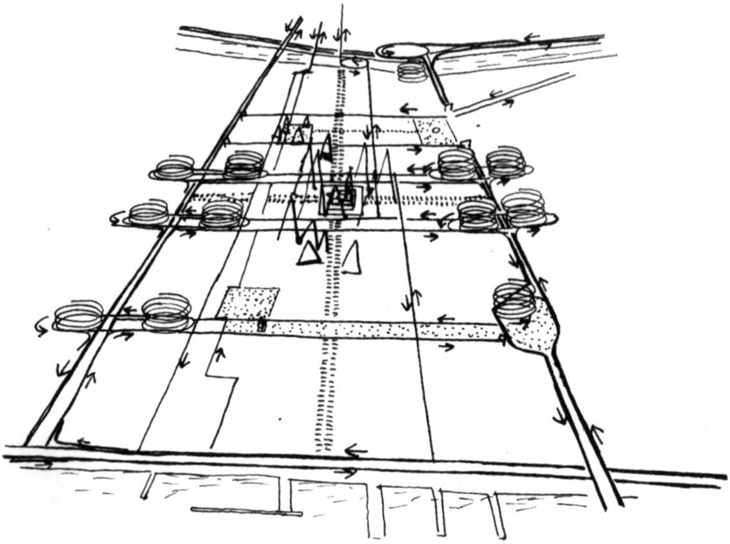

图 4.11
路易·康，费城规划，1951—1954 年，设想的交通布局图

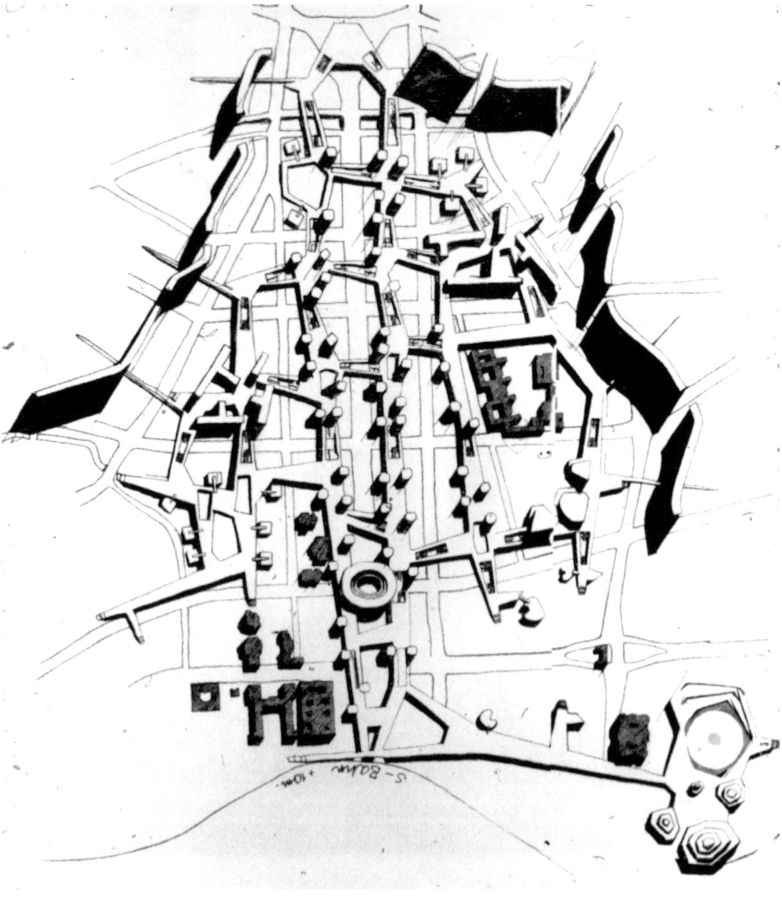

图 4.12
艾莉森和彼得·史密森，柏林中心区规划竞赛参赛设计，1958 年，鸟瞰图

史密森夫妇在 1958 年为德国首都柏林中心区规划竞赛所做的参赛作品也是基于对流动性的研究，这种流动性不仅指物理层面，也指其社会影响层面。尽管这个作品比康的规划少了些符号比喻，更注重务实的方法，但它表现出的重构城市的决心比康的费城规划更坚定。在他们的规划里，汽车流和行人流分别形成独立运作的系统，且各自呈现不同的几何形状。史密森夫妇视流动性为现代生活的本质特征，并提倡一种基于“变化的美学”（aesthetic of change）的设计以取代传统的笛卡尔美学[49]。

丹下健三在他的东京规划中进一步发展了康和史密森夫妇的思想，他强调流动性在后工业社会中扮演的关键角色，并在设计中以一种前所未见的震撼形式将其展现出来：由大跨度悬挂结构支撑的线性高速公路系统从东京延伸而出，跨过整个东京湾直达千叶。这个庞大的城市基础设施直接架设在水面上，将流动性作为这座城市灵魂元素的地位展露无遗。跨度达 30 公里的庞大交通体系、环道与分支公路构成的

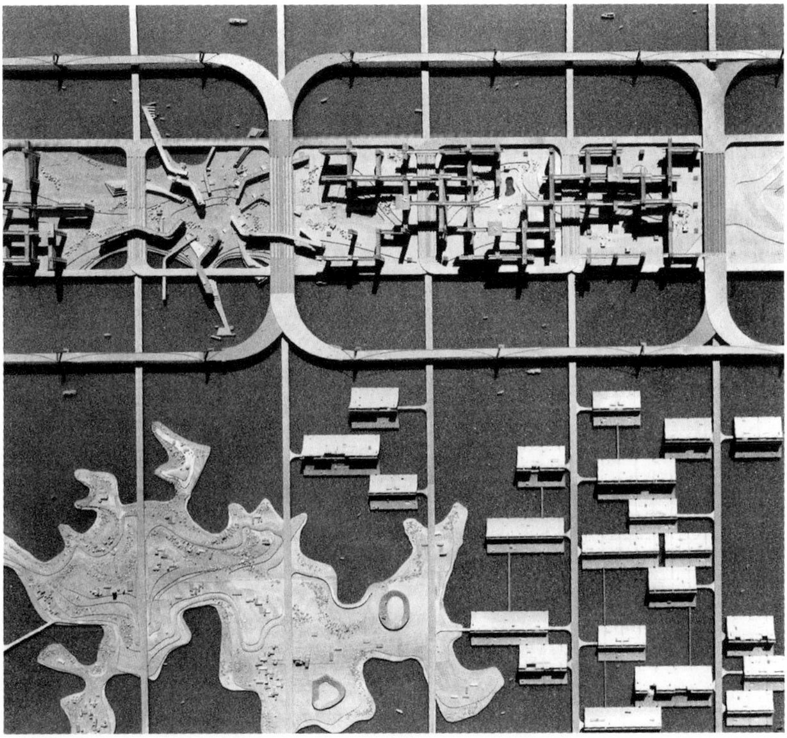

图 4.13
丹下健三，东京规划1960，模型局部

清晰明了的网络，以及直接插接在高速路网上的巨构设计，使这个规划成为一个汽车时代的城市宣言。

这个巨构形态也凸显了丹下对城市流动性的象征意义的关注：交通系统的醒目形式和层级结构，不仅使它视觉上具有冲击力，也清晰表达了与之相匹配的现代社会结构。明确的交通布局展示了新的空间骨架，一个新的城市秩序将由此而生，它将成为东京湾新城的标志，象征着一个开放、流动并不断生长的现代城市。

象征开放社会的市政轴线

丹下宣称，他的东京湾规划有三个主要目标：①使东京原本的向心型城市体系向线性城市体系转变；②找到把城市结构、交通系统和城市建筑整合成有机整体的有效途径；③寻求反映当代社会的开放性结构与自发流动性的城市新秩序。[50]

显然，该规划的首要目标是将当时被丹下称为“封闭系统”（closed system）的放射状城市结构转变为符合当代社会特征的、鼓励自发流动性的线性结构，丹下称后者为“开放系统”（open system）[51]。在丹下看来，当时的东京是典型的围绕单一城市核心发展的向心系统，是过时且运作低效的中世纪城市形态，与东京这样的巨型城市不匹配。他写道：

> “在城市围绕中心广场发展、人们生活范围较小的年代，中心广场是交通的核心，教堂、城堡、市政厅是城市生活的精神象征。马和马车顺着呈放射状的街道行进、经过一排排建筑，这一切都很和谐。如今，大规模交通把城市从一个封闭组织的束缚中解放出来，城市的社会结构已大为不同。在一个开放的社会以及具有开放结构的中枢城市中，个体的流动性将更加活跃，其规模也越来越庞大。高度流动性加上通勤者的大规模固定出行，已经使大城市的交通面貌变得极为混乱。”[52]

丹下健三的这个观点与当时渐受重视的重建“城市核心”的思维相悖。1951 年在英国霍兹登举行的 CIAM 大会呼吁，欧洲城市的重建应该仿照传统市政中心的形式，建立像意大利的城市广场那样有高度可识别性的城市核心。丹下否定了这种市政中心的概念，转而倡导他称之为“市政轴线”（civic axis）的线性结构。这种市政轴线将成为支撑城市生活的动脉，是当代中枢城市的开放性的重要象征，就像位于传统城镇中心的大教堂是中世纪城市的象征一样。丹下的东京规划的核心就是构筑这样一道市政轴线，使之从现有市中心向东京湾延展，并沿着这条轴线重组现代城市格局。

图 4.14
丹下健三，东京规划1960，中央市政轴线

虽然丹下健三声称“市政轴线”是一个新概念，但这种线性城市形态并非由他首创。早在 1882 年，索里亚・伊・马塔就发表了第一个现代线性城市规划“线形城市”（Ciudad Lineal）[53]。从那时起，这个原型就衍生出各种线性城市概念，应用于世界各地城市，其中有名的例子包括 1904 年托尼・加尼埃（Tony Garnier）的“工业城市”（Cité Industrielle）、1910 年埃德加・钱伯利斯（Edgar Chambless）的“路城规划”（Roadtown Plan），以及 20 世纪 30 年代初柯布西耶为阿尔及尔所做的一系列规划。丹下的线性城市很可能也受到了苏联城市规划的启发。苏联的反都市派在 1928—1933 年苏联第一个五年规划期间发表了一系列线性城市项目，如尼古拉・米柳京的索斯格罗规划。苏联政府通过支持这样的理想城市项目来推进经济集体化和工业化[54]。苏联的线性城市概念也流传到日本，对当时许多现代规划师产生了较大影响。1939 年，高山英华和内田祥一发表的“新京大同区”规划就遵循线性城市的原则，为日本规划师之先河。

第二次世界大战后，线性城市仍然是被规划领域不断探讨的议题，因为它提供了一个在引导城市去中心化发展同时控制城市无序扩散的可能[55]。另一个与之旗鼓相当、同样被反复探讨的城市去中心化范式是由埃比尼泽・霍华德提出的田园城市，这一概念自诞生以来就不断得到英国城市规划师和社会改革者们的支持、发展和反复实践[56]。田园城市概念的倡导者推动了英国 1946 年《新镇法案》（New Town Act）的确立，在全国范围建立了 28 个新镇。在美国，霍华德的田园城市所倡导的自给自足社区、永久绿带，以及相应的建筑风格与社会价值观得到美国区域规划协会（Regional Planning Association of America）的推广，被应用到美国大城市和超大城市的疏解和重建中。

关于线性城市与田园城市优劣的争论从未停止，因为人们通常倾向于其中一种理论[57]。如前文所述，比丹下健三的东京湾规划早发表两年的东京都政府“国家首都区域发展规划”，很明显是受艾伯克隆比爵士 1944 年大伦敦规划的启发，更倾向于“田园城市”范式，即采用向心布局，划定都心的增长边界，并在永久绿带外围规划一系列卫星城来吸纳人口增长，为经济发展提供新增长点。

显而易见，丹下健三的东京湾规划是与 1958 年首都区域发展规

图 4.15
东京都政府，国家首都区域发展规划，1958 年

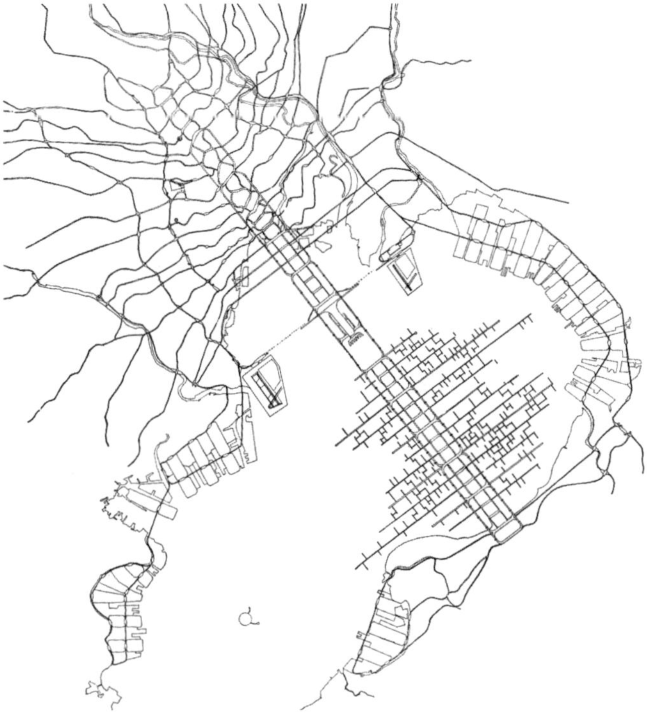

图 4.16
丹下健三的线性规划，是对东京都政府 1958 年国家首都区域发展规划的中心放射状平面的批判

划针锋相对的提案。丹下声称，建立卫星城或次中心以疏解市中心人口和产业的想法不能解决东京的根本问题。首先，这些卫星城能否成功开发，人们是否愿意搬到这样偏远的城镇中尚未可知；其次，即使卫星城和次中心成熟起来，人口和城市功能的分散会造成城市中心与各次中心之间更大的交通压力，长期来看将进一步加重市中心的负担。相反，丹下所倡导的线性城市形态一方面保持了当代社会的自发流动性特征，另一方面能引导各类城市功能沿轴线展开，而非集中在一个中心，因此有利于保持城市各片区和功能之间的关联性[58]。丹下称线性城市是中枢城市疏解的最优模式，最符合东京社会发展的需要——以线性交通系统为依托的新“市政轴线”将解决这座城市交通和城市化发展的顽疾，引导东京进入后工业时代。

区别于早期的线性城市形态，丹下健三的“市政轴线”是一套独特的环路交通系统。轴线的每一节都由一组双环线构成，两条环路分别对应不同的行驶速度。外环是高速路，置于距水面 50 米高的吊桥上，吊桥造型酷似多个首尾相连的旧金山海湾大桥。外环的每一侧都是单向交通，但是汽车不能保持直线前进，而只能顺时针与逆时针交替行驶。两侧车流在垂直于主轴线的中间部分转向后汇合，朝着同一个方向行驶。内环组织局部交通，并设有进入楼宇、公共设施和公园的入口。它的设计原则与外环相同，处于较低的位置，与上方的外环高速车道通过坡道连接。尽管这种 Z 字形交通设计明显会带来不便，但丹下团队表示，这种循环系统能避免车流交叉和堵塞，从而将高速路系统的运力提升 10 至 30 倍[59]。更重要的一点是，这样的环路布局便于线性城市分期扩展：在每个发展阶段，新增环路的施工都不会影响既有交通系统的正常运作。

虽然这样的交通系统设计颇为独创性，但几乎没有建筑师或评论家认为它具备现实的可操作性。彼得·史密森在 1964 年撰写的一篇文章中就对丹下的线性交通提出了质疑：

> “线性城市的主要缺点是所有交通都集中在中央轴线上，人们即使没有需要也必须经过那儿。一个环路系统需要数量可观的车道来满足通行，每条车道都要满负荷，而

图 4.17
丹下健三，东京规划1960，模型上的悬索桥

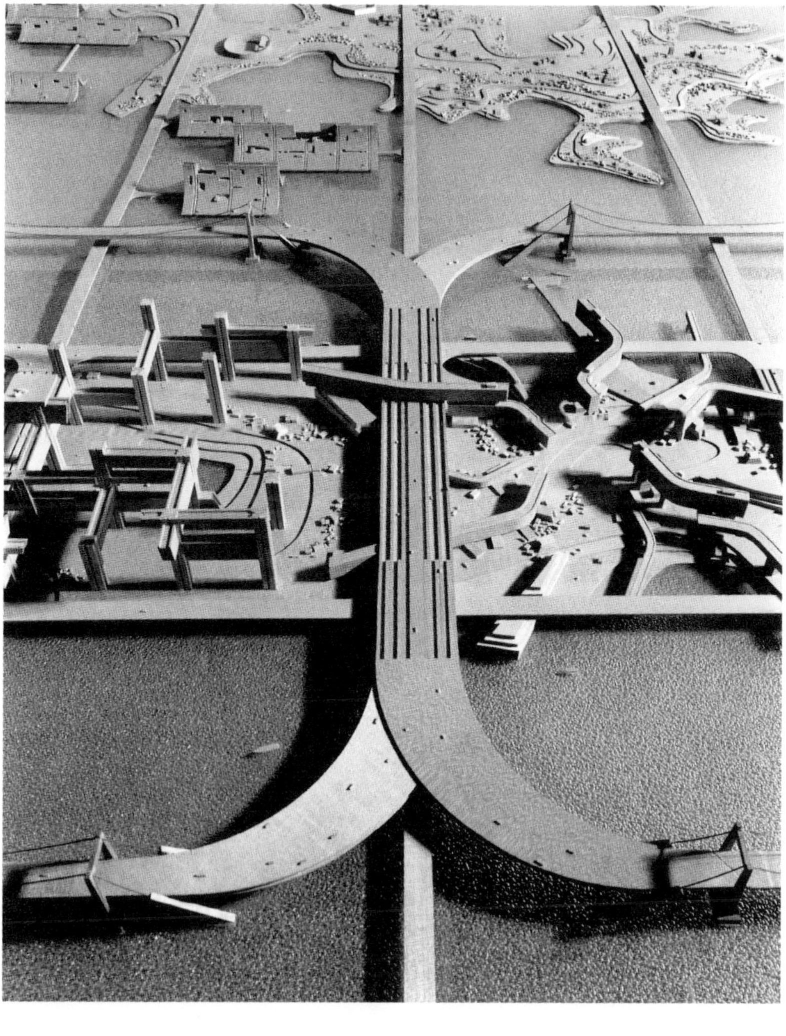

图 4.18
丹下健三，东京规划 1960，高速路换道处模型细部

其次级环路却可能有冗余的车道。在我看来，丹下设计的环路系统不会减少所需车道的数量，但人们或许可以更充分地利用车道容量，因为长途和短途交通在系统中可以使用不同的环路。但是，这种分离完全可以在一个更常规的系统里实现。”[60]

这个评论直白地反驳了丹下的观点，揭示了他那过于复杂的线性交通系统在技术上的低效。在史密森看来，丹下的规划描绘了雄伟的城市蓝图，象征性地响应了对流动性的呼吁，但未能提出真正解决特大城市交通问题的方法。

各方评论对该规划的隐喻式表现方式也有争议。为了说服人们线性增长是城市发展的必由之路，丹下和新陈代谢派成员一样采用了生物学的类比。他用生物进化来比喻城市结构从放射状向线状的转变：

“变形虫和小海星呈现放射状形态，但脊椎动物的特征是线性脊柱及其派生的平行辐射线。当生物体产生功能分化并需要执行复杂的生命行为时，放射状结构就演变成一个以脊椎和动脉为主轴的平行线性系统。脊椎动物的身体从一颗卵的孵化开始，逐步演化出一套线性系统，就揭示了这个生命的发展必然性。”[61]

也就是说，大多数生物最初呈现中心辐射形态，但随着它们的成长，生命体需要完成更复杂的功能时，中心辐射形态不再适合，于是

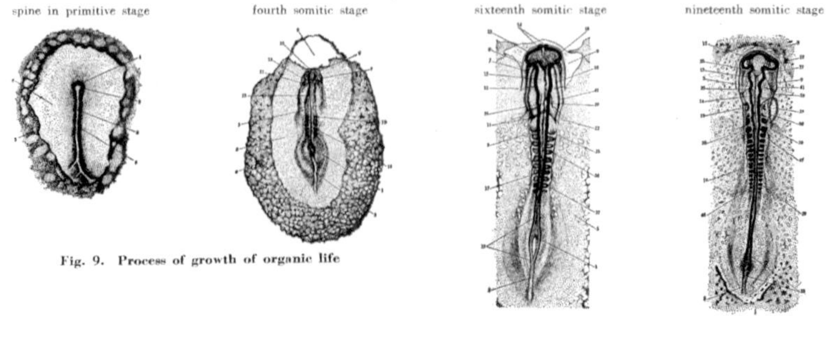

图 4.19
丹下健三的东京湾规划以生物生长的图示来证明城市呈线性发展的必然性

生命进化成线性形态。丹下断言生物进化的规律也适用于城市，其他新陈代谢派成员也持同样的观点。东京湾规划项目设计小组中就有黑川纪章和矶崎新，两人均认同新陈代谢派的理论，视城市为一个持续发展的有机过程。

有趣的是，美国的规划理论家克里斯托弗·亚历山大在 1965 年发表了一篇题为《城市并非树形》（A City is not a Tree）的文章，也针锋相对地运用生物学比喻驳斥了丹下健三的逻辑。他把当前许多城市规划形态归纳为等级分明的线性结构，就像一棵树，而东京湾规划正是这种树状结构的一个“漂亮的例子”[62]。亚历山大严厉批评这种树状结构，认为这种人为生造出来的形态过于单一和僵化，压抑甚至消灭了人类社会的活力，所以这种设计注定要失败。与之相反，亚历山大提出了以相互交织的网络为基本形态特征的城市设计概念，他称之为“半网格”（semi-lattice）。这种形态根植于自然生长的城市中，因而具备复杂性、多样性和真正的开放性[63]。

史密森的技术批判和亚历山大的生物类比都反驳了丹下一再声称的线性规划的“开放性”和“灵活性”。他们都指出，尽管丹下的雄伟

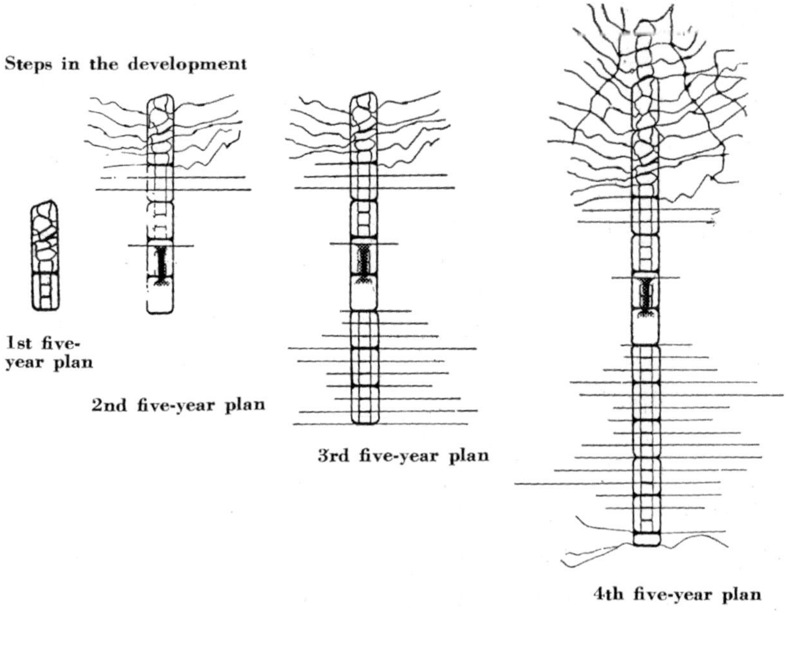

图 4.20
在丹下的设想中，新城市将分四个阶段建成

巨构形态可作为城市生长和流动性的模型，但其僵化的线性形式在实践中不但无法实现，还可能成为他所追求的交通效率和城市活力的阻碍。

也许丹下健三志不在此。这个无比宏伟的城市规划超越了传统城市设计的尺度和范畴，更多的是传达一种政治理想，因为如果从国家组织层面来看，线性规划结构的确有其可行性。八束把东京湾规划与丹下的早期作品相对照——准确地说，是与他1942年的“大东亚建设纪念营造规划”竞赛作品联系起来——点出了丹下长久以来运用系统性规划方法来引导国家发展方向的雄心壮志[64]。1942年的竞赛方案也是建立在一条线性交通主轴上，将其作为一条区域发展轴连接东京和京都两大城市。这条轴线把日本新旧两个首都，以及方案中提议建设的、作为第三个都市中心的国家纪念中心以一条“大东亚高速路”连通起来。

这样的区域规划概念成为丹下1960年东京规划的先声。两个线性城市规划都体现了丹下对未来交通技术的极大兴趣。1942年竞赛方案规划中连接东京和富士山的城市发展轴线，在1960年的东京规划中调转了方向，伸向东京湾。在东京湾规划中，丹下还绘制了若干草图，表达他在东京湾新城建成后将轴线向内陆方向延展的设想，这证明他并未忘却此前的梦想。其中一张草图中所画的城市轴线在原东京市中心以一个小角度折向新宿，在那儿形成东京的新中心，并继续往西向富士山延伸——这恰恰呼应了丹下近20年前的想法。这两个规划还蕴含一个共同理念：这条没有终点甚至不受土地范围限制的线性轴线，不但将为东京的城市发展提供一个全新的城市空间框架，也将成为日本重焕新生的经济和精神脊梁。

代谢周期的形态

新陈代谢派和丹下健三都关注如何应对现代城市的快速增长和莫测变化。相较于追求最终稳定状态的常规总体规划模式，丹下的东京规划试图使城市成为能适应外部增长和内部更新的大型动态系统。外部增长意味着城市作为一个整体，能够在不改变其基本形态和体系的情况下持续生长；内部更新是在不影响城市结构和特质的情况下，允许城市的基本组成部分（即建筑）进行自我更新和周期性替换。建立这样的系统的关键，就是将变化周期很长的市政设施与快速迭代的建筑物区分开来。

将城市视为长期结构和短期部件共同构成一个整体系统——这种理念也体现在十次小组的建筑师们，特别是史密森夫妇的作品中。他们认为：

> “我们的心理过程需要一些固定的参考点（这里的‘固定’指的是它们变化的周期较长），以使我们能够对瞬时信息进行分类和评价，从而保持清醒和理智。同样道理，城市也需要‘固定点’，即变化周期较长的识别点，通过它们我们才能评价和辨认那些变化周期较短的事物。通过几个固定和清晰的事物，那些相对短暂性的事物——住宅、药店、广告、标识、商店，当然，还有最短暂的事物，即人和他们的外在延伸，比如服装、汽车等——不再是认识和感知结构的干扰，而成了对短期情绪和需求的充分反映。如果能观察到这种变化与固定之间的区别，人们就不需要对一些事物进行徒劳无功的过度控制，从而能明智地把精力放在长期结构上。”[65]

在城市规划的方法论层面，这个主张意味着城市管理者和规划者应把注意力集中在设计和建造基础设施上，至于基于这些基础设施的各种短期开发，应留给每个人去根据自己的喜好做决定。例如，交通系统应当作为永久性项目进行深思熟虑的规划，而个人住宅应当作为短暂性工程处理。最能体现这种“永久性”和“短暂性”元素之间区别的规划项目之一就是柯布西耶的1931年阿尔及尔规划。这个规划提出建立一个庞大的混凝土结构作为城市的永久框架，在此框架内，居民们可以自由新建或重建自己的住宅来反映日新月异的都市生活和多元建筑风格。受这一乌托邦式理念的启发，十次小组的建筑师们发展出被称为“变化的美学”的设计概念，他们声称这种变化的美学能带来安全感、稳定感和秩序感[66]。新陈代谢派继续发展这个主题，并以“代谢周期”概念予以诠释，将其归纳为一种符合日本本土自然哲学、能适应不同生命周期和变化节奏的系统。[67]

丹下健三显然也意识到不同类型建筑的代谢周期各不相同，正如作为城市生长骨架的大型基建与木质房屋或日常用品在使用期限上的差异。他观察到，这种差异正在随着当代社会大规模生产方式和“一次性”（throw-away）消费主义文化的出现而不断扩大：

> “短期事物越来越短暂，它们的更替周期也在相应萎缩。另一方面，资本积累使得大规模建设成为可能，类似水坝、港口和高速公路等涉及自然地形改造的大规模人造工程都要求更长的更替周期，往往要历经数个时代才能完成。这两种趋势——更短的短周期和更长的长周期——都是现代生活和人类社会进步的结果。”[68]

永久性结构承担基础性功能并代表着社会集体价值观，短期元素则成为表达个人选择和创新趋势的载体。在东京规划中，剖面呈A形、外观形似帐篷的巨构住宅综合体就体现了设计者试图通过城市主义途径弥合这两种趋势的努力：运用公共财政所建成的巨型混凝土结构为整个社区提供了人造土地，承载着用私有资金建成的、反映技术与风格的时代变化的单体建筑。丹下希望他建构的空间体系能把长周期的巨型结构与短周期的单体建筑联结在一起，共同推动城市发展和转型。

然而，丹下健三对于城市规划中代谢周期的解释引发了一些争议。彼得·史密森尽管赞同对城市发展中的“固定”元素和“变化”元素进行区分，但还是对丹下东京湾规划里的巨型住宅持反对意见。他写道：

> “金字塔形水上住屋单元是这个方案中看起来形态最美的部分，但不幸的是，和上千份学生作品（从勒·柯布西耶的阿尔及尔项目开始）一样，在人造平台上‘人人建设自己的房子’这一浪漫想法总会被‘如何实施’这一问题打败。”[69]

图 4.21
丹下健三，东京规划1960，模型中的巨构住宅综合体

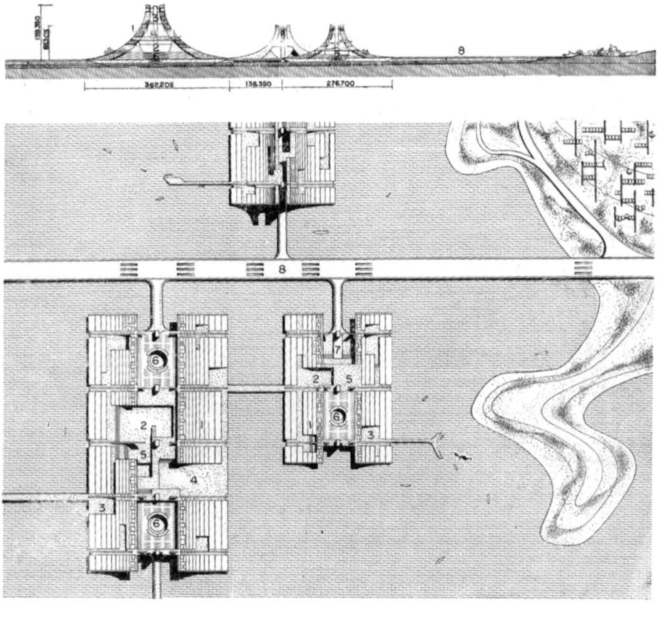

图 4.22
丹下健三，东京规划1960，巨构住宅综合体，平面图和剖面图

关于区分长期结构和短期元素的标准，即使在新陈代谢派内部也存在争论。槙文彦指出，丹下的巨构形态是基于这样的假设，即设计者有能力决定哪些项目应作为长周期项目来设计，哪些属于短周期项目范畴。他认为这种假设并不可靠。槙写道：

> “举个例子，有的设计师认为交通方式的变化不如住宅或零售店的变化那么快，但他们能否成功地将概念建立在这种想法之上？有时候，技术的影响和冲击如此之大，将导致社会和空间结构的基本骨架发生根本性改变。我们很难预测石子会掷向池塘的哪个部分，而涟漪又会向哪个方向扩散。如果巨构迅速过时——这种情况是可能的，尤其是在那些不兼容两种变化周期的规划里——这将成为城市社会发展的瓶颈。”[70]

槙文彦在此暗示，即使巨构城市允许其中的个体空间发生变化，主体结构本身也可能会过时，从而导致整个系统失败。因此他反对采用巨构的设计方法，转而倡导能“用最小的组织结构达到最大的效率和灵活性”的方法，即群造型[71]。史密森和槙对代谢周期的两种不同解读都揭示了丹下在这一问题上的技术至上主义态度及其规划的乌托邦属性。基于严格的层级体系的东京湾规划，与其说是一个适应城市增长和变化的解决方案，不如说是一个通过为基础设施赋予纪念性来控制城市化进程的理想形态。

规划后工业时代的城市

丹下健三提出东京规划的20世纪50—60年代恰好是这座城市经历巨变的时期。丹下的规划对这个时代作出回应，以极富开创性的手法勾勒了一幅以线性城市范式为基础的未来东京的蓝图，将基础设施、城市空间和建筑整合成一个动态体系。通过这个规划，丹下试图掌控城市的发展和转型，在大都市区尺度上实践新的发展模式。

着眼于汽车对城市生活方式和空间布局的重要影响，丹下为新东京设计了一个非凡的交通系统，赋予其后工业时代大都市的基本特征，即流动性、开放性，以及应对连续变化及增长的灵活性。这些问题是日本战后城市发展的关键，因为当时的日本正进行史无前例的大规模城市重建，同时推进经济政治现代化进程。丹下对后工业城市特征的观察是敏锐的，但他提出的解决办法从可行性层面来看仍存疑问。有几个问题值得进一步思考：为什么丹下的理想城市未能实现？或者说，他的规划应当得到实施吗？他的规划对东京后来几十年的城市建设产生了何种影响？

有若干因素制约了丹下规划的实施。首先也是最主要的原因在于该规划采用的“巨构城市”方法。这个雄心勃勃的规划意图建立一个供上千万人生活的全新空间秩序，它的整体性规划方法模糊了基础设施与建筑物之间的区别。具体体现在规划中，沿线性主轴建造的办公楼和漂浮在海湾上的住宅综合体都达到了城市片区规模，而高速道路系统却设计得像一个大型纪念性建筑。但是，除了尺度上的不同，城市是远比单体建筑更复杂的体系，不仅在空间意义上，在社会经济关系层面上更是如此；由此可以看到，丹下的提案在各个方面都有一定问题。他设想的系统一方面将车流与人流强制分离，另一方面又根据不同交通方式的速度设定空间结构等级。人车分离的做法往往会牺牲城市中的人本尺度，这在后来数十年间无数重建项目和美国城市更新运动中得到了印证。巨型分级交通系统一旦建成，也许确实会提升车流效率，但牺牲了灵活性，很多实例也证实这样的设计会很快过时。

丹下健三的规划不仅存在技术问题，也牵扯到政治和经济问题。由于规划的目的是为这座城市构建新的总体结构，这势必要求重新设计社会的组织结构。规划要求城市先实施大规模海湾填海工程，建设“中轴”，建造用于住宅和商业开发的公共“人造土地”以及其他相关的基础设施，然后才能在它们的基础上规划实际可用空间。这必然需要一个极其强大的权力机构来保障财政来源和工程顺利实施，只有一个集权政府才可能做到这一点。这在战前的日本帝国或其殖民地也许有实现的可能性，但战后，无论是日本中央政府还是任何企业和机构都没有这么大的权力。此外，丹下的规划中与其巨构形态相匹配的等级严明的社会结构，在日本战后逐渐成形的民主社会里不但是不现实的，也与规划本身所宣扬的当代社会的空间流动性和社会价值观相矛盾。

丹下的这个宏伟规划旨在打造一座流动、开放、能适应变化与发展的城市，然而他实现这个目标的方式的象征意义大于实践意义。他的方案展现了一幅宏伟愿景，将建筑师本人的设计理念和社会理想传达给专业人士和市民大众，但在技术层面上并不现实，因此不难发现该规划的目标和实现手段之间的矛盾。对现代城市而言，秩序和自发性都很重要，丹下的规划充分体现了这一点，但未能实现对两者的调和。在这个规划中，丹下把他长期以来追求的、在广岛和平纪念公园等早期作品中强调的建筑纪念性与新陈代谢派关于适应性的新理念相结合，其结果是一个与战后文化转型相呼应，并试图为快速扩张的现代城市提供一个新的集体象征符号的理想城市。

虽然丹下的规划未能落地，但他的理念深刻地影响了东京后续的城市发展。1960 年这版东京规划中的若干核心理念渐渐以不同于他预期的形式得到局部实现。比如他的线性形态和城市向海湾延伸的想法就准确预言了东京城市结构接下来数十年的转变。

虽然在 20 世纪随后的时间里，东京保留了放射状城市结构，城区继续向周边蔓延，但它也逐渐被纳入了一个更大的线性城市群之中，也就是法国地理学家简 · 戈特曼 1961 年在《带状都市群：美国东北部沿海的都市化》（*Megalopolis: the Urbanized Northeastern Seaboard of the United States*）提出的“带状都市群”[72]。戈特曼的书和丹下健三的规划在同一年发表并非纯属巧合，他们都研究了这一时期出现的全球性人口集中和城市变迁等地理现象。1960 年，东京和横滨组成的大都市圈人口已达到 1350 万；到 1970 年，东京和大阪之间形成的东海道城市群已经成为一条连续的工业城市带，它连接着一系列大都市区，容纳了日本 40% 以上的人口[73]。东海道新干线（Tokaido Shinkansen）高速铁路成为这条带状城市群的脊梁，正如丹下的东京规划 1960 将线性高速公路系统作为新东京的脊梁一样[74]。1970 年，丹下受日本中央政府委托制定面向 21 世纪的国家愿景规划，再次回应了这一方兴未艾的城市集聚现象。在这个愿景规划中，他将以前设想的东京湾轴线扩展到全国，构建了以高速路和高速铁路组成的快速交通系统为依托的庞大城市网络。

丹下的东京湾规划发表十年之后，东京湾填海工程呈现如火如荼之势，尽管并未按照他所预想的那种严谨模式来进行。到了 20 世纪末，东京湾区域已有超过 40 个大型项目在施工中[75]。与第二次世界大战之后为了发展重工业和建设工业港口而开发的滨水区项目不同，这些新项目主要是新的商务区，如东京电信港（Tokyo Teleport Town）和横滨 21 世纪未来港（Yokohama Minato Mirai 21），以及住宅和娱乐混合区，如大川端河岸城 21（Okawabata River City 21）。

丹下健三事务所也参加了东京湾若干项目的建设，包括以巨型结构为特征的富士电视台总部大楼（Fuji TV Corporation Headquarters Building）。1986 年，丹下健三事务所发布了新版东京规划，较之 1960 年规划雄心不减。这版规划同样基于一条城市轴线，轴上数条平行的交通干线将东京和人造海岛以及对岸的其他城市连接起来。它与 1960 年规划的主要区别在于，位于海湾上的不再是一个整体的巨型结构，而是一系列大小不一、逐步建设的人工岛屿。

图 4.23
丹下健三，富士电视台总部大楼，1996 年

图 4.24
丹下健三，东京规划1986，模型

1986 年版规划将东京湾的开发分为两期。第一期是把当时已规划和待建的项目与建设中的项目整合成一个东京海岸城（Coastal City of Tokyo），为东京构筑一条新的海岸线。在第二期中，跨海轴线将一路延伸到东京湾对岸的木更津市，并在海湾中心建起一座新城中心，即新的“东京湾城”（Tokyo Bay City），占地约 6600 公顷，可提供 70 万就业岗位、容纳 250 万居民，并包含一个 1600 公顷的全天候国际机场。整个规划的最终目的是打造一个“日本可以自豪地向世界展示”的 21 世纪新城市，服务于国际贸易、信息产业和金融业[76]。交通系统仍然作为主导城市形态的基础要素带动整个规划，它由一系列大型公共和私人交通基础设施组成，形态也更为灵活。

丹下的 1986 年东京规划是一个更具可行性的愿景，为东京向海湾的扩张提供了路线图，但它的实施在 20 世纪 90 年代因日本经济泡沫的破裂而中断。尽管从未被当作一个可行方案来实施，丹下的 1960 年东京规划却影响了后来日本乃至全世界的无数规划与建筑项目。六十余年来，它引领着全球城市的雄心壮志，是最具前瞻性的城市化愿景之一，至今仍被理论家、建筑师与规划师们不断探讨和竞相模仿。

注释

1 Reyner Banham. *Megastructure: Urban Futures of the Recent Past*(New York: Thames and Hudson, 1976).

2 Hajime Yatsuka. "The 1960 Tokyo Bay Project of Kenzo Tange," *Cities in Transition*, Arie Graafland and Deborah Hauptmann eds.(Rotterdam: 010 Publishers, 2001): 179.

3 了解东京战后城市发展的细节，参见：Ichikawa Hiroo. "Reconstructing Tokyo: The Attempt to Transform a Metropolis," *Rebuilding Urban Japan After 1945*, Carola Hein, Jeffrey Diefendorf and Yorifusa Ishida eds.(New York: Palgrave Macmillan, 2003): 50-67.

4 同上，50 页。

5 Roman Cybriwsky. *Tokyo: The Changing Profile of an Urban Giant*(Boston: G. K. Hall & Co., 1991): 88.

6 同上。

7 Hiroo: 50.

8 同上。

9 Noboru Kawazoe. "A New Tokyo: In, On, or Above the Sea?" *This is Japan* 9(1962): 57-58.

10 了解东京战后城市发展政策的细节，参见：André Sorensen. *The Making of Urban Japan: Cities and Planning from Edo to the Twenty-first Century*(London: Routledge, 2002): 162-163.

11 Erhard Hürsch. *Tokyo*(Tokyo: Charles E. Tuttle, 1965).

12 Kenzo Tange. "A Plan for Tokyo, 1986," *Japan Architect* 367-368(Nov.-Dec., 1987): 8.

13 Hiroo: 50.

14 参见：Botond Bognar. *Tokyo: World Cities*(London: Academy Editions, 1998): 49. 欲了解 1923 年大地震后东京重建的历史细节，参见：Cybriwsky: 81-83.

15 Cybriwsky: 82.

16 东京的重建规划是在石川英明（Hideaki Ishikawa）的指导下进行的，他是东京都政府规划组组长。欲了解规划的细节，参见：Cybriwsky: 84-88.

17 到 1950 年，东京只有 1380 公顷土地完成了重建，仅占最初规划的 20 000 公顷土地重建面积的 6.8%。参见：Hiroo: 55.

18 日本的国民生产总值从 1951 年的 151 亿美元上升到 1962 年的 519 亿美元，到 1972 年更上升到 2900 亿美元。参见：Edwin Reischauer and Albert Craig. *Japan: Tradition and Transformation*(Boston: Houghton Mifflin Company, 1978): 286.

19 东京大都市区的范围包括东京都、千叶县、埼玉县和神奈川县。参见：Bognar: 49.

20 Bognar: 50.

21 了解 1958 年国家首都区域发展规划的细节，参见：Cybriwsky: 200-201; The Tokyo Metropolitan Government. *A Hundred Years of Tokyo City Planning*(Tokyo: the Tokyo Metropolitan Government Publications, 1994): 56. 了解艾伯克隆比的大伦敦规划，参见：Patrick Abercrombie. *Greater London Plan 1944*(London: His Majesty's Stationery Office, 1945).

22 Cybriwsky: 201.

23 了解通商产业省在现代日本经济增长中扮演的角色，参见：Chalmers A. Johnson. *MITI and the Japanese Miracle: The Growth of Industrial Policy, 1925–1975*(San Francisco: Stanford University Press, 2004).

24 加纳久朗曾任千叶市市长，千叶市是一个坐落在东京湾对面的城市。参见：川添登．"メタボリストたちと学んだ時と今，"とメタボリストたち：Metabolism & Metabolists, 大高正

人，川添登 编（東京：美術出版社，2005）: 13.

25 了解加纳的新东京规划的细节，参见：丹下健三，藤森照信．丹下健三（新建築社，2002）: 345; Kawazoe. "A New Tokyo: In, On, or Above the Sea?" : 60.

26 Kawazoe. "A New Tokyo: In, On, or Above the Sea?" : 60-63.

27 同上。

28 Oscar Newman, *New Frontiers in Architecture: CLAM 59 in Otterlo*（New York: Universe Books, 1961）: 7.

29 同上，184 页。

30 同上，172 页。

31 丹下健三后来把他的设计小组重组为工作室，命名为 URTEC（现名为 Tange Associates）。

32 丹下健三，藤森照信：357.

33 东京规划 1960 发表在众多日本和国际期刊上，包括：丹下健三研究室．"東京計画 1960：その構造改革の提案"［东京规划 1960：其结构改革的提案］，新建築 3（1961）: 79-119; Kenzo Tange Team. "A Plan for Tokyo, 1960: Toward a Structural Reorganization," *Japan Architect*（April 1961）: 8-38; Kenzo Tange. "A Plan for Tokyo, 1960," *Ekistics* 12（July 1961）: 9-19; Kenzo Tange. "Tokyo into Venice?" *Architectural Forum*（September 1961）: 142-143. 东京规划 1960 还被编辑成一本专著：丹下健三研究室，東京計画 1960：その構造改革の提案（東京：新建築社，1961）. 本章的引用以此专著为准。

34 Yatsuka: 178-191.

35 此次世界设计大会于 1960 年 5 月 11 日开幕，16 日闭幕。5 月 19 日，当日本自由民主党为了通过日美安保条约续约而强行将议会会议延期时，抗议续约的游行示威活动演变成一场暴动。

36 Kenzo Tange. "Recollections: Architect Kenzo Tange, no. 5," *Japan Architect*（Aug. 1985）: 9.

37 丹下健三．"新東京計画が実現すれば"［若新东京计划得以实施］，週刊朝日（1960-10-16）.

38 "Editorial," *Japan Architect*（April 1961）: 7.

39 Kenzo Tange Team. "A Plan for Tokyo, 1960"; Banham: 49-54.

40 Kenzo Tange Team. "A Plan for Tokyo, 1960" : 6.

41 同上，7 页。

42 丹下健三．都市の地域構造と建築形態（东京大学博士学位论文，1959）.

43 Kenzo Tange Team. "A Plan for Tokyo, 1960" : 9.

44 Le Corbusier. *The Radiant City: Elements of a Doctrine of Urbanism to be Used as the Basis of Our Machine-Age Civilization*（New York: Orion Press, 1967）.

45 丹下健三的"核心筒系统"概念也可能受路易·康在 1959 年 CIAM 大会上介绍的宾夕法尼亚大学理查兹医学研究实验楼的设计启发。

46 Kenzo Tange Team. "A Plan for Tokyo, 1960" : 24.

47 同上。

48 Louis I. Kahn. "Toward a Plan for Midtown Philadelphia," *Louis I. Kahn: Writings, Lectures, Interviews*, Alessandra Latour, ed.（New York: Rizzoli,1991）: 28.

49 Alison Smithson ed. *Team 10 Primer*（Cambridge, MA: MIT Press, 1968）: 57.

50 Kenzo Tange Team. "A Plan for Tokyo, 1960" : 10.

51 同上。

52 同上，12 页。

53　Arturo Soria y Mata. *La cité linéaire: conception nouvelle pour l'aménagement des villes* [线形城市：城市规划的新概念]（Paris: Ecole nationale supérieure des Beaux Arts, 1984）.

54　参见：N. A. Miliutin. *Sotgorod: The Problem of Building Socialist Cities*, Arthur Sprague trans.（Cambridge: MIT Press, 1974）. 恩斯特·梅追随米柳京的线性城市理念，设计了马格尼托哥尔斯克（Magnitogotsk），一座 15 公里长、1 公里宽的线性城市，参见：Kenneth Frampton. "Notes on Soviet Urbanism, 1917–32," *Urban Structure: Architects' Year Book XII*, David Lewis ed.（London: Elek Books, 1968）: 238-252.

55　有关线性城市的研究，可以参考下列 20 世纪 50—60 年代发表于《美国建筑师年鉴》的文章：George R. Collins. "The Linear City," *Pedestrian in the City: Architects' Year Books XI*, David N. Lewis ed.（London: Elek Books, 1965）: 204-217; C. A. Doxiadis. "On Linear Cities," *Urban Structure: Architects' Year Books XII*, David Lewis ed.（London: Elek Books）: 49-51.

56　Ebenezer Howard. *Garden Cities of Tomorrow*（London: S. Sonnenschein & Co. Ltd, 1902）.

57　关于线性城市，除 Collins 和 Doxiadis 在《美国建筑师年鉴》发表的文章外，还可参见：George R. Collins. "Linear Planning throughout the World," *Journal of the Society of Architectural Historians* vol. 18, no. 3（1959）: 74–93; Robert Fishman. *Urban Utopias in the Twentieth Century: Ebenezer Howard, Frank Lloyd Wright, and Le Corbusier*（Cambridge: MIT Press, 1982）.

58　建筑史学者 Hyunjung Cho 的论文指出，丹下的东京湾规划植根于他对汽车的研究，是他自战时规划以来城市主义思想的延续。她还发现，丹下的线性城市规划除了反对 1958 年的首都区域发展规划外，也与首都城市发展局团队 1958 年制定的东京官方交通规划针锋相对。参见：Hyunjung Cho. "Kenzo Tange's *A Plan for Tokyo, 1960*: A Plan for Urban Mobility," *Architectural Research Quarterly* vol. 22, no. 2（2018）: 139-150.

59　黑川负责设计这个交通系统。

60　Peter Smithson. "Reflections on Kenzo Tange's Tokyo Bay Plan," *Architectural Design* vol. 34, no. 10（1964）: 479-480.

61　Kenzo Tange Team. "A Plan for Tokyo, 1960": 13.

62　Christopher Alexander. "A City Is not a Tree," *Architectural Forum* vol. 122, no.1（1965）: 58-62; vol. 122, no.2（1965）: 58-61.

63　在这篇文章中，亚历山大将数学前沿知识运用于建筑评论，使用集合理论分析"树"和"半网格"两个模型，出处同上。

64　Yatsuka: 178-191.

65　Smithson. *Team 10 Primer*: 68.

66　同上。

67　冈特·尼奇克是最早在日本传统哲学中寻找新陈代谢派理论来源的人之一。他在文章中表示，易经、佛教和日本神道教可能都对新陈代谢派的思想产生过影响。参见 Günter Nitschke. "The Metabolists of Japan," *Architectural Design* vol. 34, no. 10（1964）: 509-524.

68　Fumihiko Maki. *Investigations in Collective Form*（St. Louis: Washington University Press, 1964）: 11.

69　Smithson. "Reflections on Kenzo Tange's Tokyo Bay Plan."

70　Maki: 11.

71　Maki: 12.

72　Jean Gottmann. *Megalopolis: The Urbanized Northeastern Seaboard of the United States*（New York: Twentieth Century Fund, 1961）."带状城市群"一词最初被用来描述美国东北海岸密集城市群的线性形态，后来也被应用于其他区域，日本东海道区域就是另一个典型的高密度带状城市群。

73　Kodansha International. *Japan: Profile of a Nation*（New York: Kodansha USA Inc, 1999）.

74 了解东海道带状城市群发展，以及丹下健三的规划对近年来东京湾巨型工程的影响，参见：Zhongjie Lin. “From Megastructure to Megalopolis: Formation and Transformation of Mege-projects in Tokyo Bay,” *Journal of Urban Design* 12 (Feb. 2007) : 73-92.

75 有些填海项目不属于东京，而是由神奈川县或千叶县开发。了解东京湾重要项目的细节，参见：Cybriwsky: 211-24.

76 丹下健三・都市・建築設計研究所 . *Process Architecture no.73* (東京 : プロセスアーキテクチュア , 1987) : 72-79.

丹下健三，静冈新闻与放送东京支社大厦，1967 年

第五章
结构与象征

丹下健三的东京规划 1960 和围绕这个规划前前后后的争论，凸显了他在城市设计上的乌托邦理念。这种乌托邦思想来自他对现代技术的持续发展及其能够推动社会进步的坚定信念，其根本土壤则是日本战后社会文化的剧烈转变——受此启发，丹下采用系统的未来主义城市设计方式，勾勒了前所未见的超大尺度城市蓝图。

丹下的城市设计方法由两大概念组成：结构（structure）和象征（symbol）。这两个概念在丹下 20 世纪 50—60 年代的几篇论文中有详尽的阐述，它们源自他对现代技术的社会意义的理解，进而对他的设计方法产生重要影响。这两个概念在丹下的若干早期城市项目和理论探索中萌芽，随后在东京湾规划中发展成形，并在他 60 年代后期的建筑设计和城市设计实践中开花结果。因此，有必要探讨在他的理论中结构和象征分别代表了什么，以及这两个概念如何影响他的城市设计方法。本章将分析丹下在 60 年代中期的两个项目，即位于日本山梨县甲府市的山梨文化会馆，以及当时尚属于南斯拉夫的斯科普里市的重建规划。它们分别诠释了丹下如何在城市设计层面对结构和象征这两个理念进行表达。

技术与人文

丹下健三对现代技术与社会进步之间关系的认识，在他的东京湾规划上已经有所反映。他敏锐地观察到，汽车的普及和通信技术的快速发展正在推动一个新型技术社会的形成，他以这些变化来佐证自己提出的激进方案。丹下相信技术已经从根本上改变了城市生活，并将不可避免地影响城市形态，建筑师的设计方法也应当适应并体现这个关系的转变。丹下关于技术的观点与新陈代谢派及矶崎新等新锐建筑师的想法是共通的，然而对于技术发展的潜在社会影响，丹下的观念既不同于新陈代谢派的乐观乌托邦思想，也有别于矶崎新以废墟为隐喻的悲观视角。他并未因 20 世纪的巨大技术变革而欢欣鼓舞，而是首先考虑这样史无前例的技术进步所带来的潜在破坏性。在 1960 年东京世界设计大会的主旨发言中，丹下健三开门见山地阐述了这个观点：

> “正当我们跨越20世纪上半叶，迈进下一个五十年时，我感到我们正在经历文化形态、社会结构和人类环境的关键性变革。我们无法预知未来，但可以肯定的是：现今的重大变革起源于核能与电子工业的发展，但未来的变化方向不是能源技术的无节制扩张，而是对其发展的控制与规划。人类正第二次面临驾驭科技的机遇与挑战。”[1]

作为一位人类历史上大型核爆灾难事件的见证者，以及之后长期从事被摧毁城市重建工作的专业人士，丹下健三对由技术主宰社会体系未来命运的前景深表怀疑。在第二次世界大战结束后不久，他带领一支团队投入广岛市重建规划的制定工作中，深入考察了这座已经被夷为平地的城市。核爆之后的悲惨景象深深地触动了他。几年之后，在设计广岛和平纪念公园时，他在公园中心专门设置了一座纪念碑：一块在原子弹爆炸中被摧毁的市政厅的新古典主义穹顶的残骸。

丹下对于技术的潜在破坏性的担忧也让槙文彦深有共鸣。这位年轻建筑师在他的《集合形态研究》一书中写道：“我们经常误以为发挥

图 5.1
丹下健三，广岛和平纪念公园，1955 年，纪念碑

技术所带来的无尽潜力就是要将其‘物尽其用’。（而事实上）技术只有作为文明者手上的工具时才能真正发挥其潜能。无人道的技术滥用往往成为我们身上的诅咒。”[2]

日本战后的快速复苏向这些建筑师展示了现代技术建设性的一面。技术进步是刺激战后经济指数级增长的原因之一，使日本在短短十五年间从一个经济接近崩溃的国家迅速崛起成为世界经济强国之一。日本城市也在经济增长和技术革新的双重推动下以惊人的速度复苏，到20世纪60年代，包括广岛在内的大城市的规模和繁荣程度均已超过了以往任何时候[3]。在见证了东京和广岛被夷为平地再迅速复兴的活力后，丹下深刻意识到，科技是把双刃剑。

丹下看到科技进步正在重新塑造城市环境，并挑战着当时的主流设计方法。高速路作为现代技术产物侵入城市生活，创造了全新尺度的城市空间，它们与传统城市空间和个人空间产生了难以调和的冲突，导致城市景观混乱和城市环境品质下降。与此同时，大规模工业化建造使依赖于传统人工营造的居住和生活方式逐渐式微，削弱了其带来的社会认同感，现代交通也弱化了不同场所之间的差异性。当日常用品变成普遍化、标准化的商品时，人们也变得越来越相似。同样现象也发生在城市之间：当建筑物和城市空间趋于一致，城市便逐渐丧失了自己的特质。

在丹下看来，现代城市中存在的各种矛盾，体现在人文尺度（human scale）与巨构尺度（megastructural scale）之间、稳定性（stability）与流动性（mobility）之间、永久性（permanence）与瞬时性（transience）之间，以及独特性（identity）与普遍性（universality）之间，它们是技术与人文之间冲突的反映，因此只有努力跨越技术与人文之间的鸿沟，才能在现代城市的混沌之中创造秩序。但丹下也认为人类具有强大的能动性，他指出：“科学已经成为社会现实，毫无疑问的是，只有人类才能决定新的发现对人类是有利还是有害，应当被接纳还是被拒绝。”[4]丹下还特别强调建筑师和设计师在这个问题上的角色，因为他们是“唯一站在技术与人文的中间地带的人”[5]。精巧的设计和合理的城市规划可以在功能上和视觉上调和群体尺度与个人尺度之间的差异，但要做到这一点，建筑师和设计师们必须紧跟科技进步的步伐，因为“只有借助科学的进步，他们才能够掌握实现这个目标的创造力”[6]。对丹下来说，克服当代技术的潜在破坏性的唯一途径是成为它的主宰者。这显然有些矛盾的态度影响了他在整个 20 世纪 60 年代的城市设计实践，因为他为每一座城市构想新的秩序时都会尝试引入最先进的技术。

为了实现城市设计中技术和人文之间的平衡，丹下主张建筑师应当向前看。他关于历史形式和技术未来之间关系的立场是非常明晰的。在 1959 年奥特洛的 CIAM 会议上，他反对厄内斯托·罗杰斯将他的香川县厅舍项目与日本传统建筑形式联系在一起，声称他并不希望“像罗杰斯本人在维拉斯加塔这个建筑设计中那样保守”[7]。丹下声称：“我们这个时代的创造性是通过技术与人文的结合来表达的……传统当然可以参与到创造中并成为它的一部分，但是它自身不具有创造性。”[8] 由此，他把自己与地域主义者划清界限，并且提出了以“结构”和“象征”这两个概念为中心的新的城市设计策略。

结构与结构化

1960 年对丹下健三来说是现代主义两个时期的分水岭，第一个时期是 1920 到 1960 年，第二个时期从 1960 年开始。他发现，第二个时期的建筑和城市规划与第一个时期有着很大不同，主要原因在于“现代文明社会的大规模转型”和“现代通信系统的快速进步”[9]，特别是信息技术的发展催生了全新的城市化模式。在丹下看来，1960 年之前的城市规划和设计被静态的决定论方法（a static and deterministic approach）主导，这种方法主张空间与功能一一对应。随着城市的持续变化和高速增长，这种理性主义方法论不再适合当代城市，因此他提倡以结构化（structuring）的城市设计策略取代传统的功能分区和空间分割体系。

虽然丹下健三在若干文章和报告中都试图定义“结构化”这个概念，但其实际的内涵依然模棱两可，他也未能阐明结构化过程如何在设计中得到贯彻。历史学家们往往将他的结构化概念与巨构形态联系起来[10]，但是按照丹下健三自己的说法，结构化是“一个功能单元匹配的过程”（a process of coupling the functional units），作为一种城市设计策略，它强调“将空间组织视为交通与联系的网络，同时也是不断生长与变化的有机体”[11]。尽管这个描述还是有些含糊，但在基本概念上，丹下明确了结构是一种动态的城市系统，而非单一的实体形态或布局。这个系统将不同用途和性质的空间联系在一起，控制着城市生长和转变的进程。丹下继续论述道：在当代社会，人与物都处于不断流动的状态，因此设计者应当把关注点放在如何使这些流程和空间更具可读性（legible）上，即“在空间中将交换活动和流动性有形化”[12]。显而易见，结构化的重点在于将他所描述的系统中的各种关系和运动在视觉上传达出来。

在进一步解释结构化概念时，丹下引用诺伯特·维纳（Norbert Wiener）的控制论理论来阐明“城市空间组织作为能源与信息网络”的观点[13]。这个网络中的部件遵循一定的法则组合起来，彼此之间保持相对的独立性和灵活性。当运用在设计中时，控制论方法强调系统中“控制—反馈—调整—响应”这一循环过程，这一点有别于传统的功能主义方法。换句话说，功能主义的分区规划关注静态的组成部分，而控制论强调的是空间、功能与基础设施之间的动态关系，以及整体与部分之间的关系。结合他常以生物形态学类比作为城市设计概念的做法，可以看出丹下运用控制论对设计方法的变革体现了他的一贯信念：现代科技应与新型建筑和城市主义语言的发展结合起来。

还有一个涉及结构的社会科学的重要理论与丹下的设计方法更加相关，但未被他所提及，这个理论就是结构主义（structuralism）。语言学家费尔迪南·德·索绪尔（Ferdinand de Saussure）和人类学家克劳德·列维-施特劳斯（Claude Levi-Strauss）是这一学派的先驱，他们通过研究系统内部最小组成元素之间的功能与关系来理解大型系统[14]。他们关心系统内部的深层结构，而不是作为现象的表现形式或其历史演变。他们致力于分析文化现象背后的无意识模式，并且把系统中的元素看作相互关联、而非各自独立的实体。第二次世界大战后，结构主义得到广泛的关注，并且被应用到各个领域。十次小组的建筑师们率先将结构主义引入建筑与城市规划研究中[15]。这群以阿尔多·凡·艾克和史密森夫妇为首的年轻理论家致力于在建成环境中探寻各个元素之间的关系，为了定义这些元素的深层组织关系，他们对

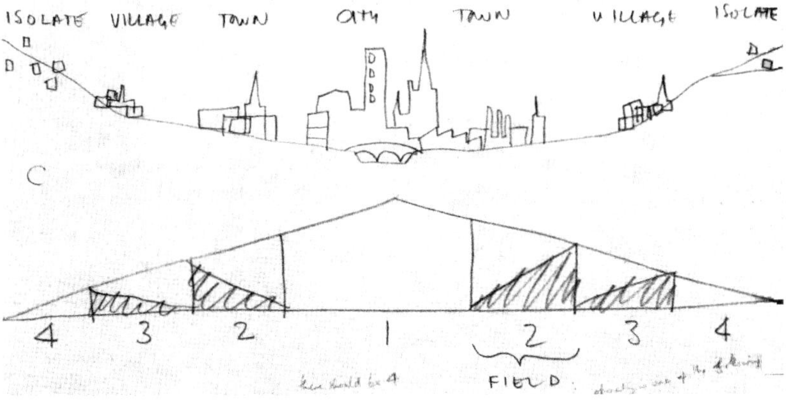

图 5.2
史密森夫妇，“人类文明的山谷剖面”，1956 年

可能影响设计过程的社会结构与心理过程进行了热烈探讨。在城市规划领域，他们倡导建立以社会关系为基础的、具有多个尺度的“人类组织”，以取代《雅典宪章》提倡的功能分区[16]。凡·艾克后来成为荷兰结构主义学派的领军人物，这个学派还包括皮埃特·布洛姆（Piet Blom）和赫曼·赫茨伯格（Herman Hertzberger）等其他荷兰建筑师。1967 年，史密森夫妇在英国出版他们关于城市理论的合集时，也将书名命名为《城市结构化》（*Urban Structuring*）[17]。

在 1959 年奥特洛的 CIAM 会议上，丹下健三认识了十次小组的成员，并了解了他们的设计理念。他关于结构的理念与史密森夫妇对城市结构化的论述不乏相似之处。他们都反对功能主义城市规划，都认识到了流动性和交通是重构现代城市的关键，都强调系统组织的可识别性。尽管持有相似的城市结构化观点，他们在“城市系统的本质为何”这个问题上仍存在分歧，这导致了他们设计方法的不同。

史密森夫妇的“人类组织”概念从特定环境和“复杂性等级”（scale of complexity）角度分析人类社会组织模式。他们将房屋、街道、片区和城市构成的等级体系作为都市研究的基础，摒弃《雅典宪章》的理性分析方法[18]。他们认为大城市无法简单由小城镇演变而成，小城镇也不能复制大城市的模式，“人类组织”的每个层级都依照其自身结构发展并主导着其组成部分。史密森夫妇把关注点聚焦于建成环境的社会学问题，特别关注密度、尺度和个性之间关系的研究。

与之相反，丹下健三对于结构的研究强调组织结构的视觉表现。

对他来说，结构的形式原则与主体的规模与特性无关，他试图寻找一个普遍性系统来连贯地指导各个尺度的城市建设过程，无论设计对象是一个城市还是一栋建筑。这种具有灵活性、宜大宜小的设计方法在他的甲府市山梨文化会馆设计中得到了充分体现。在这个项目中，丹下建构了一个三维体系，把结构主体和可用空间区分开来；结构主体不仅是组织综合体中各个功能分区的骨架，还为建筑未来的生长提供了可能。这一操作手段也被他运用于大尺度的城市规划项目。

象征与象征主义

除了城市的内部结构，丹下把他对城市形态和城市空间的探索扩展到形而上学层面，呼吁在设计的结构化过程中纳入象征主义视角。他主张城市空间应被视为一种交流场所，它们的象征意义应当在城市设计中扮演平衡技术和人文的重要角色。意大利城市的市场和广场等传统空间让丹下感受到象征手法的力量，它们往往充满了各式文化符号和隐喻，他担心当代设计已经丧失了这种特点。因此丹下主张："我们需要以象征主义手法设计建筑与城市空间，以确保人文主义、人类意义与人类价值在这些建筑和城市空间中占有一席之地"；建筑师应该考虑"这个时代的象征符号是什么，这种象征符号在何处体现，以及如何创造这种象征符号"[19]。

丹下第一次注意到象征主义问题是在 1951 年的 CIAM 第八次会议上。这次会议的主题是"城市核心"，体现了 CIAM 对其在两次世界大战之间提出的功能主义城市规划原则的主动修正。这个主题也将 CIAM 关于城市主义的讨论拓展到社会学和心理学领域，并回应了近期各国城市在战后重建过程中所产生的问题，以及郊区化进程加速导致原有城市生活方式瓦解的问题。为了回应柯布西耶对城市建设中的"道德价值"（moral value）的倡议，这次会议讨论了纪念性、集体价值观、象征性表达，以及现代建筑与历史文物的关系等诸多议题[20]。在会议上，丹下介绍了他的广岛和平纪念公园项目，这一设计以特殊的方式对城市核心的重建问题作出回应。通过避开功能主义教条，丹下以纪念性尺度融合经典的布局手法，意在激发传统城市中心特有的尊严与秩序。这个规划以纪念碑为中心，按照轴线分层级布局建筑和景观，传达出一种鼓舞城市重建的独特精神。

丹下健三在更大规模的东京规划 1960 中也应用了类似的象征性手法。壮观的线性主轴不仅是主导城市形态的交通骨架，也彰显速度和流动性、多维联系及持续增长等特征，构成了后工业时代城市的鲜明标志。接着，在 1965 年为斯科普里所做的重建规划中，象征主义更成为设计的主要特征。丹下基于“城门”（city gate）和“城墙”（city wall）这两个形象，构想了整个城市的新格局，希望通过这类传统城市元素的隐喻，为这个被大地震摧毁的城市建立新秩序。对他来说，为城市结构赋予象征意义，无论在深化设计概念还是在建立设计与社会的联系上都很有益。

丹下健三在他的文字中并没有对象征的定义作出明确的描述，但他的设计项目表明，他更倾向于利用象征创造图像指引，而非探究其哲学内涵。丹下希望这种象征性手法在弥合技术和人文之间的鸿沟方面发挥关键作用，他在一篇文章中写道：

> “现代技术能重塑人文价值吗？文明可以找到自己和人类的连接通道吗？现代建筑与城市空间能再次成为彰显文明的场所吗？按我的经验，对这些问题的回答似乎都是‘可以’。但是，只有当现代技术能在空间中成功创造具备时代精神的象征时，我们才能回答‘可以’。而我是相信这种可能性的。”[21]

反映到他的城市规划之上，丹下总试图将这种象征性特质附加到城市主体结构上，因为对他来说，一座城市的组织与其文化内涵是不可分割的。城市不仅需要明确的结构来引导其物质环境和增长过程，其结构也应反映城市的内在组织、社会特性，以及它所处的时代。

山梨文化会馆

1961 年，当丹下健三着手设计代代木国立综合体育馆时，他接到一份来自山梨新闻集团的委托，请他在甲府市设计一栋新的办公楼。丹下提交了一份设计，希望利用这次机会来检验他在东京规划 1960 中首次提出的“三维空间网络”（three-dimensional space network）的结构主义概念[22]。甲府市虽然是山梨县的首府，但它的城市规模比东京要小得多，这个靠近富士山的内陆城市在 1960 年大约只有 10 万人口。拟建项目占地 4000 平方米，将容纳三家服务整个区域的媒体公司，即山梨新闻、山梨出版公司，以及一家新印刷厂的办公及配套设施。考虑到项目的多甲方特点和多用途特性，丹下确定了“将一栋建筑作为一座小型城市”的设计方向。功能上，除了各类制作和演播室、一家印刷厂和三家公司的办公空间等主体空间，大楼一层还将设餐厅和商店，将建筑与城市联系起来。考虑到这些新兴公司的发展壮大，建筑师同样需要为建筑物未来的扩建留出余地。扩展的发生是毫无疑问的，但是向何处扩展、如何扩展却难以预测。

丹下健三的设计策略包含两个步骤。第一步，他将三家公司的办公空间需求根据功能予以分类，例如办公区、生产区、演播区，从而把整幢建筑物组织成若干功能单元，使公司之间可以共享公共设施，每家公司的空间在这套整体架构下再细分。然后他将这些功能组团堆叠起来，形成垂直分布的整体布局。这种垂直组织不仅回应了基地面积较小的规划限制，也适合不同功能组团各自的需求：一层印刷车间通过坡道与街道直接相连，方便装载与运输；演播室被安排在最上层的封闭区域，尽可能避免环境干扰；三家公司的办公室坐落在建筑的中部，由阳台环绕，为室内提供最佳自然光线。

第二步，将包括电梯间、楼梯间、管道间、设备间、卫生间在内的全部服务空间装载于 16 座直径同为 5 米的钢筋混凝土圆柱塔中。这些塔柱在平面上呈矩阵式排布，构成整个建筑的结构框架。丹下将演播室、办公室、操作间等功能单元嵌入这个立体框架中，便得到了一个三维格构，它由供人流、物品、能源和信息上下流动的竖向筒核和容纳各种实用功能空间的水平“集装箱”群组成。这些“集装箱”被设计成独立于主体结构的部件，就如同抽屉与柜子的关系，在使用功能、排列组合与替换上具有高度灵活性。

这种“服务空间”与“被服务空间”分离的设计方式可追溯到路

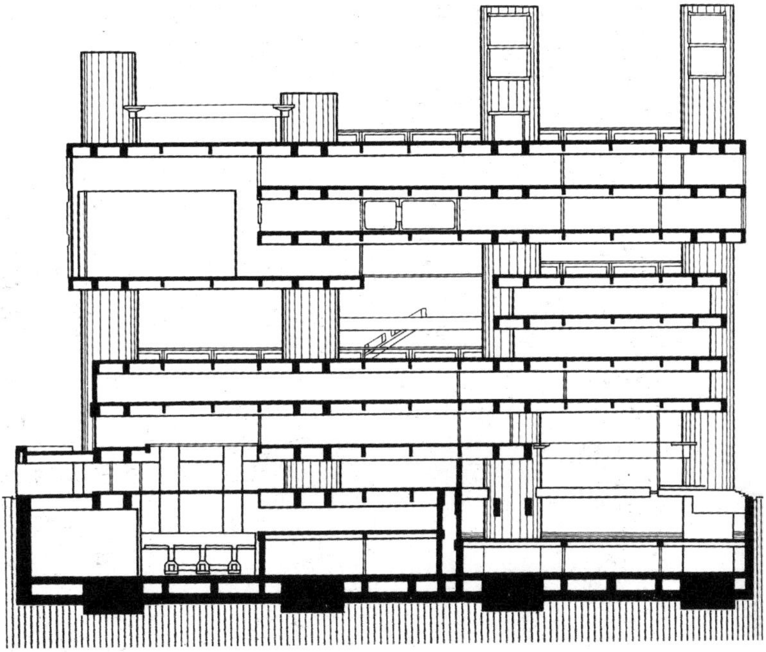

图 5.3
丹下健三，
山梨文化会馆，
1964 年，剖面图

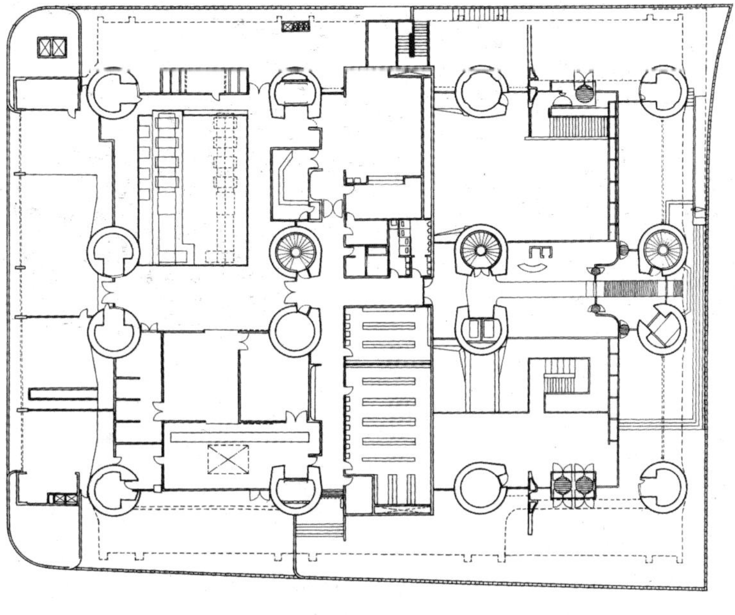

图 5.4
丹下健三，
山梨文化会馆，
1964 年，平面图

易·康所设计的理查兹医学研究实验楼[23]。在20世纪60年代，将扩大的服务空间塔楼与开放楼层平面相结合的设计是流行的建筑形式母题。有别于其他受到路易·康启发的设计，在山梨文化会馆中，丹下

图5.5
丹下健三，
山梨文化会馆，
1964年

图5.6
20世纪70年代的照片显示，建筑已经进行了填充与扩建

将建筑视为能随功能变更和规模扩展而变化的整体。在这里，“服务空间”与“被服务空间”不再仅仅依靠不同的功能角色而区分，也根据新陈代谢主义原则，依使用周期的不同被赋予了各自的特点。16 座竖塔不仅构成了建筑的结构框架，也是大楼不同区域之间的通道，它们是建筑的永久组成部分；水平方向的功能单元则具备可变性，可以用于任何特定功能。竖塔之间的最大跨度达到了 17 米，中间没有任何辅助支撑，使建筑在平面上能够实现灵活的空间布局。除此之外，钢筋混凝土建造的功能单元并没有填满整个三维格构，相反，许多“空白”被预留出来，形成了丰富的户外空间，作为不同楼层之间的步行休息区，并在视觉上把各功能单元分离，同时为建筑的进一步扩展提供了潜在的可填充空间。建筑的主体结构虽然不像可填充空间一样能够任意变更，但并非完全静态不变，它们也能够根据需要向上生长，进一步扩大整个空间系统。16 座圆柱形竖塔高度各不相同，正暗示了竖向生长的可能。

这种开放的空间理念从大楼外观上也一目了然：水平向集装箱式体块放置在巨大的梁上，梁与竖塔咬合处的悬挑连接件形似传统木构中的榫卯，只是材料换成了混凝土。在建筑的边缘，一些悬挑连接件被故意“闲置”地预留在塔楼上，暗示更多的箱体可以添加到这座大楼上，还可以按照既定的平面布局竖起更多的塔楼，实现整个系统的拓展。

丹下健三坚信这种有机扩展能够实现。他甚至畅想，如果整个甲府市都按照这样的方式进行规划，那么这种系统就能不断成长、赋予城市独特且灵活的布局。这个由筒核和桁架结合而成的生成性系统，由东京规划 1960 中的市政轴线上的“底层架空立柱与核心筒”系统演化而来，后者又来源于矶崎新的“联合筒核系统”空想项目。丹下坚信，这种结构形式能够衍生出引导整个城市有序生长的强大框架。在这一系列发展过程中，他不断地改进设计语言，明晰形态结构关系，终于在山梨文化会馆设计上将其落实。

早在山梨文化会馆项目之前，这一想法在丹下的东京筑地片区电通集团新总部的规划项目中已经得到淋漓尽致的展现，虽然最终未能实施。该设计以巨大的网格状空间构架为特点：无数的矩形筒核高耸入云，支起水平向的巨型箱体，水平箱体在空中纵横相连并向外伸展。

图 5.7
塔楼上的大梁铰接

这个三维综合体与位于其下方的多层高速公路一同组成了一个巨构，暗示着它将向城市四面八方延伸。丹下后来在回忆该项目的设计过程时写道：

> “在发布了东京规划 1960 后，我就希望能有一个设计办公大楼的机会，能让我运用东京规划所提出的市政轴线那样的三维网络结构。正好，日本最大的传媒公司总裁吉田秀雄先生委托我设计他们公司的总部办公大楼……这

图 5.8
丹下健三，
山梨文化会馆，
1964 年，街景

一地块位于东京市中心筑地片区的一号高速路旁，我感觉它的选址是考虑到未来发展的。我也相信电通公司本身会发展壮大，所以主要从‘表现信息服务企业的最佳建筑语言’和‘这个企业将给周边带来的影响’出发构思这个设计。我提出的方案通过没有内部支柱的水平空间，将多个巨大的竖向筒核连接起来。这个设计基于这样一个想法：筒核系统在水平方向上往前后左右扩展，带动水平向使用空间的延伸，能够让建筑顺应将来的各种发展可能……吉田先生看到了这个方案以后非常开心，甚至开始谈论以这种方式重建整个筑地片区的想法。”[24]

接下来的发展却让人始料未及。在动工前夕，吉田秀雄离世，接任的电通公司新总裁是一位实用主义者，他抛弃了丹下健三的方案，转而选择了另一个在丹下看来“乏善可陈”的方案[25]。这一变故让丹下十分失望，而更让他遗憾不已的是，在接下来的数年里，随着电通公司的扩张，它的办公楼也在周边区域蔓延，但终究未能形成自己所期望的和谐的建筑群。

尽管电通公司方案没有实现，丹下健三对“三维网络构架的技术可行性”有了更大信心，很快他就将这一概念应用在山梨文化会馆的设计中[26]。这两个项目从建筑规模到周边城市环境都存在巨大的差异，但是丹下对它们采用了类似的设计手法。关于山梨项目，丹下写道：“这栋建筑既是一个具有变化与生长潜力的空间类型，也是一个融合在三维流动网络中的空间。这样的方案既可用于单体建筑，也可用于城市规划。”[27]

这种可扩展性主要通过运用新陈代谢主义原则来实现，即将结构元素与非结构元素区分后再组合，以更好地适应城市未来发展和转型。在山梨文化会馆中，组成建筑主体结构的 16 个圆柱形筒核就像是城市的“竖向街道”，为各种功能提供必要的基础设施，而“联系这些筒核的水平向空间就像城市街道两旁的建筑物”[28]。一旦整个架构搭建好，各种类型的空间就能被放置在系统中最适合的位置并各司其职。“先建成竖向街道，再建造房子，但在各处预留空位，这些空位为将来扩展出更多房子预留了空间。”[29] 丹下将这种三维城市系统与传统的二维城市布局进行了比较：

“城市中一些地块留空；另一些是为现有建筑扩建而预留的。这样一个多维结构能满足人们对于空间的不同要求……尽管它看上去似乎尚未完工，但这个建筑确已具备了有机的整体性。”[30]

图 5.9
丹下健三，筑地再开发规划，1963 年，模型

图 5.10
丹下健三，筑地再开发规划，1963 年，模型

丹下曾经自豪地提到，山梨文化会馆的业主“看起来能很好地使用这个建筑”，而且建筑开始有机生长[31]。的确，在后来几年里，好几个新的水平体量被填充到这个三维构架中，一些办公空间也扩建了。丹下这样评价这些扩建：“还不到十年时间，已经有很多新增部分被填充到那些空位里去了，甚至连使用者都没意识到这一切是如何发生的。而且整个结构仍有可以进一步扩展的空间。”[32]

尽管有这些成功的增建，但最终，这个建筑的三维构架既没有像丹下期待的那样扩展到整个城市的肌理中，也没有带动周边地块以类似的巨构形式进行开发。这栋建筑就像一个外星人，耸立在甲府市仍如中世纪般遍布瓦屋顶低矮住宅的城市肌理中。建筑物本身的筒核不大可能继续扩展，水平向箱体也不太可能被替换，因为它们都是用传统钢筋混凝土技术现场浇筑建成的，结果就像雷纳·班纳姆后来在他的《巨构》一书中描述的那样，“这座建筑就是一个巨石雕像，成为‘建筑的适应性’这一概念的纪念物，但这个概念在现实的建筑实践中是不可能实现的”[33]。其他历史学家同样批评丹下健三过分强调实体结构的可适应性与可扩展性，指出这种理念可能会破坏建筑物本身的实用性，因为其功能设计不得不屈从于这种不切实际的概念。保罗·利安尼（Paolo Riani）在他为丹下编纂的作品集中如是评价：“给建造进程中的某个特定时刻赋予具象形态，对一位建筑师来说一定是美好的体验，但建筑本身应有的人文元素也许会因此被破坏。”[34]班纳姆与利安尼的评价，代表了历史学家们对丹下设计理念的技术可行性和社会适切性的普遍怀疑。

尽管存在很多可行性和技术冗余层面的问题，丹下健三仍坚信“三维空间网络”能在混乱的城市中缔造新秩序，无论是在大城市还是小城镇，在日本还是其他国家，它都可以成为城市设计的通用法则。他继续在不同地区和文化背景的项目中践行这一理念。1966年，山梨文化会馆建成后不久，丹下就为另一家传媒公司设计了一栋建筑——静冈新闻与放送东京支社大厦。这座大楼坐落在东京银座商业区一个繁忙的街道转角。丹下采用了与山梨文化会馆相同的结构元素，但由于地块面积的限制，该项目只能建造一个圆柱形筒核。其一层和二层只能容纳门厅和电梯厅，没有其他功能；从三楼开始，覆盖玻璃幕墙的办公空间通过悬臂从中央筒核悬挑出去。每隔三到四层就会有一个露台平台层将上下的办公层隔开，在突出悬臂结构的同时，也将结构主体和使用空间清晰地区分开来。这一“筒核与桥”（core and bridge）的结构组合也被用在了几个海外项目中，包括斯科普里重建规划（1965）、

图 5.11
丹下健三，
静冈新闻与放送
东京支社大厦，
1967 年

意大利博洛尼亚城市副中心规划（1975），以及新加坡南洋理工大学校园规划（1981）。

斯科普里重建规划

1965 年 1 月，丹下健三收到一份来自联合国的电报，询问他是否有兴趣参加一个重建南斯拉夫马其顿社会主义共和国首府斯科普里的国际设计竞赛。1963 年 7 月，这座城市发生了一场大地震，超过 2000 人死亡，约 65% 的建筑物被摧毁。在国际组织和其他国家的支援下，南斯拉夫政府展开了震后重建工作。联合国为征集该城市重建的总体规划设立了一个特别基金。1964 年，希腊的康斯坦丁诺斯·道西亚迪斯建筑事务所（Constantinos Doxiadis Associates）和波兰建筑师阿多尔夫·塞波洛斯基（Adolf Ciborowski）为斯科普里编制了一个区域重建规划，但在规划中空出了约 2 平方公里的市中心地块，建议通过举办国际竞赛来开展更详细的研究[35]。丹下认为这个项目意义重大，不仅因为它的国际影响力，还因为它将成为一个“城市重建的模范案例”（a model case of urban reconstruction），于是欣然接受邀请[36]。

受邀参加竞赛的共有八家设计事务所，其中有四家来自南斯拉夫，其余四家分别来自荷兰、意大利、日本和美国[37]。评委将一等奖颁给了丹下健三，二等奖颁给来自南斯拉夫的拉多万·米舍维克（Radovan Mischevik）和菲多·文兹勒（Fedor Wenzler），但建议这两家事务所合作完成最终方案。于是，一个由日本和南斯拉夫的建筑师与工程师共同组成的设计团队成立了，其中来自丹下事务所的建筑师团队由矶崎新率领[38]。

丹下健三的设计方案围绕两个隐喻性概念——“城门”和“城墙”，它们分别代表重建后的城中心两个具有鲜明特征的片区。从字面上就能看出，“城门”蕴含“通往城市的大门”的意味，是包含新火车站和高速公路入城门户的城区，类似于柯布西耶“当代城市”中的城市综合交通中心。“城门”连接已有交通系统，包括铁路、高速路、公共汽车道和人行道，并提供区域交通和市内交通之间的中转功能。火车总站位于建筑主体结构的地下层，高速出入口、停车平台、公交

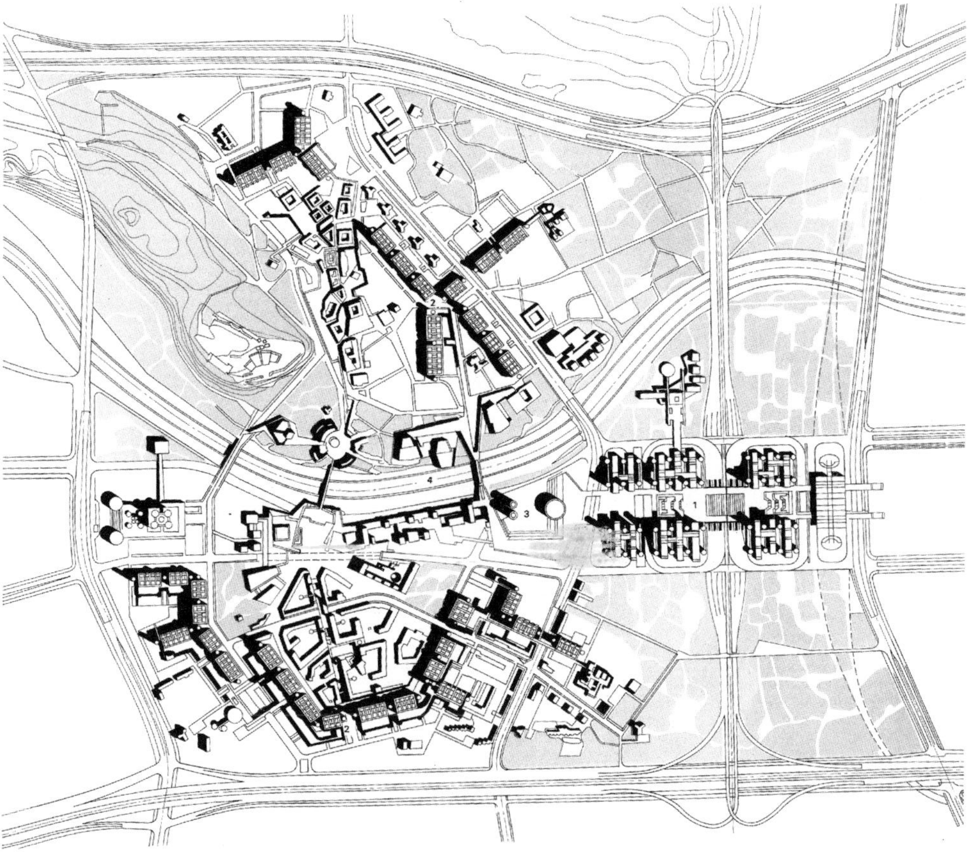

图 5.12
丹下健三，
斯科普里重建规划，1965 年，总平面图

站和行人区则分别位于地面上的不同楼层。

这个综合性交通中心与城市的中央商务区融合在一起，共同被称为“城门中心”（City Gate Center），并形成城市的主轴线。主轴线两边布置着若干个建筑群，包括几组办公楼、一座图书馆、多家银行、展览馆、电影院、酒店、商店和餐馆——所有这些建筑都通过高架车道与铁路和巴士总站相连接。位于这一长串建筑中间的是一座巨大的门式结构，迎接来自各个方向区域高速路的入城车流。整条轴线止于瓦尔达尔河（River Vardar）畔的共和国广场，这里是斯科普里最重要的市民空间，为斯科普里的主要国家和市政机构所环绕。一组高架步行系统将整个“城门”片区连接在一起，并延伸到河对岸的居民区。

定义新斯科普里的第二个元素是由板式高层公寓组成的“城墙”。

图 5.13
丹下健三，斯科普里重建规划，1965 年，“城门”

图 5.14
丹下健三，斯科普里重建规划，1965 年，“城墙”

这些平均高15至16层的住宅建筑包含5层高的裙楼，它们分布在市中心周边，与“城门”的主轴线形成一个钝角，之后朝着两边方向延伸。它就像中世纪城墙，象征性地保护着在地震中幸存下来的城市历史街区。丹下将住宅区通过“城墙”这个象征性形式统一起来，赋予居住建筑以纪念性尺度并将它们放置在城市中心，以期居住区与中央商务区的融合给城市注入新活力。

斯科普里规划体现了丹下健三城市设计手法的连续性。“城门”概念利用一条线性轴将所有与交通和商业相关的城市功能聚集到一起，这正是东京规划1960的重要特点。斯科普里的轴线发端于城市交通枢纽，连接中央商务区和市民广场，形成新城市的主干。与丹下之前的城市项目一样，斯科普里规划为城市基础设施赋予纪念性的形态和丰富细节，并在一个立体系统中整合各种交通方式。“城门”和“城墙”两组建筑群都沿用丹下在山梨文化会馆项目中发展出来的建筑原型，将承载交通与服务设施的圆柱形竖向筒核与承载居住或商业功能的水平向空间区分后再连接。然而，与丹下之前的设计不同的是，斯科普里规划更强调城市结构的象征性意义——早在设计东京湾项目时，丹下便开始探索这一理念，但直到斯科普里项目才将其发展成熟。整座城市的结构建立在“城门”和“城墙”这两个象征性形态的基础上，它们既是城市功能的指引，也是城市形态的隐喻，这些隐喻成为设计的出发点。丹下后来回忆道：

> “在斯科普里项目中，我们充分运用了这种手法。例如，在使用‘城门’这个名称时，我们提醒自己不仅应当在这个片区设计与门相似的形态，还需要在人们思想中植入‘这是通往斯科普里的大门’这样的认知。如果设计名不副实，市民就不会接受它。
>
> ‘城墙’概念也获得了认同，即使一度有观点认为‘墙’可能代表一种障碍，应予以摒弃，但斯科普里的市民不愿将其舍弃。他们理解城墙的含义，于是城墙成为城市象征的核心体现。后来我们被告知‘城墙’这一概念绝对不可舍弃。经验告诉我们，在对城市进行结构化操作的

过程中有必要引入多样的象征性符号。”[39]

通过运用城市传统元素的隐喻，丹下试图传递超越有形层面的文化内涵，让城市形态与市民和游客实现直接交流，从而恢复这座城市的活力和人文气息。

丹下健三采用象征主义致敬传统城市形态的手法，重现了路易·康的 1959—1962 年费城中心区规划中的一些要素，即康称之为“高架桥建筑”的概念[40]。康的这一构思来源于他对费城交通模式的深入研究，以及此前为费城设计的一些项目，在他的设想中，费城市中心将被多层环形高速公路（即高架桥）所环绕。高架桥的概念是他对古罗马城市建筑类型的现代诠释，正如康所写的：“这种界定交通的建筑与古罗马的高架引水建筑很相似，它们从规模到连续性都与其他功能性建筑大不相同。”[41] 在他为费城所做的规划中，高架桥承载了高速汽车交通，它们既划定了现代城市中心的界限，又使得边界两边，即城内外的联系畅通无阻。矗立在高架桥旁的几座巨大的停车塔成为城市的门户。康相信这些高架桥既能满足交通需求，又能防止市中心车流量过大，因而可以起到促进城市繁荣的作用。在斯科普里规划中，丹下以类似的策略来重建市中心，他将古典城市形态象征性地运用到了现代基础设施上，使这些巨型结构更具辨识度和文化意义。

丹下健三在 60 年代对历史和地域性的态度转变，从 1960 年的东京和 1965 年的斯科普里这两个规划项目的异同可见一斑。东京项目属于激进的前瞻性规划，丹下批评现有城市结构是“封闭的结构”（closed structure），属于“中世纪的城镇”（medieval town），对于东京这种体量的城市来说不仅形式老套而且功能失调[42]。在斯科普里项目中，丹下却把焦点放在所谓的“城门”和“城墙”上，希望通过这样的传统形式恢复城市的价值。经历了大地震后，斯科普里城市面貌的混乱程度比 1960 年的东京有过之而无不及，但是丹下没有选择重建整座城市，而是力图保护斯科普里的残存建筑，并运用“城墙”来框定历史街区，在处理城市的地理特征方面也进行了细致周到的考量。竞赛评委团称赞丹下的方案成功地将“凯尔山（Kale Hill）纳入市中心的布局中”，并“通过发展公共建筑、商店、桥梁、人行广场和铁路站台，将

图 5.15
路易·康，
高架桥建筑，
1962 年，草图

瓦尔达尔河东西两岸融合起来”[43]。与东京规划那种作为政治宣言的规划不同，斯科普里规划需要尽快付诸实施，这也许是丹下的设计更周密地结合当地历史和地域性的一个重要原因。但同样可以肯定的是，通过采用历史隐喻，丹下展现了他对这些城市基础设施的文化内涵的认识，并试图通过隐喻和象征元素来丰富他的城市设计语言。

在丹下健三的构想中，斯科普里应成为一个有完整规划的城市，城市重建应遵从明确的城市结构、按照预定的时序进行。他后来回忆，在设计斯科普里项目时，他不得不在两条路线之间选择一条来指导建筑设计：第一条路线倾向于“允许城市以一种动态的、循环往复的模式发展演变”，规划师的主要职责是“明确空间用途和开发边界，以保证公共空间和城市流动性”，其他部分则留给自由开发和城市增长。第二条路线是“在严谨的原则基础上设计一个明确的整体形态，所有建设都需遵从这一形态”，这种方法“更可能形成整体的城市形象”[44]。丹下选择了第二条路线，因为他认为斯科普里规划的目的并非推动一座有自身活力的城市进一步发展，而是为一座劫后余生的城市树立整体形象，使其焕发新生。

斯科普里的政治因素同样影响了丹下健三的决定，他后来提到：“南斯拉夫是一个实行土地公有制的社会主义国家，市政府拥有足够的权力来实施我们的总体规划。”[45] 他相信土地公有制有助于实现自己的宏伟规划，这个想法在一定程度上与勒·柯布西耶在两次世界大战期间对苏联社会主义制度的欣赏不谋而合，后者还曾把他的著作《光辉城市》献给苏联为代表的“当局”（Authority）[46]。在日本，分散的私人土地所有权意味着在现有政治框架内实行大规模城市再开发极为困难，丹下健三和新陈代谢派的城市规划也因此停留在理论层面。正如柯布西耶欣赏苏联一样，丹下也发现斯科普里是有望实现他在东京项目中提出的整体性规划构想的地方。

丹下健三的“城门”和“城墙”概念贯穿了从总体规划到详细规划的三个阶段，建设工程也按照他“打造整体形象”的策略推进。丹下注意到斯科普里的规划部门要求负责各个单体建筑的建筑师必须遵循总体规划和建筑导则进行设计，“即使是在毫无必要的细节上也要求他们这么做”[47]。尽管规划部门和丹下都付出了相当大的努力，实施的效果却未达到丹下的预期。他的宏伟蓝图在落地过程中不得不作出种种妥协，并由于技术和资金限制，在设计和建设过程中进行了无数次修改。此外，由于建筑物是由不同建筑师设计的，它们在风格上并不

图 5.16
规划后期“城墙”的修订设计

总能保持一致，也不全都符合总体规划。历史学家伊恩·戴维斯（Ian Davis）在考察中发现，尽管“城墙”得以建成，但构成这堵“墙”的建筑物并没有形成连贯的建筑立面。一些孤立塔楼也打破了“墙”的连续性，留下太多的空隙[48]。宏伟的“城门”也难以实现，城市轴线几乎没有成形。交通枢纽站是唯一接近总体规划要求的大型结构，而它也是丹下在斯科普里设计的唯一一座建筑。这座庞大结构包括坐落在高出地面 15 米的平台上的火车站，以及平台下面的公共汽车总站。交通中心成为斯科普里的新地标，但对于一座只有 43 万居民的小城市来说，它显得过于庞大，因此时常受到批评[49]。

尽管如此，丹下健三的规划在指导斯科普里重建中起到了重要作用，该项目高效的重建和成功的国际合作都值得称道。很快这座城市便恢复了活力并迎来了经济快速增长。根据规划团队制定的建筑导则，新建筑在设计风格方面倾向于“进步”（progressive），这是丹下定下的基调，以回应当地政府“为一个革命的新社会打造新建筑”（a new architecture for a new revolutionary society）的诉求[50]。

丹下的技术乌托邦

山梨文化会馆和斯科普里重建规划体现了丹下健三在 20 世纪 60 年代提出的两个城市设计关键概念——“结构”和“象征”。山梨文化会馆是他主张的“三维可生长系统”（three-dimensional generative planning system）的典型，这个系统是由结构筒核和水平填充单元组成的矩阵式空间架构。尽管这个项目只是一座单体建筑，但是丹下期望这个可生长系统强大、可复制的模式能激发整个城镇的繁荣。在新技术支持下，这种矩阵空间架构具备应对现代功能变化的空间灵活性，并可以自由无阻地扩展。在斯科普里项目中，虽然主体结构和可使用空间的区分仍然是这个巨构规划的主题，但丹下将重点转移到了“城门”和“城墙”的隐喻上。这些象征性元素被应用在庞大的城市结构上，传达了可达性、宜居性和文脉的连贯性等愿景。丹下在这样一个灾后重建的规划项目中强调这些理念，反映了他对人文主义精神的独到见解，他希望对这些精神遗产的坚守能够保护人们免受自然灾害和科技负面影响带来的身心伤害。

虽然象征主义几乎总是与历史参照物联系在一起，但丹下健三反对直接从传统建筑语言中寻找用于象征现代社会的建筑形态。相反，他强调，现代技术才是“时代精神”的载体，这激发他以具有强烈视觉冲击力的巨构形式来设计。而在一些评论家看来，这种通过建筑表现力来传达象征主义的方式是不可取的。几年后出版的罗伯特·文丘里、丹妮斯·斯科特·布朗和史蒂文·伊泽诺尔（Steven Izenour）的《向拉斯维加斯学习》（*Learning from Las Vegas*）一书明确界定了建筑中的两种象征主义：一种被称为“鸭子”（duck），另一种被称为“装饰棚”（decorated shed）[51]。前者是指在现代设计中，通过创造一种独特的形式，使建筑本身成为一种象征；后者则指那些看似平淡无奇的实用型建筑，在立面上直接明了地附着约定俗成的象征图示。丹下健三的城市设计方法强调宏伟的建筑形式与象征性的融合，这正是文丘里和他的合著者所反对的第一类象征主义。

从“结构”和“象征”这对略显矛盾的概念可以看出，丹下健三试图在技术和人文两者之间寻求平衡，为后工业化城市的设计制定一个范式。与那些简单复制前工业社会的空间形式的传统主义者不同，他认为新的城市秩序只能通过新技术与创造性设计来实现。因此他宣称：“秩序不是继承来的，而是必须由我们自己创造。”[52] 与此同时，丹下也不完全认同年轻的新陈代谢派所坚信的“科技是社会进步的动力”这一理念，他主张技术本身并非目的，必须对技术加以控制和引导，使之服务于公共利益。这些矛盾观点塑造了他的技术统治论思维，即规划可以也应当在协调当代社会科技与人文的关系中发挥关键作用。

丹下声称：“建筑师和城市设计师有责任在物质世界与形而上学之间建立通道，在科技与人文之间架设桥梁，并为人类环境重新注入人文内涵。”[53] 他认为建筑师是推动技术进步和保护人文精神之间的天然搭桥者，并在这种信念的驱使下毅然承担起这样的角色。丹下总是力求在设计中兼顾两种看似对立的社会价值：权力与自由、组织与个性，或者规划性与自发性。他坚信调和这些矛盾是必要的，因此他的城市项目往往既呈现笛卡尔式的秩序性形态，又具备包容偶然性事件的能力。

在大规模城市干预成为常态的 20 世纪 50—60 年代，丹下健三并不是唯一秉持技术统治论观点的建筑师。建筑评论家特里·法雷尔（Terence Farrel）写道："丹下健三融合建筑师个人角色与社会需求的方式是他本人也是我们当代社会的典型特征。"[54]从这个角度而言，柯布西耶对技术统治论和权威主义的信仰影响了丹下健三的作品。这两位建筑师都认为要承担起重建现代社会的责任，就必须采用全面规划的方法，而一个人如果没有对未来社会清晰的愿景，他就不可能达成这个使命。

八束初认为，柯布西耶和丹下健三的技术统治论受到20世纪经济学上结构主义理论的影响。他引用诺贝尔经济学奖获得者弗里德里希·哈耶克（Friedrich Hayek）的定义，即结构主义信奉掌权者有掌控一个国家整体经济运行的能力，这是技术统治论理念的典型体现[55]。这种理念在建筑上的反映可以追溯到俄罗斯构成主义建筑师的乌托邦城市概念，以及柯布西耶为工联主义社会（Syndicalist Society）设计的"光辉城市"中[56]。同样的技术乌托邦理念也影响了丹下健三在整个20世纪60年代的城市设计方法。他相信合理的规划能够控制城市的无序扩张，赋予城市景观应有的秩序，并保护人们免受地震等自然灾害和原子弹爆炸这样的人为灾难的伤害。他的城市规划着眼于超大的尺度，一旦实现，其影响将不亚于对现代社会的重新定义。丹下的城市设计尝试直接回应建筑界贯穿整个60年代的争论议题，即高科技与象征性表达。他通过山梨文化会馆和斯科普里规划这样的项目探索新的建筑形式和乌托邦概念，为这些重要讨论打开一个新维度。

注释

1 Kenzo Tange. " Technology and Humanity," *Japan Architect* (Oct. 1960) : 11-12.

2 Fumihiko Maki. *Investigation in Collective Form* (St. Louis: Washington University, 1964) : 9.

3 1955年，广岛人口已恢复到第二次世界大战前的水平。矶崎新在1966年写道："以广岛为例，这城市几乎被夷为平地，但在原子弹爆炸过后不久，城市便重现雏形了。如今日，它的规模比以往任何时候都更大。"参见：Arata Isozaki. " Invisible City." *Architecture Culture, 1943–1968: A Documentary Anthology*, Joan Ockman ed. (New York: Rizzoli, 1993) : 403.

4 Tange. " Technology and Humanity."

5 同上。

6 同上。

7 Oscar Newman. *New Frontiers in Architecture: CIAM' 59 in Otterlo* (New York: Universal Books,

1961）: 172.

8 同上。

9 Kenzo Tange. “Function, Structure and Symbol,” *Kenzō Tange 1946–1969: Architecture and Urban Design*, Udo Kultermann ed.（New York: Praeger Publishers, 1970）: 240.

10 Reyner Banham. *Megastructure: Urban Future of the Recent Past*（New York: Harper and Row, 1976）.

11 Tange. “Function, Structure and Symbol”: 241.

12 同上，242 页。

13 同上，241 页。维纳在第二次世界大战期间对基于反馈的武器进行了研究，并撰写了关于控制论的开创性著作，该书于 1948 年首次出版。参见：Norbert Wiener. *Cybernetics or Control and Communication in the Animal and the Machine*（New York: Wiley, 1948）.

14 Ferdinand de Saussure. *Course in General Linguistics*, Wade Baskin trans.（New York: Philosophical Library, 1959）; Claude Lévi-Strauss, *Structural Anthropology*, Claire Jacobson and Brooke Grundfest Schoepf trans.（New York: Basic Books, 1963）.

15 在美国，建构主义影响了克里斯托弗·亚历山大关于建筑和城市设计的“模式语言”（pattern language）的研究。参见：Christopher Alexander, Sara Ishikawa, and Murray Silverstein. *A Pattern Language: Towns, Buildings, Construction*（New York: Oxford University Press, 1977）; Christopher Alexander. *The Timeless Way of Building*（New York: Oxford University Press, 1979）. 有关建筑学中建构主义的历史学研究，参见：Alan Colquhoun. “Post-modernism and Structuralism: A Retrospective Glance,” *Modernity and the Classical Tradition, Architectural Essays 1980–1987*（Cambridge: MIT Press, 1989）: 243-255.

16 关于十次小组的城市理论，参见：Alison Smithson ed. *Team 10 Premier*（Cambridge: MIT Press, 1968）.

17 Alison and Peter Smithson. *Urban Structuring: Studies of Alison and Peter Smithson*（New York: Reinhold Publishing Corporation, 1967）.

18 史密斯夫妇如此批评现代主义城市：“《雅典宪章》所倡导的规划技术是一种功能的分析。虽然这使人们可以清楚地思考城市的机能紊乱问题，但它在实践中不够实用，因为它是一个过于依赖图解 / 图示的概念。”史密斯夫妇关于“人类组织”的层次及其与环境关系的观点受到了帕特里克·盖迪斯的影响。他们借鉴了盖迪斯的山谷剖面图解来说明不同密度和不同环境下人类的集聚形态，出处：同上，18-20 页。

19 Tange. “Function, Structure and Symbol”: 243.

20 勒·柯布西耶写道：

> “城市中最古老的部分所蕴含的精神是经年累月积累起来的；普通建筑物在这个过程中获得永恒意义，因为它们象征着集体意识；它们是传统的载体，这种传统虽然并不限制城市未来的发展，却难免像气候、国家、种族或习俗那样影响、塑造着每一个人。这样的城市，尤其是历史悠久的城镇中心，本身就是一个国家，它与某种特定的道德价值观密不可分。”

参见：Le Corbusier. *The Athens Charter*, Anthony Eardley trans.（New York: Grossman Publisher, 1973）: 28. 有关第八次 CIAM 大会和会上对丹下设计的广岛和平纪念公园的讨论，参见：David B. Stewart. *The Making of a Modern Japanese Architecture: 1868 to the Present*（Tokyo: Kodansha International, 1987）: 173-175.

21 Tange. “Technology and Humanity”: 11-12.

22 Kenzo Tange. “From Architecture to Urban Design,” *Japan Architect*（May 1967）: 25; Kenzo Tange. “Recollections: Architect Kenzō Tange, no. 7,” *Japan Architect*（October 1985）: 6.

23 在 1959 年奥特洛的 CIAM 会议上，康这样描述这个设计：

> “每个空间必须有其用途的定义，并由此产生外部空间、内部空间、空间感和到达感。服务空间和被服务空间是两样不同的东西，一个平面很可能就由此产生。”

参见：Louis I. Kahn. “New Frontiers in Architecture: CIAM in Otterlo 1959: Talk at the Conclusion of the Otterlo Congress,” *Louis I. Kahn: Writings, Lectures, Interviews*, Alessandra Latour ed.（New York: Rizzoli, 1991）: 89.

24 Tange. “Recollections: Architect Kenzō Tange, no. 7” : 6.

25 同上。

26 同上。

27 Tange. “Function, Structure, and Symbol” : 243.

28 Tange. “Recollections: Architect Kenzō Tange, no. 7” : 6.

29 Tange. “From Architecture to Urban Design” : 26.

30 Tange. “Function, Structure, and Symbol” : 243.

31 Tange. “Recollections: Architect Kenzō Tange, no. 7” : 7.

32 同上。

33 Banham: 55.

34 Paolo Riani. *Kenzō Tange*（London: Hamlyn, 1969）: 46.

35 联合国社会事务部负责人厄内斯特·魏斯曼（Ernest Weissman）是斯科普里重建规划工作委员会的负责人。魏斯曼是勒·柯布西耶的学生，曾经几次访问日本，考察日本城市的重建情况。参见：Kenzo Tange. “Recollections: Architect Kenzō Tange, no. 6,” *Japan Architect*（Sep. 1985）: 15. 塞波洛斯基曾负责华沙在第二次世界大战后的重建工作。参见：Ian Davis. “Skopje Rebuilt: Reconstruction following the 1963 Earthquake,” *Architectural Design* vol. 45, no. 11（1975）: 660.

36 Tange. “From Architecture to Urban Design” : 26.

37 参加竞赛的建筑师包括日本的丹下健三事务所、荷兰的布罗克与巴克马（Van den Broek en Bakema）建筑事务所、意大利的路易吉·皮契纳托（Luigi Piccinato）、美国的莫里斯·罗蒂瓦尔（Maurice Rotival），以及南斯拉夫的亚历山大·多德维克（Aleksandar Dordevik）、爱德华·拉夫尼卡（Eduard Ravnikar）、拉多万·米舍维克和菲多·文兹勒（Radovan Mischevik and Fedor Wenzler），以及斯拉夫科·布雷佐尔斯基（Slavko Brezorski）。参见：Davis: 660-663.

38 丹下健三事务所中参与此竞赛的建筑师还有渡边贞夫和谷口吉生。

39 Tange. “From Architecture to Urban Design” : 27.

40 “高架桥建筑”（Viaduct Architecture）一词源自康 1960 年发表的演讲“形态与设计”。他在演讲最后提出了他对现代城市的看法：

> “汽车完全颠覆了城市形态。我认为现在是区分‘为汽车所用的高架桥建筑’和‘容纳人类活动的建筑’的时候了……高架桥建筑也包括那些位于城市中心、渴望成为一座建筑的街道……根据高架桥建筑和人类活动建筑这两者之间的区别，我们能够更具逻辑性地规划城市增长，对各种功能进行合理定位。”

参见：Louis I. Kahn. “Form and Design,” *Louis I. Kahn: Writings, Lectures, Interviews*, Alessandra Latour ed.（New York: Rizzoli, 1991）: 115-116.

41 同上。

42 丹下健三研究室 . 東京計画 *1960*：その構造改革の提案（東京 : 新建築社 , 1961）: 12.

43 International Union of Architects. “International Competitions, 1965,” *UIA: revue de l’Union international des architects* vol. 37（February 1966）: 9-30.

44 Kenzo Tange. "Past Lineage and Future Vector of Urban Design at the Tange Studio," *Japan Architect*(Sep. 1971): 45.

45 同上。

46 勒・柯布西耶在《光辉城市》一书的献词页上写道："致当局"（To Authority）。参见：Le Corbusier. *The Radiant City: Elements of a Doctrine of Urbanism to be Used as the Basis of Our Machine-Age Civilization*(New York: Orion Press, 1967).

47 Tange. "Past Lineage and Future Vector of Urban Design at the Tange Studio": 45.

48 Davis. "Skopje Rebuilt: Reconstruction following the 1963 Earthquak." 戴维斯的文章对斯科普里截至 1975 年的震后重建工作进行了历史记录。

49 同上。1965 年斯科普里重建规划的预计人口是 31 万。到 1975 年人口普查时，总居住人口达到 43 万人。

50 同上。

51 Robert Venturi, Denise Scott Brown, and Steven Izenour. *Learning from Las Vegas*(Cambridge: MIT Press, 1972).

52 Kenzo Tange. "Aestheticism and Vitalism," *Japan Architect*(Oct. 1960): 8-10.

53 Tange. "Function, Structure and Symbol": 245.

54 保罗・利安尼引自：*RIBA Journal*(February, 1969). 参见：Riani: 40.

55 Hajime Yatsuka. "The 1960 Tokyo Bay Project of Kenzo Tange," *Cities in Transition*, Arie Graafland and Deborah Hauptmann eds.(Rotterdam: 010 Publishers, 2001): 179-180.

56 了解勒・柯布西耶在"光辉城市"中表达的工联主义思想，参见：Robert Fishman. *Urban Utopias in the Twentieth Century: Ebenezer Howard, Frank Lloyd Wright, Le Corbusier*(Cambridge: MIT Press, 1982).

菊竹清训，世博塔，1970 年

第六章
世博 1970

丹下健三的东京湾规划虽然极其宏伟，但它从未被付诸实施，这个精彩的理想城市只存留在精心绘制的线描图和一组广为流传的模型照片上。在斯科普里，尽管丹下的规划在城市重建的最初阶段发挥了重要作用，为这座在 1963 年大地震中遭受灭顶之灾的城市描绘了浴火重生的清晰蓝图，但他还是被迫于 1967 年退出这个项目——显然，这样大规模的国际城市重建很难摆脱地缘政治的影响，作为建筑师他慢慢地失去了对该项目的控制。丹下只能在诸如山梨文化会馆、静冈新闻与放送东京支社大厦这样的单体建筑项目上实现自己巨构城市的梦想。直到 20 世纪 60 年代末期，一个极为难得的机会眷顾了丹下健三，让他能在更大的尺度上实现自己的城市理念：他被任命为 1970 年大阪世界博览会的总规划师，负责主导该次博览会的总体规划并协调所有建设项目。这一委任再次确立了他作为日本“国家建筑师”的地位，也是对他之前设计的广岛和平纪念公园和代代木国立综合体育馆等备受瞩目的国家重大项目的充分认可。

世博会让丹下健三有机会实施他过往项目中提出的开创性想法，探索未来的城市形态。事实上，1970 年世博会不仅对丹下而言是一次前所未有的良机，对所有新陈代谢派建筑师来说亦然。在丹下的领导下，他们建成了一系列新颖而壮观的展馆，以展示他们在建筑和城市设计上的前卫理念。可以说 1970 年世博会将新陈代谢运动推向了高潮，新陈代谢派两个标志性的建筑形式——“巨构”和“胶囊”——在这次盛会中大放异彩，并为这些建筑师们带来更高的国际知名度。

从另一个角度讲，新陈代谢派是日本 20 世纪 60 年代的技术乌托邦思潮的代表，然而，在这次盛大的世博会上，乌托邦主义所面临的危机也暴露无遗。原本新陈代谢派用于证明其城市构想合理性的社会理念纷纷遭到摒弃，取而代之的是商业主义大行其道，技术这个最初被认为可以推动社会变革的手段最终沦为商业化和大众娱乐的工具。大阪世博会之后，新陈代谢派成员开始逐渐减少或直接放弃在城市设计中追求城市乌托邦理念。从这个意义上来说，此次世博会实际上成为新陈代谢派乌托邦城市主义的绝唱，同时，它也预演了 20 世纪 70 年代全球大气候的转向，逐渐走向“经济大萧条、文化危机及象征主义领域的衰落”[1]。

经济奇迹和乌托邦的转变

1970 年大阪世博会创下了规模最大、参观人数最多的世界纪录，这一纪录保持了将近 40 年，直到 2010 年才被上海世博会打破。它也是继 1964 年东京奥运会之后，日本又一次承办的具有重大国际影响力的盛事。第二次世界大战后的经济急速增长使得日本有实力举办这样的盛会，而奥运会和世博会所带来的国际曝光度也让日本能够向世界展示其技术和社会发展的卓越成就，反过来推动日本出口导向型经济的发展。在这样的背景下，建筑和城市建设的创新理念层出不穷。

在首相池田勇人领导下，日本政府于 1961 年开始实施一个雄心勃勃的“国民收入倍增计划”。在政府强烈支持实业发展的经济政策刺激下，日本进入了一个后来被称为“经济奇迹”的创纪录高速增长期，国民生产总值（Gross National Products, GNP）连续十几年保持着两位数的年增长率。除了刺激个人消费和为经济增长行业提供低利率贷款外，池田内阁还大幅增加了对基础设施（如高速公路、高速铁路、地铁、机场、港口和大坝等）的投资。整个国家都被动员起来支持出口经济的发展，当时的通商产业省负责协调各个行业以促进它们的发展和相互协作[2]。在此期间，日本经济孕育出了一个独特的联盟形式——企业集团（keiretsu），企业集团是由制造商、供应商、经销商和银行组成的联盟，它们之间有共同的利益，通常彼此持有股份以协作发展[3]。企业集团能够高效地分配资源，简化融资、采购、生产和分销流程，使其成员公司在国际市场上更具竞争力。这些集团和政府部门保持密切关系，政府的支持使这些集团能更好地应对日益激烈的世界贸易市场竞争。通商产业省在促成私营企业与国家和地方政府的合作方面发挥了关键作用，它统一协调各个工业实体和企业集团，既保障私营企业的经济利益，也引导它们实现国家发展计划。

在增长优先的政策刺激下，日本经济稳步增长，从 1960 到 1970 年，GNP 增长了 420%。在 60 年代早期，日本经济总量只及联邦德国和英国等欧洲发达国家的一半，仅为美国的 7.7%。而到 1970 年，日本的 GNP 已经超过了所有欧洲国家，达到美国经济总量的 20% 以上。[4] 快速经济增长也带来艺术和文化的繁荣景象，并造就日本战后建筑业发展的第一个黄金时代。正如历史学家博坦德·博格纳（Botond Bognar）所说，20世纪60年代见证了日本建筑史上一段“最引人关注、最有活力、也是发展最为迅速的时期”[5]，他补充道：

> “在大约十年时间里，日本势如破竹地摆脱了战争造成的破坏，一跃成为世界第三工业强国……凭借几乎无限的工业和金融投资，许多新技术得到试验，大量的大规模工程和综合体得以建成，其中很多项目表达出巨构的设计理念；如果没有这样强大的工业和金融支持，这些项目是不可能实现的。这一时期的日本社会处处体现着对新事物的热情尝试和接纳，这种精神——和对传统的尊重一样——深植于日本民族特质中。”[6]

这种积极向上的精神体现在日本黄金时代社会生活中的诸多方面，建筑就是其中之一。这一时期的建筑师们普遍对社会的未来持乐观态度，并对技术和建筑如何促进社会进步持积极看法。

在这样经济持续增长、社会弥漫着乐观情绪的大环境下，新陈代谢派找到了实现他们的先锋设计理念的广阔舞台，然而他们的乌托邦思想也在这样的经济社会环境中发生了微妙却决定性的变化。早期的新陈代谢派项目往往呈现为一种大而全的理想主义规划，带着宏大的社会目标。基于人造土地和巨构等概念，这些项目旨在大刀阔斧地重建高密度都市区域，并且试图推翻日本城市法规中过于僵化的土地划分和产权制度。建筑师们在这些项目中提出对新型社会空间环境的畅想，并期待在此基础上形成一个新的繁荣的公有制社会。然而，到了60年代末，为了将这些设计付诸实际，建筑师们不得不将他们最初的社会愿景——建设一个公有平等的理想社会——从那些聚焦城市形态和建筑体系的革命性理念中逐步剥离。在这个过程中，新陈代谢派发现他们新奇的设计理念正契合了社会对技术和工业化不断高涨的热情，社会对新技术的推崇也能反过来助力新陈代谢派项目的实现。正如建筑理论家威赫姆·克劳泽（Wihelm Klauser）指出的：“确切而言，是技术——以及与之直接相关的工业——为这些项目赋予了令人信服的现实主义特性，技术越来越明确地成为新陈代谢建筑背后的原动力。”[7] 技术不但是手段，也是目的，这一理念与时代精神吻合。通过在他们的项目中应用和展示最新技术，新陈代谢派建筑师们不但获得了业主青睐，也收获了公众关注和名望。在设计中展示当下的最新技术是新陈代谢派建筑的一个显著特征，通常体现为他们对巨构形态的痴迷。菊竹清训设计的都城市民会馆（Miyakonojo Civic Center，1966 年建成，2019 年拆除）就是一个很好的例子：这座能容纳 1400 个座位的演艺中心坐落于一个中等规模的宁静城镇中，是一个由放射状钢结构支撑的巨大扇形建筑。它富于动感的几何结构、庞大的钢构架和新颖的表皮材料无不彰显着现代技术与工业化产物的特点[8]。除了巨构建筑之外，新陈代谢派也在他们的项目中大量试验各种预制建造工艺。他们的设计体现了工业美学，并通过使用可互换组件追求结构灵活性。

黑川纪章的作品就是这种美学的典型代表。他尤其迷恋于“胶囊建筑”（capsule architecture），认为这种建筑形式完美契合了新陈代谢主义的精髓。黑川于 1962 年离开丹下健三的设计事务所开始独立执业。起初他主要接受一些小型建筑的设计委托，并尝试将胶囊建筑的概念应用到这些项目当中。小田急汽车餐馆（Odakyu Drive-in）就是其中一个典型例子，这个小型餐馆位于神奈川县著名的旅游胜地箱根（Hakone）的一条马路边，建筑呈矩形，屋顶有一个露天用餐区。黑川将这个方盒状餐馆放置在由钢管搭建的大型空间框架中。钢制框架上的铰接节点在设计中被夸张放大，暗示着这个框架不但可以安装和拆卸，还可以进一步向外扩展。尽管内外尺度上的不匹配使这个设计看起来不太稳定，它仍可被视为黑川对胶囊建筑的初步尝试——在后来的大阪世博会上，黑川便设计出更加名符其实的胶囊建筑。

黑川纪章的另一个早期设计项目是日东食品公司的罐头厂（The Cannery of Nito Food Company），这一设计同样受到他的模块化建筑和残缺美学理念的影响。这栋建筑的主体结构由预制钢管组成，空间体量由八个完全相同的方形生产单元组成。一组大跨度钢制梁柱构成建筑物的柱网，撑起这些模块化单元。每根柱子由四根竖管组成，与板式钢梁灵活铰接。钢板从建筑外侧的柱头上延伸出来，暗示着该建筑可以通过添加模块的方式实现扩展。

图 6.1
菊竹清训，
都城市民会馆，
1966 年

图 6.2
黑川纪章，日东食品公司罐头厂，
1964 年

山形县夏威夷梦幻乐园（Yamagata Hawaii Dreamland Resort Center）是一座位于内陆城市的度假中心，黑川纪章在该项目中通过模块化形式来实现建筑和城市设计之间的连贯性。这一乐园的设计是从黑川 1965 年绘制的一张名为“变形”（Metamorphosis）的草图演变而来的，草图描绘了一个由一系列环状单元首尾相连组成的线性有机城市，每一环都是一个自给自足的城市单元。城市规模扩张只需要添加更多的环就能实现，就像细胞复制一样。因此城市将以自然的线性形态生长，这一点既不同于大多数现有城市的放射状蔓延，也有别于先前如丹下健三东京湾规划那样的僵硬线形构图。“变形”展示了黑川纪章对“生命的建筑”（architecture of life）的追求[9]，这种模块化环状形态首次应用于爱知县的菱野新城（Hishino New Town）总体规划中，这一项目包含三个环状居住区，公共设施和商业设施被布置在它们的衔接处。到了设计山形县夏威夷梦幻乐园时，黑川纪章只用了一个不规则圆环，但他期待在未来有更多需要时，乐园可以通过添加新的环实现扩展。每个环都是一个两层建筑，室内设酒馆和餐厅，环的中心是一个大型户外游泳池。建筑和泳池之间设置了几座圆柱形混凝土塔，它们高度不一，容纳着综合体的竖向交通和服务设施。雷纳·班纳姆在他 1976 年出版的《巨构》一书中将这座环状建筑及其筒核与菊竹清训“海洋都市”项目中的塔状社区相比，并嘲笑黑川的设计说：“新陈代谢派理想中的‘海洋城市’，总算在这座规模大大缩水且有点滑稽的休闲设施——一个游泳池——中实现了。”[10]

随着丹下健三和新陈代谢派将关注点逐渐转移到打造新颖的建筑形式以展示新技术，这些技术也与他们之前所追求的社会理念渐

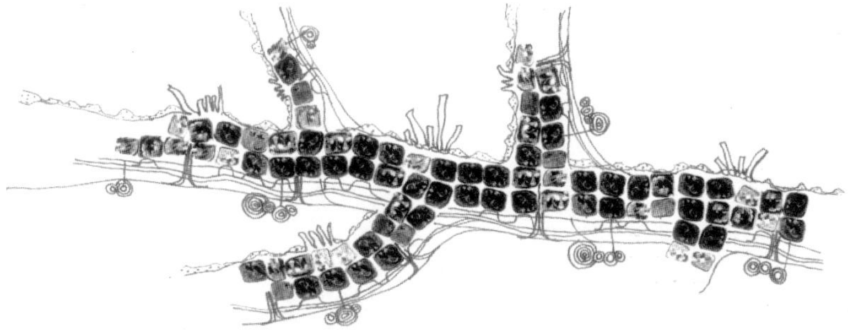

图 6.3
黑川纪章，变形，1965 年，草图

图 6.4
黑川纪章，山形县夏威夷梦幻乐园，1967 年，表达了建筑师对于它未来扩展之设想的概念模型

图 6.5
黑川纪章，山形县夏威夷梦幻乐园，1967 年

行渐远。建筑师们慢慢转向与实力雄厚的企业家合作，后者日渐增长的财力使他们成为大规模项目的潜在业主。丹下经常受邀参加产业界主办的一些高层会议，如负责推进东京湾填海项目的产业规划会议（Industrial Planning Conference）[11]。他也与传媒公司保持着密切关系，这使他得以承接电通公司总部大楼这样来自国家龙头企业的委托，以及山梨文化会馆和静冈新闻与放送东京支社大厦等地方媒体的委托。新陈代谢派的年轻成员也纷纷与企业家建立合作，以实现他们的设计理念。从 1961 年起，黑川纪章、菊竹清训、大高正人都曾在日本预制建筑公司（Nippon Prefabrication Corporation）担任建筑顾问，这是一个由多家大型建筑公司组成的联合体，致力于大规模住房项目的开发[12]。在这样的合作关系下，黑川纪章开始创作他的预制住宅原型。他的早期项目中就包括一座由预制混凝土模块建成的公寓大楼，这成为他数年后更具创新性的胶囊建筑的雏形。

新兴的企业集团也成为日本前卫建筑师的重要客户。1965 年，日本东急集团（Tokyu Group）作为一家铁路公司和东京最大的地产开发商之一，聘请菊竹清训为其新田园都市线（Den-en-toshi Rail Line）的沿线区域做总体规划。东急集团希望将该片区发展成一个容纳 40 万人

图 6.6
菊竹清训，梨城，
1965 年，模型

口的城区。菊竹清训的方案也被称作梨城（Pear City）规划，它提出建设一条包含基础设施、公共服务和绿化景观的带状区域，连接起一系列小镇。每个小镇中心都毗邻铁路站点，并配备商业大楼、住宅楼以及商业综合体。这个庞大的都市规划最终并未实现，但它展示了雄心勃勃的新陈代谢派建筑师和冉冉升起的工业新星们如何紧密配合，共同投入重塑日本都市景观的事业。这样的配合也催生了更深层次的合作，如 1970 年大阪世博会。

西山卯三的规划

大阪世博会对于丹下健三和新陈代谢派来说都是一次绝佳机会，让他们能够将自己的城市理念应用于整个“城市”建设中。世博会一直都是展示新兴技术和新颖设计理念的试验场，历史上有几届世博会在这方面尤为成功，包括 1851 年在伦敦的首届世博会、1893 年芝加哥世界哥伦布博览会（World's Columbian Exposition），以及 1967 年蒙特利尔世博会，它们都激发出巨大的创造性能量，在一定程度上改变了全球建筑和城市规划的发展进程。丹下和新陈代谢派显然很清楚大阪世博会能成就什么：首先，这场盛会能让他们在一个占地 330 公顷的世博园区的开发中试验自己的城市理念；其次，这个园区可能被进一步建设成大阪城外的一个新城中心，并成为日本新兴城市的典范。世博会预计每天能接待约 40 万游客，园区如同一座微型城市，包含各种城市功能，如展馆、餐厅、住宿、商业设施和交通设施等。尽管世博会并非永久性项目，通常六个月后大多数建筑就会被拆除，但事实上这种临时性也契合新陈代谢派的城市概念，即城市是一个不断发展变化的实体。

大阪是亚洲第一个主办世博会的城市。日本政府曾计划 1940 年在东京举办世博会，以庆祝日本天皇政体建立 2600 周年，并将主题定为“东西文化的融合”。这次世博会本计划与奥林匹克运动会同一年在东京举办[13]，但太平洋战争的爆发使这两个安排都化为泡影。东京最终在 1964 年成功举办了奥运会，成为日本战后历史的里程碑。奥运会不但推动了日本的经济腾飞，标志着日本完成战后复苏，还极大提升了东京的都市环境。为了服务奥运会，东京新建了很多大型基础设施，包括公园、交通干道、市内高速公路，以及第一条连接东京与大阪的新干线铁路。丹下设计的代代木国立综合体育馆取得巨大的成功，不仅确立了他作为日本“国家建筑师”的地位，也为他赢得“最受西方青睐的日本建筑师”的美誉[14]。在这个设计中，丹下巧妙地将传统日本屋顶的形式与先进的悬索结构相结合，塑造具有标志性的建筑形态，使之成为日本战后现代建筑的最强音[15]。东京奥运会的成功举办也帮助大阪赢得了 1970 年世博会的主办权。目睹了奥运会给东京带来的无限荣光，日本从国家到地方各级政府以及产业界都对这届世博会寄予厚望，期望它能提升大阪的国际地位，并促进整个关西地区的经济文化繁荣[16]。

1965 年 9 月，大阪世博会筹备委员会（简称“筹委会”）成立，筹委会由 16 名成员组成，包括丹下健三和另一位建筑师西山卯三[17]。西山是京都大学建筑系教授，在加入筹委会前已经带领一个团队为世博会做了一些前期工作，他们调研了历史上各届世博会，并在大阪周边为世博园区寻找合适的基地，于 1966 年 2 月向筹委会递交了最终报告。但在任命世博会总规划师这件事情上，筹委会委员们陷入了两难。大阪市政府提名西山卯三，因为他是关西地区建筑师和设计师的代表；而世博会的主要赞助商，即企业家和银行家们，鉴于丹下健三在广岛和平纪念公园、东京湾规划、代代木国立综合体育馆等大型项目中的卓越成就，更倾向于推荐丹下作为总规划师。

丹下和西山代表了日本战后风格截然不同的两类建筑师。相较于设计风格上的分野，两位建筑师在意识形态上的差异更大：丹下是技术决定论的领军人物，他的作品反映了日本新兴社会精英和大企业的雄心壮志；而西山是坚定的马克思主义者，以研究日本工人住宅而闻名，他的作品充满对平民阶级的社会关怀。丹下与西山之间的竞争可以追溯到 1942 年“大东亚建设纪念营造规划”竞赛，两人都递交了竞赛方案，但丹下最终胜出。这次竞赛的主题在政治上无疑是反动的，但除了这样战时的短暂介入外，西山始终如一地保持着自己的左翼立场，他经常在文章和设计中批评政府政策忽视工人阶级的需求。由于他们在意识形态上的分歧，西山对丹下的大尺度规划与设计也持批判态度。

为了与丹下的“东京规划 1960”分庭抗礼，西山带领京都大学学生于 1964 年发表了一部“京都规划”。这个规划融合了西山在战后二十年间倾力发展的两个规划概念：“景象规划”（Image Planning），以及“家城市”（Iepolis 或 Home City）。他将“景象规划”定义为一种整体性的城市设计方法，称其为“对一个体量巨大且持续发展的环境——我们也将其称为地球表面——进行规划。这样的规划是整体性的，不同于那些日常生活中小型工具、设备或建筑的单独设计”。[18]

西山认为规划设计师不应该只关注单个“部件”的模型设计，而应该专注于设计“包含所有要素的整体结构”，这样的设计才能生成一幅综合的“未来景象”（future image），在空间层面指导城市发展进程[19]。景象规划的理念表明西山对超大尺度的综合环境也相当关注，这与新陈代谢派设计方案中的巨构有所类似。然而，不同于新陈代谢派主张以巨构形态取代现有的工业城市布局，或者将其用于未开发土地的城市化，西山用景象规划的方法来研究京都这样拥有丰富文化遗产的古都如何进一步发展，并延续从炮火中保存下来的城市面貌。

西山卯三对设计一个独立新城来疏散京都的人口和产业并不感兴趣。他指出：“在日本，人们不可能像在欧洲一样，通过建设一个与旧城分离的新城来保护老城区。”[20] 相反，他认为应当巩固老城的核心区，并将历史景观融入新的城市系统建设中，并由此提出了“家城市”概念。他在一篇批评由汽车发展引起的美国式郊区化的文章中首次介绍了这一城市设计理念[21]，并用隐喻的方式解释道：

> “在日本，进入房间之前脱鞋是一个古老的习俗……无鞋的室内生活具有其特有的氛围。同样，日本城市也应该被视为一个‘家’或者‘建筑’，人们进入时需要脱掉‘鞋子’，也就是汽车。我们必须保证不许汽车进入‘家’……在‘家’中会有类似于电梯和自动扶梯的高速交通设施。”[22]

对西山来说，汽车应当停在家城市之外；在城市内部，市民或者步行，或者使用公共交通出行。因此，家城市是由公交系统、人行步

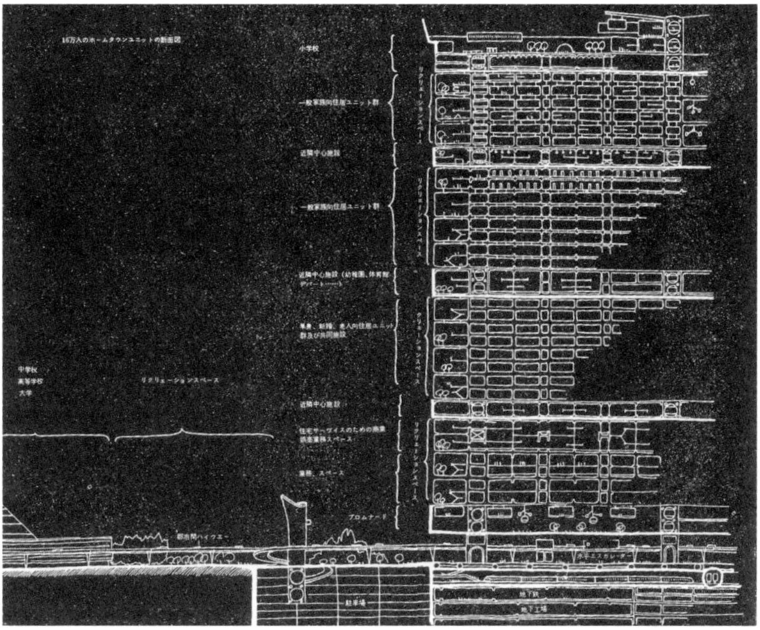

图 6.7
西山卯三，
“家城市”概念，
1960 年，剖面图

道系统以及包括电梯、自动扶梯和自动步道在内的机械化系统所支持的高密度宜居城市。这个理念积极回应了第八次 CIAM 大会提出的“城市核心”理念，即通过改善城市的市民公共空间来振兴传统城市中心。西山的京都规划与路易・康的费城规划也存在一定程度的类似，两位建筑师都重视传统城市中心，并试图保护它免受汽车干扰。康的规划特点是沿城市周边布置一系列庞大的螺旋形停车楼，以容纳进城的车流，西山则建议在更大的尺度上进行干预。

西山的京都规划围绕一条宽 5 个街区、长 13 公里的带状巨构展开，这条带状城区平行于京都的南北向主轴线，坐落在架高于地面的庞大“人造土地”上，连接多个历史古迹，如御所（Imperial Palace）、二条城（Nijo Castle）、西本愿寺（Nishi Honganji Temple）等。在横向上整个带状巨构被平分为五条线性功能带，中央功能带用于建设步行街、开放空间和低层商业建筑，其两侧各有两排 100 米高的高层住宅群，建筑呈棋盘状排列。每座建筑都体量庞大，占据一整个街区。在住宅楼内部，每隔几层就有一个公共层，西山称之为“邻里空间”（neighboring space）。每座建筑顶层都设置一所学校和一个社区花园。

这些住宅大楼通过空中走廊相互连接，其中一些走廊也含有居住单元。高速公路和单轨铁路沿着带状区域延伸，将这片新城区与轴线两端的高速公路和铁路连接起来。人造土地下方的空间（原本可能为地面街道或地下空间）都将用于停车，确保汽车流线不会与人造土地上方的大型步行系统有任何交会。

西山卯三的京都规划与丹下健三的东京湾规划有不少相似之处，最为明显的是两者的线性城市形态。西山构想以一道长达 13 公里的巨构来引导京都的未来发展，正如丹下通过一道中央轴线引导东京延伸入东京湾。两位规划师都拒绝传统城市范式，并突破了既有的规划边界，都追求城市的彻底重构。尽管西山在介绍京都规划的论文中丝毫未提及丹下，但是后者对西山的影响是显而易见的。然而，西山的线性城市有一些特征表明他的城市理念有别于丹下的思想：丹下的城市轴线旨在将东京的商业和行政功能从旧城区疏解出去，并在海湾内填海造地实现城市化；西山则将巨构嵌入京都的历史中心，以此巩固和发展城市核心区。丹下的线性巨构被设计成未来主义的高速公路系统，

图 6.8
西山卯三，京都规划，1965 年，模型鸟瞰图

强调汽车交通在城市中的核心地位；与其相反，西山强调公共交通系统（如单轨铁路）的重要性，并将汽车交通限制在带状巨构下方，既与步行系统分离也不能进入古城。最后，在东京湾规划中，中央轴线被视为城市的“大脑”和“神经”，用于承载商业功能和交通设施这两个丹下认为主导现代城市运行的元素，住宅被视为次级功能，分布在从主轴延伸出来的次级道路两边；而在京都规划中，西山将居住功能摆在首位，使其占据中心轴两侧的高层建筑。西山规划中的另一个重点是开放空间，它们被当成与古城连接的关键：他将中心轴线上邻近京都御所的几个街区设计为“人民广场”，用于大型集会和民众娱乐等用途。这样的开放公共空间不仅将新城区与历史核心区联系起来，更表达了一种政治态度，即一个鼓励言论自由、立足于现代社会公民精神的环境可以促进民主的发展和城市的繁荣。在丹下与西山的规划中，城市功能的主次关系和城市空间的布局传达了他们不同的社会理念，西山的平民主义规划意在宣示：丹下的技术官僚主义愿景并非城市未来的唯一选择。

这两个“老对手”为大阪世博会的规划再一次展开了竞争。决定让谁来担任世博会总规划师并非易事，这涉及复杂的经济利益和地缘政治。世博会筹委会最终采取了折中的方法，同时任命西山卯三和丹下健三为总规划师，但两人职责不同．西山负责世博会筹备工作的第一阶段，即为世博园区做概念性总体规划；而丹下主导第二阶段，负责各个场馆的具体布局。虽然整个规划过程表面上进展顺利，但两名建筑师之间的紧张关系使这次合作对双方而言都有点尴尬。事后西山坦言，尽管他们多次在筹备工作中相遇，但他很少和丹下交谈[23]。

西山卯三为大阪世博会所做的概念性规划延续了他在京都规划中所提出的“城市核心”的概念。他将位于大阪北郊的世博园区设想为“未来城市的示范核心”（model core of the future city）[24]，而非仅能存在六个月的临时园区。因此他的规划侧重于建立一个基础设施系统，以便这个“城市”在世博会结束后仍然能继续发展。该系统将市民活动、信息交流、公共服务和开放空间整合到一个中央核心中，西山称之为“konbinato”，即俄文“kombinat”的音译，意为“综合体”[25]。建造这种组合型系统的想法在他的第一张规划草图里就有所体现，他

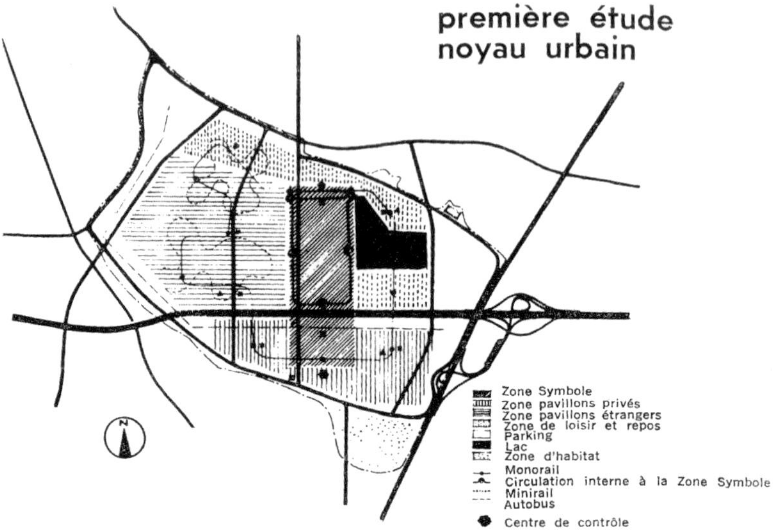

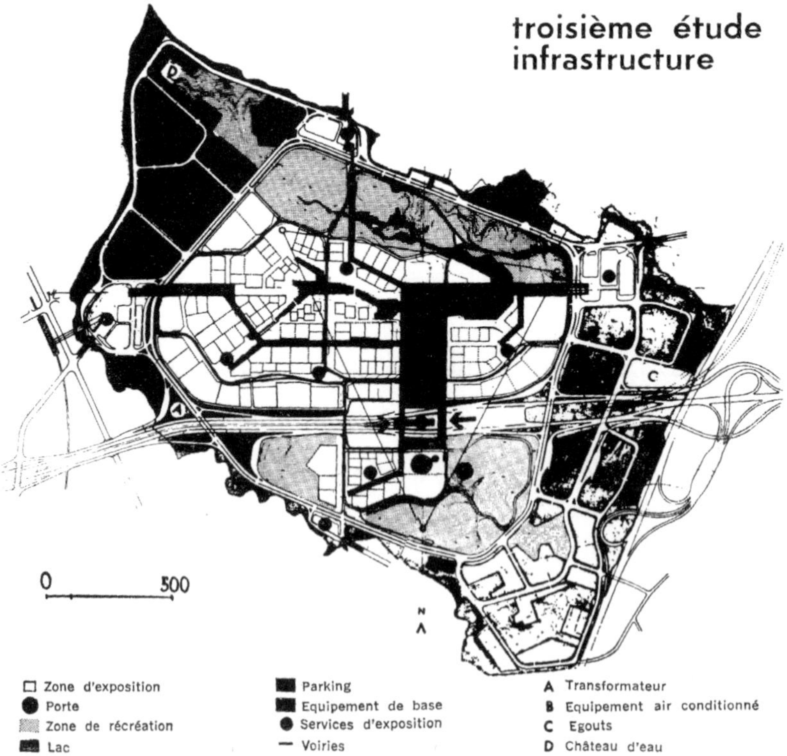

图 6.9 与图 6.10 西山卯三，1970 大阪世博会概念规划，1966 年。在第一稿和第三稿规划中，祭广场都处于平面中心

在这张草图中引入了“标志区”（Symbol Zone）的概念，来描述位于世博园区中心的一个长方形片区。这个片区与区域高速公路相连，是游客到达世博园的第一站，可通过各种公交系统将他们运送到园区的不同展区。西山在后续规划中不断完善这个概念的细节，到了第三稿规划，他在“标志区”的地下设置了一座大型停车场，用于停放外来车辆，这个想法与他的京都规划异曲同工。

“标志区”中心是一个可容纳 15 万人的广场，西山称之为“祭广场”或“节日广场”。此次博览会的主题是“人类的进步与和谐”（Progress and Harmony for Mankind），西山认为这样的国际盛会应当是世界各国人民的盛大聚会，因此他建议用这个集体活动空间来举办各种活动、展示民间艺术、为各种表演提供场所，并让游客能够充分参与其中，就像置身于日本城市传统庆典“祭”那样的游行之中。祭广场的概念再次体现了西山的人文主义规划观念，即反对由商业利益主宰世博会，提倡将本次世博会塑造为文化主导的盛会。而当世博会结束时，一个新城市将围绕世博园区生根发芽，祭广场将成为这个新城的核心。

矶崎新坦言，“祭广场”概念是西山卯三对 1970 年大阪世博会规划作出的最重要贡献。矶崎新表示他最初对“祭广场”这个称呼不以为然，称它“俗气得人们都念不出口”[26]。他也辩称“祭”和“广场”是分属不同文化的城市元素：“广场”完全是西方文化的产物，而“祭”是日本传统文化中最重要、最能激发城市活力的活动形式。在《日本都市空间》一书中，矶崎新指出：日本城市并没有广场这样的永久性城市空间；日本人通过标志或者活动等虚拟或短期的城市元素将街道或寺院周围等功能性空间转变为临时的公共空间[27]。但在西山的提案中，西方的“广场”和日本的“祭”两个概念被融合在一起，代表对未来城市模式的探索，构成 1970 年世博会的主题。令矶崎新惊讶的是，“祭广场”竟然成了这次盛会的最大“热点”，1970 年以后，许多日本的展览会纷纷效仿，采用“祭广场”作为其核心元素[28]。

尽管西山卯三为世博会的规划做出了重要贡献，但他激进的政治立场和好辩的个性使他在筹委会中难以获得赏识。他甚至质疑世博园区对参观者收取门票费用，认为市民应当有免费观展的权利[29]。他的社会主义政治倾向使他与赞助本次世博会的企业家和银行家产生了分歧。随着世博园区规划工作的推进，西山最终被迫退出项目。丹下健三及其团队随后修改了总体规划，并全面接手各场馆的设计和建造。他邀请新陈代谢派建筑师和持相似设计理念的外国建筑师参与设计各个场馆，这些建筑基本以巨构、胶囊和其他高科技元素为特点。

西山和丹下之间的竞争，为接下来世博会的主要矛盾——乌托邦主义与商业主义之间的较量——吹响了前奏，也从特定角度反映了20世纪70年代日本社会思潮的演变。最终结果表明，随着日本政治和文化风向的转变，进步的乌托邦主义思想逐渐被冷落，这一趋势在丹下健三和新陈代谢派为世博会所设计的作品中也显露无遗。

规划和展馆

1970年世博会为新陈代谢派提供了一个广阔的舞台。除了担任总规划师一职外，丹下健三还为这次盛会设计了中心场馆——祭广场。黑川纪章、川添登和槙文彦设计了安装在广场屋顶上的胶囊建筑原型；菊竹清训设计了世博塔（The Expo Tower）；大高正人设计了世博园主入口；黑川纪章设计了两个最引人注目的展览馆——塔卡拉美容馆（Takara Beautilion）和东芝IHI展示馆（Toshiba IHI Pavilion）；矶崎新创作了祭广场上的巨型机器人。此外，住友集团展览馆由丹下健三在东京大学的同事大谷幸夫设计，他也是一名受新陈代谢派思想影响的建筑师。在新陈代谢派于1960年世界设计大会上初次亮相和东京规划1960发表近十年之后，这些建筑师再次聚集到一起，向世界展示日本的创造力。当大阪世博会开幕时，关于其总体规划和各展览馆设计的文章如雨后春笋般出现在世界各地的主流建筑期刊上，有些期刊甚至用整期篇幅介绍这次盛会[30]。这些报道为日本建筑师及他们的作品带来了巨大的国际知名度。

丹下健三指导完成了总面积达330公顷的园区总体规划，它的设计充分展示了丹下对“结构化”规划方法的应用，这一方法是他在东京规划和斯科普里重建规划中发展起来的，即提供一片人造土地和一个规范框架，允许建筑师独立自主地建造单体建筑。世博会的基础设

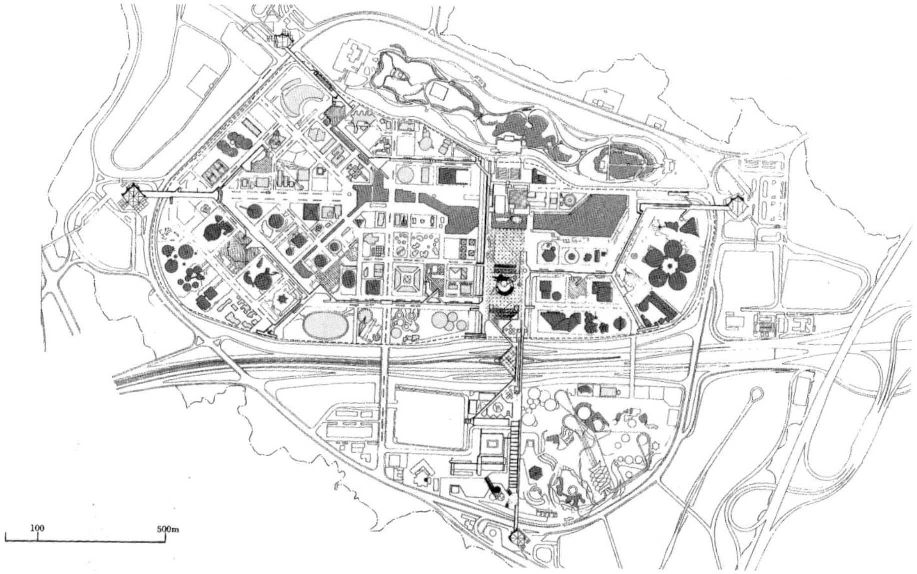

图 6.11
丹下健三，
大阪世博会概念规划，1970 年，总平面图

施和主要场馆被布局在“标志区”的线性轴周边。标志区从南向北横贯整个园区，其自身也分为南北两个片区，由主入口广场连接：北片区包括祭广场、世博美术馆和一座位于北部尽端的日式花园；南片区则串联世博俱乐部和菊竹清训设计的世博塔，终结于园区的南大门。整个标志区由宽敞的步行道和自动人行步道贯通，形成世博园的中央轴。

基于已被大阪世博会官方文件认可的西山卯三的理念，丹下进一步明确了世博园区将发展壮大成一座未来城市的愿景，而这条中央轴将会是这座未来城市的核心。他在和川添登的一次对谈中阐述了这个概念：

> “在我的设想中，这些主干元素可以保留下来，新城市可以在现有展馆的用地上生根发芽。如果事情朝这个方向发展，现在的世博园区将成为一座拥有 50 万人口的城市的核心，或它自身就成为一座完整的城市。园区拥有许多发展的有利条件，比如靠近大阪、京都和神户；它也与

连接东京和神户的高速公路直接相通，它的所在还是通往‘中国地方’（Chūgoku Region）的高速公路起点。”[31]

丹下把标志区长1000米、宽150米的北片区称为“主干设施”（Trunk Facility）。也就是说，如果整个园区是一棵树，这个线状片区就是树的主干。他进一步解释这个比喻：

“主干设施在总体规划中是整个园区的中心。如果我们将世博园区比作一棵树，坐落在园区中心的标志区就是树干。从标志区向四面伸出的自动步道以及位于每条步道尽头的服务区或次级广场就好比树枝和树叶；而环绕在七个次级广场周围的展馆如同树上盛开的五彩缤纷的花朵。”[32]

上述比喻清晰地阐述了丹下健三在世博园规划中的新陈代谢主义策略。由树干和树枝组成的基本格局为这座“白天拥有40万人口的城市”提供了生长结构。从树干延伸出来的交通系统包含自动人行步道、自动扶梯和单轨铁路轨道，将各个展馆连接起来并连接至树干。基于这个结构，各个展览馆就能自由地“生长”，给建筑师们提供充分的创作空间。的确，除了这个框架和交通布局之外，园区内的建筑设计几乎没有受到任何限制，甚至连100米的高度限制最后也被个别展馆的建筑师置之不理，例如苏联展览馆就高达110米。最终，整个世博园内的建筑形式各异，正如丹下健三所描绘的“五彩缤纷的花朵”。

大阪世博园区的布局与丹下的东京湾规划有显著的相似之处：两者都围绕一条线性轴展开，并以其承载交通主干设施和公共建设；东京湾上的新城以位于轴线中部的港口为门户，世博园也在主轴上类似的位置设置其主入口；东京湾上看似随机分布的住宅单位，对应世博园中星罗棋布的各大国家展馆和企业展馆；世博园区中连接主干设施和各展览馆的单轨铁路和自动步道，与东京湾规划中连接中央轴线和住宅区的高速公路扮演着相同角色。在这两个项目中，所有要素都按照明确的等级体系规则来排列和布局，这体现了丹下健三的理念：集中权力是实现个人自由和促进创造力繁荣的基础。

图 6.12
1970 年大阪世博会园区，航拍照片

丹下健三和他的助手矶崎新、神谷宏治设计的祭广场是整个世博园区的核心。作为大型公共空间，它可以容纳多达 30 000 人的活动，以呼应世博会“人类的进步与和谐”的主题。丹下在其描述中回应了西山卯三对于广场的最初想法：

> “世博会应当不仅仅是对过去传统成就的展示和对现代民主世界科技进步的呈现，它还应当是一场人们可以相聚、握手、交流思想的庆典。因此，在整个世博园中应该有一个献给人类和谐发展的节庆广场。”[33]

为了建造这样一个容纳大规模集会和盛大活动的场所，丹下健三采用了当时最为先进的技术之一：钢骨空间网架结构。这个结构形式受到现代主义早期奇观式工程的启发，如约瑟夫·帕克斯顿（Joseph Paxton）爵士在 1851 年为伦敦世博会设计的“水晶宫”。20 世纪中叶，杰出的建筑师兼工程师如巴克敏斯特·富勒（Buckminster Fuller）和康拉德·瓦克斯曼等在前人基础上发展出了大型现代建筑的空间网架结构技术。瓦克斯曼为美国空军设计了一种将四向框架（tetrahedral frame）和通用接头（universal joint）结合在一起的预制结构模块系统，用来建造如飞机库这样的大跨度空间体系，这一创新系统被广泛传播，激发了包括新陈代谢派在内的许多先锋建筑师的灵感。1955 年，瓦克斯曼应邀前往日本，在东京工业大学举办了为期两周的研讨课，向日本年轻建筑师展示了这项技术及其在建筑界的应用前景[34]。研讨课的学员中就有来自丹下健三工作室的矶崎新和浅田孝。1970 年，丹下将类似的空间网架结构应用在祭广场上方超大规模的屋顶设计中。这个屋顶长 290 米，宽 110 米，离地 38 米，由四座巨大的柱子支撑，这四座柱子同样采用空间网架结构建造。这个屋顶以其近 200 米的单跨度而被誉为世界上最大的单体结构，它创造的开放空间可以满足举办大型盛会和各式活动的要求。理论上，这个完全由预制构件建造的结构可以无限延伸，覆盖更大的面积，甚至在屋顶下建一座“城市”也是可行的。

对先锋派建筑师来说，空间网架构建大跨度结构的能力、其模块化系统的高度灵活性及功能上的开放性使其成为创造通用环境的完美手段。法国建筑师尤纳·弗里德曼（Yona Friedman）和他的“动态建

图 6.13
丹下健三，
祭广场，1970 年，
空间网架结构的
大屋顶

图 6.14
丹下健三，
祭广场，1970 年，
模型

图 6.15
尤纳 · 弗里德曼，
塞纳河上的空间
结构，1959 年，
蒙太奇

筑研究小组”（Groupe d'Etudes d'Architecture Mobile，简称 GEAM）在 1960 年前后创作了一系列名为“空间城市”（Ville Spatiale）的项目，以拼贴画的形式描绘了悬浮在欧洲城市或大地景观上空的巨大、无边界的空间网架结构[35]。在这些空间城市构架中，居民们可以根据他们的需求和喜好建设家园。丹下健三为大阪世博会设计的巨型屋顶宛如弗里德曼的空间城市的现实版本。这个巨大的屋顶不仅为祭广场上举行的展览和庆典遮阳挡雨，其空间网架内还容纳了一些可居住的胶囊单元。通过这一结构，丹下不但巧妙地利用新技术塑造出一个超大空间，而且充分发挥了它的普适性和无限可扩展性，这些特性与祭广场所传达的价值观完全吻合，即创造一个让来自世界各地的人们聚首的、开放和通用的公共空间。

祭广场的常设展览由三个部分组成：过去、现在和未来。广场的地下层陈列着古文明的展览，地面层留给了现代主题展览，并作为举办各种庆典的场所。艺术家冈本太郎创作的名为“太阳之塔”的巨型雕塑是整个广场的视觉焦点[36]。白色的太阳之塔呈现下大上小的锥形，雕塑中部装饰着象征人类的两张脸，顶部是一个象征太阳的金色凹面，两侧有悬臂如手臂般向外伸出。整座雕塑高达 70 米，它穿透丹下的巨型屋顶，成为整个园区的标志物。广场上还有由矶崎新设计的几个大型机器人，通过一系列电子系统控制来响应人类的输入，这些装置暗示着人类行为与空间特性之间互动的潜在可能。“未来”部分的展区被高悬在空间网架中，只能通过太阳之塔中的坡道或自动扶梯到达。观光者还可以步行穿越一系列安装在空间网架上的太空舱，体

图 6.16
黑川纪章，大阪世博会上的胶囊建筑，1970 年

图 6.17
摩西 · 萨夫迪，居所 67，蒙特利尔，1967 年

验未来的“空中城市”。这些太空舱由丹下健三邀请的一些年轻先锋派建筑师设计，包括新陈代谢派和英国建筑电讯派成员，以及汉斯·霍莱茵（Hans Hollein）、尤纳·弗里德曼、吉安卡洛·德·卡洛和阿列克谢·古特诺夫（Aleksei Gutnof）。黑川纪章和神谷宏治合作设计了一系列“居住胶囊”；建筑电讯派贡献了“消融之城”（Dissolving City）；德·卡洛则创造了一个“参与之城”（City of Participation）[37]。

胶囊建筑是大阪世博会上众多展馆的主题，这一建筑新潮流兴起于 1967 年蒙特利尔世博会，蓬勃发展于 1970 年世博会。在 1967 年世博会上，除了富勒设计的美国馆（现为蒙特利尔生物圈）巨大的测地线穹顶（Geodesic Dome）外，最令人记忆深刻的建筑是摩西·萨夫迪（Moshe Safdie）设计的实验性集合住宅项目“居所 67”（Habitat 67）。这栋建筑旨在探索大规模住宅的新形式，它由大量预制混凝土箱体堆叠而成，形成一座独特的“山城”。萨夫迪和新陈代谢派的胶囊建筑理念可以追溯到更加前卫的建筑电讯派。这个英国先锋建筑小组从 1961 年成立以来，吸收了来自不同新兴技术领域的灵感，如太空旅行、极简主义生活、非典型材料等，进而开发出多种胶囊建筑原型。特别值得一提的是其成员之一彼得·库克（Peter Cook）于 1964 年提出的“插接城市”（Plug-in City）构想，这个纸面规划描绘了一个未来式的场景，无数供居住或工作使用的预制舱体被插接在一座巨型斜线式空间网架上，构成一个完整的城市。像这样追求极致灵活性、可扩展性和可移动性的前卫构想在 20 世纪 60 年代极具影响力。

在大阪世博会上，菊竹清训设计的世博塔佐证了建筑电讯派的影

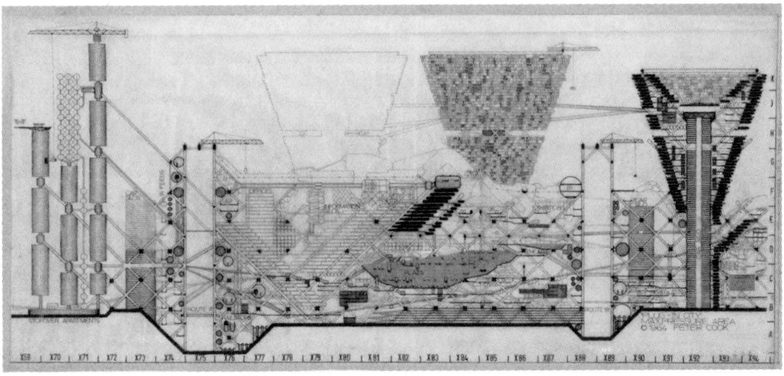

图 6.18
彼得·库克，
插接城市，
1964 年

图 6.19
菊竹清训，
世博塔，1970 年

响力。这座塔耸立在标志区主轴线的最南端，提供了鸟瞰整个世博园的绝佳视点，观光者可以乘坐高速电梯抵达附着在塔顶的几个预制舱体，观赏景色。菊竹的灵感显然来自彼得·库克为 1967 年世博会设计但未建成的蒙特利尔塔（Montreal Tower）。和蒙特利尔塔一样，菊竹清训的设计由一个塔状巨构和众多附着于主结构上的舱体组成。两座塔的胶囊式舱体均采用富勒在 20 世纪 40 年代末发明的测地线穹顶形态，这一形态因被富勒应用到其设计的 1967 年世博会美国馆中而广为人知。不同之处在于，库克的蒙特利尔塔的主体结构是一座具有粗野主义特征的实心塔，而菊竹清训的大阪世博塔采用了由钢管和铸钢球节点组成的空间网架结构，这样的设计使大阪塔看起来更为轻盈，更有延展性。

黑川纪章不但在大阪世博会上实践了他的胶囊建筑理念，而且使之成为他的设计名片。除了悬挂在祭广场上空的胶囊住宅之外，黑川还设计了东芝 IHI 馆和塔卡拉美容馆两座企业馆，两个建筑都以开放式空间网架为基础来组织模块单元。东芝 IHI 馆由一家电子制造商和一家重工业公司联合赞助，采用橙色铝板覆盖的巨大穹顶结构。该结构由 1500 个黑色金属四角体构件组成的巨型框架支撑在空中，看上去宛如一只六足站立的巨型蜘蛛，其内部是设有 500 个座位的剧院。该穹顶实际坐落于一个设有接待厅的基座上，但两者鲜明的颜色对比使它们看上去并不相连。一座 50 米高、以同样的四角体构件组装而成的塔楼耸立在通往剧院的通道侧边。

塔卡拉美容馆则是大阪世博会上技术幻想的典范之作。该馆的主体架构是一个由标准钢管组成的三维直角框架。一系列不锈钢立方体胶囊舱体被置于这一框架之内，以灵活节点铰接，胶囊内部是塔卡拉集团的美容产品展示厅。

从建筑结构上看，这两座展馆的框架均向多个方向延展，框架末

图 6.20
黑川纪章，
东芝 IHI 展示馆，
1970 年

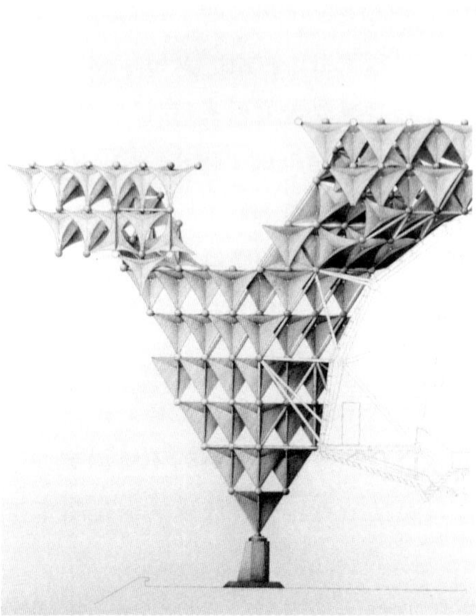

图 6.21
黑川纪章，
东芝 IHI 展示馆，
1970 年，结构细部

图 6.22
黑川纪章，
塔卡拉美容馆，
1970 年

图 6.23
黑川纪章，
塔卡拉美容馆，
1970 年，室内

端是开放式节点，为建筑赋予了动态轮廓，并特意凸显出结构上的未完成感和可扩展性。这种设计并非出于实用性考虑，而是源于当时新兴的工业美学理念。黑川纪章充分利用预制建造技术的优势，实现了建筑结构的快速搭建和胶囊单元的迅速安装——塔卡拉美容馆只用了六天时间就搭建起来了。这些展馆的拆除同样十分容易，组件还能方便地运往其他地方重新组装。但黑川设计这些展馆的主要目的是展示技术的巨大潜力，所以他采取激进甚至夸张的设计形式，来表达挑战传统结构逻辑和尺度的意图。

在大阪世博会之后，黑川继续发展他的胶囊建筑理念。建于 1972 年的中银胶囊塔为这个设计概念赋予了最鲜明的形态，成为新陈代谢运动中最著名的建筑之一。胶囊为新陈代谢派区分可替换单元和永久性结构的初始概念提供了具体形式，它似乎能够超越传统的建筑方法，从而改变城市化方式和社会的组织结构。快速发展的工业材料和技术日渐成熟，促进了建筑构件的预制和标准化，成为当时建筑学和城市主义发展的热门方向。然而在现实中，就像丹下健三的山梨文化会馆和萨夫迪的居所 67，新陈代谢派颠覆性的胶囊建筑概念并没有转化为大规模住宅与办公楼建设的成功模式——这些已建成的单体建筑均依赖巨构的支持，所以显得设计感过重，缺乏灵活性，且无法复制。它们前卫的形态，如今看来更多的是对日本国家工业化浪潮和消费主义文化崛起的回应。

迈向消费主义建筑

从各个层面上看，1970 年大阪世博会都是一次意义重大的盛会。在短短六个月时间里，它吸引了高达 6400 万人次的游客，这一数字是预期参观人数的两倍之多，最高单日参观量更达到 80 万人次[38]。此次世博会不仅极大刺激了日本出口导向型产业的增长，为其战后的经济迅猛发展注入了最后一波推动力，还为日本的先锋建筑师们带来了一次难得的契机，让他们能够试验自己的设计理念，由此诞生了许多令人惊叹的建筑作品。然而，尽管取得了如此辉煌的成绩，这场世博会却未能在现代建筑领域产生更为深远的影响。整个园区更像一座巨大而繁忙的游乐场，鲜有空间供人们去深入探讨关于人类环境的严肃议题。克劳泽尔就尖锐地指出，世博会上的建筑未能向人类展示未来城市的雏形，反而让人们深陷于商业文化与商业运作的热潮之中[39]。

大阪世博会以“人类的进步与和谐”为核心理念，各展馆也纷纷提出与之相呼应的宣传口号。然而评论家们指出，就建筑形态而言，世博会的展馆和设施与其宣称的主题关联甚微[40]。这次世博会与其说是一场旨在展示人类为推进人文主义、解决环境问题而不懈努力的文化盛宴，不如说它已演变成高科技的角逐场，其中充斥着受国家经济利益与商业利益驱动的竞争与博弈。时任《建筑评论》（*The Architectural Review*）编辑的 J. M. 理查兹（J. M. Richards）指出：“这次世博会的目的模棱两可，既试图促进贸易，又要进行文化展示；其设计目标同样摇摆不定，既期望为建筑学领域作出重要贡献，又意在展示先进技术，制造吸引眼球的噱头。”[41] 在他眼里，整个世博会的氛围更像是一个大型游乐场，而不是建筑实验的展示。各个展馆之间的竞争破坏了“人类和谐”的气氛，整个博览会只是将一系列建筑物汇集在一起，“每座展馆都力图在声势上压过邻近展馆”[42]。理查兹对所目睹的现象感到失望，他毫不讳言地表示，大阪世博会应该成为世界上最后一届博览会，因为它几乎没有实现其初衷，即展示未来城市和技术的雏形——无论是在交通、人流控制，还是总体景观设计上——并引领现代城市迈向更高的文明层次。这次世博会不但没有展示未来城市和人类生活的愿景，反而带来了一种深深的“幻灭感”[43]。

呼吁“人类和谐与进步”的口号也无法掩盖日本政府举办世博会的实用主义目的，即刺激经济增长、提升国家形象，以及推动京都－大阪－神户地区的发展。尽管各种各样的粉饰试图淡化官方口号和实际议程之间的矛盾，一种“虚伪、空洞和欺骗”的感觉仍然挥之不去[44]。这一点在产业与贸易类展馆中尤为显著——出于纯粹的商业利益动机，许多展馆被设计得如同大型三维广告。这些建筑物在技术层面上的突破是不可否认的，但是它们的设计往往与所代表的产业无关。正如克劳泽尔所指出的，其造型仅仅是“为这个产业塑造一种前卫的形象——而事实上，这种形象并不能代表建筑学意义上的未来愿景，只是流于表面的描述而已”[45]。庞大的参观人群在巨大的未来主义舞台布景下如潮水般往来——这便是人们对世博会印象的最终定格。正如克劳泽尔所描述的那样，这是一座新的“波将金城”（Potemkin City）[46]。向政治目标和商业利益妥协的建筑沦为一种表面形式，成为了技术幻想的工具。

新陈代谢派在大阪世博会上的设计也不例外。虽然建筑师们怀揣着创造面向未来的城市典范的愿望，试图运用系统方法和预制装配技术来打造一个和谐、整体的环境，然而他们的构想难以抵御消费主义的汹涌浪潮。最终，在意识到他们所追求的理想将变成徒劳之后，新陈代谢派建筑师选择投入商业文化的怀抱，将他们的建筑创作融入这股不可阻挡的商业洪流之中，以迎合新的受众和市场[47]。大阪世博会因此充斥着理想主义和消费主义的冲突、社会关切与商业宣传的对立，以及探寻永恒秩序与沉溺物质享乐的矛盾。当然，无论是理想主义还是实用主义，它们的共同点是对技术的乐观态度：这些建筑师怀着巨大热情，将最为先进的技术和材料融入设计当中，但不甚关注其在实际应用中的可行性或社会意义。在先进技术的包装下，世博会建筑披上未来主义的外衣，给游览者留下了深刻的印象，其本身甚至也成了为各行业所做的广告宣传。

技术在大阪世博会上所承担的矛盾角色，在丹下健三为祭广场所设计的巨型屋顶上展露无遗，这一结构为新陈代谢派巨构所蕴含的理想主义奏响了绝唱。凭借覆盖整个广场的巨大空间网架，这个庞然大物充分展示了当代技术力量。其硕大的尺度和理想化的几何形态彰显着建筑师构建一个完整环境的雄心壮志，强调了技术作为普世语言所承载的象征意义，然而它也暴露出建筑师在日益崛起的商业主义文化浪潮中所面对的两难境地。这个巨构建筑在实际使用中似乎与广场上进行的各类活动和项目是脱节的：人们对丹下的设计并不关注，他们更多是被这个场所提供的各种娱乐活动所吸引，如各式表演、机器人和未来胶囊舱。广场变成了一个娱乐胜地，类似塞德里克·普莱斯（Cedric Price）所勾勒的“欢乐宫”（Fun Palace）场景，而非丹下健三最初设想的那个为全球各地的人们会聚一堂而设计的场所[48]。颇具讽刺意味且引人深思的是，在博览会落下帷幕后，丹下健三坚决要求拆除这一巨型屋顶，尽管公众强烈呼吁将其作为永久性建筑予以保留[49]。

乌托邦的衰落

新陈代谢派在大阪世博会上把他们的城市乌托邦主义推到了顶峰。尽管这座“世博城”只存在了短短六个月，然而它在构建综合环境方面所取得的成就已然超越了此前所有的实质性尝试。科技的进步及其日益增强的影响力通过世博会的规划与建筑设计表现得淋漓尽致。场馆与设施运用的一系列先进技术，如自动步道、预制舱体、建筑照明、空间网架及其他大跨度结构，配合展览中处处呈现的最新科技发明，创造出一个极富未来感的世界[50]。

然而，大阪世博会并未成为建筑学面对未来的欢庆。相反，它见证了丹下健三和新陈代谢派的乌托邦理想的破灭。早在这场现代科技和设计盛宴落幕之前，建筑学的危机就已经悄然而至。随着现代主义理念和巨构建筑形态逐渐与社会的发展脱节，这场危机很快蔓延至整个行业；后现代主义的兴起，使人们开始质疑现代主义在文化、身份和价值等各方面的论述和实践，新陈代谢派宏伟的社会抱负慢慢失去它的立足之地。建筑师八束初指出：

> “大阪世博会上现代主义的瓦解似乎标志着一个新时代的到来。但是，它是否真的像当时人们所认为的那样，代表了一种具有进步意义的新事物的诞生？还是说，这只是一个此前一直被忽略的旧问题在以一种新的形式出现？一种可能的解读是：正如以技术为导向的新陈代谢理性主义未能建造真正意义上的公共空间一样，祭广场的宏伟与空旷暴露了丹下健三作品中象征主义的局限性，也揭示了他以建筑师身份去承担民众领袖角色的抱负的破灭。”[51]

《JA》杂志的撰稿人佐佐木隆文（Takabumi Sasaki）也持相同观点。他没有简单地将世博会视为一场娱乐活动，而是将矛头指向其所展示的未来环境，并提出了更为尖锐的批评。他直言，世博会“已经与人类世界脱节，暴露出一种反乌托邦的趋势”[52]。他担心这种充满现实色彩的反乌托邦倾向“已然成为确切的存在”[53]。世博园区内的大多数建筑和设施在六个月之后被陆续拆除，然而纵观整个社会，在消费主义的驱使之下，对这种昙花一现的建筑形式的追捧已经开始侵蚀传统上对于纪念价值的重视和现代主义的社会理念，进而影响了新的建筑生产模式。

商业主义对大阪世博会的影响，以及这次世博会所呈现的建筑话语的演变，无疑与日本社会中大型企业日益增强的影响力和世博会的资金来源有关。然而，这绝不是一个孤立现象，建筑乌托邦的衰落，折射出的是已经持续多年的全球性社会文化转型。这个大趋势的其他重要表现包括 1968 年发源于法国、试图打破传统的欧洲学生运动，以及越南战争的持续和新兴环境保护主义对技术文化的否定带来的全球性悲观情绪。日本也发生了一些类似的学生运动事件，对大阪世博会产生了影响。世博会的标志物“太阳之塔”曾被一位名叫佐藤英夫（Sato Hideo）的年轻人占领，他头戴写有“赤军”的头盔，爬进雕塑顶部金色脸庞的右眼位置，高呼口号，鼓动参观人群一起“捣毁世博会”[54]。

被卷入这些政治运动的先锋建筑师们发现，他们被自己曾经参与创造的革命形式所反噬。建筑慢慢失去了原有的严肃意义，滋生出一种漫画的意味。同样发表于1966年的两部划时代的理论著作反映了建筑领域的这种转变：罗伯特·文丘里的《建筑的复杂性与矛盾性》（*Complexity and Contradiction in Architecture*）和阿尔多·罗西（Aldo Rossi）的《城市建筑学》（*The Architecture of the City*）[55]。文丘里和罗西分别受到美国民俗主义和欧洲新理性主义的影响，他们尽管从各自不同的视角出发探讨后现代建筑文化，但都对现代主义的技术乌托邦和追求整体环境的可行性提出了深刻质疑。

在日本，建筑师们对技术和社会进步的长期乐观态度很大程度上来源于国家在整个60年代持续的经济繁荣。然而，当1973年能源危机席卷全球时，日本依赖石油进口的弱点充分暴露，其经济受到严重打击。尽管这场能源危机在数月之后得到缓解，但它引发了全球性的经济衰退，日本的出口导向型产业受到的影响尤其严重。国家经济的脆弱性使日本人的信仰开始动摇，其冲击类似于日本战败带来的影响。能源危机不仅使日本战后经济增长的强劲势头受挫，还从根本上改变了人们对于环境的看法，促使人们重新审视当时流行的规划和设计方法。坚信技术和社会进步将长期延续的理念曾为大尺度城市干预提供了有力支撑，然而这种信念突然之间变得摇摇欲坠。克劳泽尔指出，丹下健三为世博会所设计的巨型屋顶曾经凭借其简洁大胆的风格以及“将全世界人民汇聚一堂”的理念受到众多评论家的赞誉，但在1973年后，这一设计被日本建筑师认为是怪异且过时的，因为“这样的形态很容易与那些化工厂、石油精炼厂以及航运设施联系在一起，而这些大型设施和结构的经济重要性在1973年以后便急剧衰退”[56]。另一个例证是丹下健三1969年提出的耶尔巴布埃纳花园（Yerba Buena Gardens）的重建方案，这是一个坐落于旧金山市中心的集体育场、会议中心和摩天办公楼于一体的巨型综合体，由于遭遇居民的激烈抵制，最终不得不被放弃[57]。这一事件进一步证明了那种以大规模开发为导向、追求雄伟建筑形态的现代主义城市设计已无法跟上社会变革的步伐。

在能源危机之后的十年里，日本被迫进行经济改革。1972 年，田中角荣（Kakuei Tanaka）在参与首相竞选时提出了“日本列岛改造计划”（Remodelling the Japanese Archipelago），把国家经济政策的重心向能源敏感型和服务型产业转移。这项计划虽然没有摆脱技术官僚治国论，但仍然反映出当时日本社会经济领域普遍存在的危机意识，也标志着日本国家政策向保守主义转变。

这些新的经济格局以及 20 世纪 70 年代初的一系列文化运动促使建筑师重新思考他们的城市设计理念。继新陈代谢派的城市理想在大阪世博会遭受挫折之后，日本建筑师纷纷摒弃了乌托邦式的设计方案，各自以新的方式来应对不断变化的城市状况。他们的设计方法虽然不尽相同而且日趋个性化，但都传递出一个共同的信息：基于技术乌托邦理念的大尺度、革命性城市规划的时代已经结束。这类规划不仅存在各种问题，在新的社会意识形态和文化背景下更是难以实现，在这样的背景下，城市不再被视为“可设计的对象”（a subject of design）。

在 1971 年发表的一篇文章中，槙文彦批评了对于城市持续增长能力的盲目乐观，同时指出建筑师们对城市中人文空间的关注严重不足。他写道：“直到不久前，我们当中除少数人以外，几乎从未质疑过大都市无限扩张所带来的威胁……但如今，这种不安和恐惧正与日俱增。”[58] 槙文彦意识到，以往那些超大尺度的城市干预行为已经超出建筑师所能控制的范围，因此他主张：

> “在什么尺度下我们才能发挥最大作用？我发现，在重塑物质环境时，建筑师在一个相对集中的片区内能够发挥最大的作用和效率。这样的片区的范围可以是有数千名居民的城区，可以是一个小型社区，也可以小到由几栋建筑组成的单个街区。”[59]

槙文彦认为新陈代谢派的城市构想过于宏大，单凭个人力量难以驾驭整个城市的规划，因此他呼吁建筑师从小处着手，在“微观规划”（micro-scale planning）的尺度上进行实践。

其他建筑师开始质疑围绕实体结构而构建的城市设计理念，这种理念是大部分新陈代谢派项目的共同特点。矶崎新摒弃了他早期的巨构设想，转而提出了“隐形城市”理念，旨在唤起人们对于城市非物质层面的关注。他后来回忆：

> “毫无疑问，城市处于不断变化的状态。它是无形的，由填充其中的代码模拟而成。我在影射了废墟的《隐形城市》一文中就构想了一个充斥着虚幻代码的城市，在那里，对传统认知结构的解读显得毫无意义。我现在认为，仅仅依靠操作物理现实的方法来进行城市设计和规划已变得不可靠。自从得出这个结论以来，虽然我仍然认为城市是值得思考的议题，但已不再认为它们是可以被设计的对象，因此我也不再从事这一方面的工作。”[60]

以在他的家乡大分县设计的一系列项目为开端，矶崎新发展出了一种以象征主义和历史隐喻为特征的建筑语言，它在后现代主义建筑话语体系的塑造中发挥了重要作用。

以筱原一男（Kazuo Shinohara）、安藤忠雄（Tadao Ando）和伊东丰雄（Toyo Ito）为代表的新一代日本建筑师也秉承这个观点，即对城市进行全面干预是不可行且无效的。他们纷纷将自己的设计实践从公共领域回撤到私人空间，并采取了更为个性化、反教条的极简设计方法。与渴望构建普世性和综合性建筑环境的新陈代谢派不同，这一代年轻建筑师将他们的工作限定在单体建筑上，并常常采用隐喻的、模糊的、碎片化的图像。在发表于 1971 年、题为《超越象征空间》（Beyond Symbol Spaces）的文章中，筱原一男写道：“现在已经没有必要再掩饰自己的信念了：房屋就是一种基于对文明的批判的空间创造。”[61] 这些建筑师们不再将城市看作建筑逻辑的延伸，而是将其视为一种笼罩的、压迫的“外来”存在。因此他们拒绝直接涉足城市规划与设计，转而寻求为客户提供“庇护所”或“飞地”，让其能够在不友好的环境中寻得一片宁静之地。尽管这些 70 年代的建筑师们与丹下健三和新陈代谢派一样对城市现状的压迫性影响感到担忧，但他们不再认为自己有责任去解决这些问题。一个乌托邦时代至此宣告落幕。

注释

1 Botond Bognar. *Contemporary Japanese Architecture: Its Development and Challenge*（New York: Van Nostrand Reinhold, 1985）: 114.

2 有关于日本经济增长时期通商产业省所扮演角色的细节讨论，参见：Chalmers A. Johnson. *MITI and the Japanese Miracle: The Growth of Industrial Policy, 1925–1975*（San Francisco: Stanford University Press, 2004）.

3 日语 Keiretsu 字面意思为“系列”。

4 日本 1960 年的国民生产总值（GNP）是 391 亿美元；同年联邦德国的 GNP 是 707 亿美元，英国的 GNP 是 719 亿美元，美国的 GNP 是 5038 亿美元。日本 1970 年的 GNP 上升到 2031 亿美元；同年联邦德国的 GNP 是 1846 亿美元，英国的 GNP 是 1240 亿美元，美国的 GNP 是 9927 亿美元。详见：Keizai Koho Senta. *Japan: An International Comparison*（Tokyo: Keizai Koho Center, 1983）: 5.

5 Bognar: 104.

6 同上。

7 Wilhelm Klauser. “Introduction: Rules and Identities,” *Shaking the Foundation: Japanese Architects in Dialogue*, Christopher Knabe and Jörg Rainer Noennig eds.（Munich: Prestel, 1999）: 10.

8 都城市民会馆于 2019 年被拆除，超过 80% 的居民投票赞成拆除该建筑。

9 Kisho Kurokawa. “The Architecture of the Age of Life Principle,” *Japan Architect* no. 18（1995）: 4-13.

10 Reyner Banham. *Megastructure: Urban Futures of the Recent Past*（New York: Harper & Row, 1976）: 47.

11 丹下健三，藤森照信 . 丹下健三（東京：新建築社，2002）: 345.

12 Klauser: 11.

13 菊池誠編 . メディアとしての建築：ピラネージから EXPO70 まで [建筑作为媒介：从 1760 年的罗马到 1970 年的大阪]（東京：東京大学総合研究博物館，2005）: 116.

14 David B. Stewart. *The Making of a Modern Japanese Architecture: 1868 to the Present*（Tokyo: Kodansha International, 1987）: 182.

15 代代木国立综合体育馆于 1960 年设计，1964 年竣工。它由一个大体育馆和一个小体育馆组成，分别用于不同的体育项目。其结构工程师是坪井善胜。

16 日本的人口和经济主要集中在两大城市区：以东京为中心的关东地区，以及包括大阪、京都、神户和奈良在内的关西地区。

17 有关 1970 年大阪世博会筹备委员会更详细的资料，参见：丹下健三，藤森照信 : 381-382.

18 Uzo Nishiyama. “A Plan for Kyoto,” *Japan Architect*（Feb. 1965）: 66.

19 Uzo Nishiyama. “Image Planning,” *World Design Conference 1960 in Tokyo*, World Design Conference in Japan Executive Committee ed.（東京：美術出版社，1961）: 191.

20 Nishiyama. “A Plan for Kyoto”: 69.

21 Iepolis 是日语“i e”（いえ，意为“家”）和希腊语后缀“-polis”（意为“城”）的组合。

22 Uzo Nishiyama, Mimura Hiroshi, and Katayose Toshihide. “Home City: Future Image of the City,” *Kindai kenchiku* 15（March 1962）: 52. 关于西山卯三的家城市理念的研究可参见：Andrea Yuri Flores Urushima. “Genesis and culmination of Uzō Nishiyama's Proposal of a ‘Model Core of a Future City’ for the Expo '70 Site（1960–73）,” *Planning Perspective* vol. 22, no. 4（October 2007）: 402-403.

23 丹下健三，藤森照信：381-382.

24 在1970年世博会日本协会（Japan Association for the 1970 World Exposition）1996年出版的第二期《博览会季刊：日本大阪1970》（*Exposition quarterly: Japan, Osaka 1970*）中，西山写道：

> “1970年世博会的总体规划力图强调‘和谐’与‘进步’并存的必要性，并将其体现在将在博览会场地上建造的‘未来城市核心模型’中……城市核心是社会的中枢神经，在这里可以迅速收集和传递维持社会发展所需的信息……在位于世博会会场中心的标志区，将以庆典广场、人工池塘、控制中心和移动道路等形式，展示一个融合了上述特征的‘未来城市核心模型’。”

引自：Urushima: 398.

25 Urushima: 400.

26 Arata Isozaki. *Japan-ness in Architecture*（Cambridge: MIT Press, 2006）: 71.

27 参见：都市デザイン研究体．日本の都市空間（东京：彰国社，1968）; Isozaki: 66.

28 Isozaki: 71.

29 Urushima: 392.

30 有关1970年大阪世博会的报道，参见：*Architectural Review*（1970年8月刊、10月刊）；*Architectural Record*（1970年6月刊）；*Architectural Design*（1970年6月刊）；*Progressive Architecture*（1970年8月刊）；*Architectural Forum*（1970年4月刊）；*Bauwelt*（1970年5月刊）；*Architecture d'Aujourd'hui*（1970年10-11月刊）；*Canadian Architect*（1970年7月刊）；*Japan Architect*（1960年4月刊、1970年5–6月特别刊）等专业媒体。

31 参见：Kenzo Tange and Noboru Kawazoe. “Some Thoughts about Expo '70,” *Japan Architect*（Special Edition: May to June 1970）: 34.“中国地方”是位于日本本州岛最西部地区的合称，包含鸟取县、岛根县、冈山县、广岛县、山口县等5个县。

32 Takabumi Sasaki. “A Passage through the Dys-topia of Expo '70,” *Japan Architect*（Special Edition: May to June 1970）: 145.

33 Kenzo Tange. “The Expo '70 Master Plan and Master Design,” *Japan Architect*（Special Edition: May to June 1970）: 18.

34 这次研讨会影响了一批年轻的日本建筑师，激发了他们对新建筑技术的兴趣。参见：八束はじめ，吉松秀樹．メタボリズム：1960年代—日本の建築アヴァンギャルドド[新陈代谢主义：1960年代日本建筑的先锋派]（東京：INAX出版，1997）: 11.了解瓦克斯曼的新建筑技术研究，可参见：Konrad Wachsmann. *The Turning Point of Building: Structure and Design*, Thomas E. Burton trans.（New York, Reinhold, 1961）.

35 弗里德曼于1958年成立了GEAM，以推进他的移动建筑理念。其成员包括大卫·乔治·埃默里希（David Georges Emmerich）、卡米耶·弗里登（Camille Frieden）、冈特·冈舍尔（Günter Günschel）、奥斯卡·汉森（Oskar Hansen）、让·皮埃尔·佩凯（Jean Pierre Pecquet）、埃克哈德·舒尔策-菲利茨（Eckhard Schulze-Fielitz）和维尔纳·鲁诺（Werner Ruhnau）。关于弗里德曼和GEAM的当代解读，参见：Larry Busbea. *Topologies: The Urban Utopia in France, 1960–1970*（Cambridge: MIT Press, 2007）.

36 冈本太郎为祭广场创作了三座雕塑：太阳之塔、母亲之塔和青春之塔。太阳之塔是世博会后唯一保留下来的主要作品，其所在场地被改建为大阪万博纪念公园。

37 Mildred F. Schmertz. “Expo'70,” *Architectural Record*（June 1970）: 119.

38 Kenzo Tange. “Recollections: Architect Kenzō Tange,” *Japan Architect*（October 1985）: 9; Rob Gregory. “Lost in Translation [Exhibition Review],” *The Architectural Review*（June 2005）: 38.

39 Klauser: 11.

40 Sasaki: 143.

41 J. M. Richards. “Expo '70,” *The Architectural Review*（August 1970）: 67.

42 同上。

43 同上。

44 Sasaki: 143.

45 Klauser: 12.

46 同上。“波将金城”（Potemkin City）是阿道夫・卢斯（Adolf Loos）创作的一篇关于维也纳城市建设虚假性的文章的标题。卢斯从“波将金村”（Potemkin Village）的故事中借用了这个词。据说在 1787 年，为了欺骗俄罗斯帝国女皇叶卡捷琳娜二世，让她相信征服克里米亚半岛是有价值的，俄国大臣格里高里・波将金（Grigori Aleksandrovich Potemkin）指示在女皇巡视克里米亚必经的路上建造了一些虚假村庄。参见：Adolf Loos. *Spoken into the Void: Collected Essays, 1897–1900*（Cambridge: MIT Press, 1982）: 95-97.

47 值得注意的是，在这场社会变革中，少数日本建筑师持有不同的立场，他们有意让自己的建筑脱离主流消费主义文化，其中最突出的是筱原一男和白井晟一。有关筱原作品的讨论，参见：David B. Stewart. *The Making of a Modern Japanese Architecture: From the Founders to Shinohara and Isozaki*（Tokyo: Kodansha America Inc, 2003）: 197–205. 有关白井作品的讨论，参见：Hajime Yatsuka. “Architecture in the Urban Desert: A Critical Introduction to Japanese Architecture after Modernism,” *Oppositions* 23（1981）: 2-35.

48 八束认为丹下健三的立场始终是矛盾的，他的作品游走于消费主义和反消费主义之间。参见：Yatsuka. “Architecture in the Urban Desert”: 3. 塞德里克・普莱斯通常被视为互动建筑的先驱，他的设计常常提出一些可反复重新配置的、具备与人互动能力的建筑技术。他为伦敦东区设计的“欢乐宫”是一个未建成项目，旨在打造一个“欢乐实验室”（laboratory of fun），为舞蹈、音乐、戏剧和焰火等活动提供一个巨大而灵活的环境，它也采用了巨大的空间网架结构。除了可能影响了丹下健三的祭广场的设计之外，这个项目还启发了理查德・罗杰斯（Richar Rogers）和伦佐・皮亚诺（Renzo Piano）20 世纪 70 年代初设计的巴黎蓬皮杜中心。

49 丹下健三从实用角度为他的拆除主张辩解，参见：Kenzo Tange. “Recollections: Architect Kenzō Tange,” *Japan Architect*（October 1985）: 13.

50 这次世博会的亮点之一是美国馆所展示的从月球带回来的一块大岩石，它是于 1969 年被阿波罗 11 号的宇航员从月球上带回的。

51 Yatsuka. “Architecture in the Urban Desert”: 8.

52 Sasaki: 143.

53 同上。

54 Angus Locker. “The Logic of Spectacle c.1970,” *Art History* vol. 30, no. 4（Sep. 2007）: 571-589.

55 参见：Robert Venturi. *Complexity and Contradiction in Architecture*（New York: Museum of Modern Art, 1966）; Aldo Rossi. *L'architectura della cittá*（Milano: Città Studi Edizioni, 1966）以及该书英译版：Aldo Rossi. *The Architecture of the City*, Diane Ghirardo and Joan Ockman trans.（Cambridge: MIT Press, 1982）.

56 Klauser: 12.

57 有关耶尔巴布埃纳花园项目的历史，参见：时匡 , Gary Hack, 林中杰 . 全球化时代的城市设计 . 北京 : 中国建筑工业出版社 , 2006: 112-122.

58 Fumihiko Maki. “The Potential of Planning,” *Architecture in Australia* 60（Aug. 1971）: 695.

59 同上。

60 Arata Isozaki. *The Island Nation Aesthetic*（London: Academy Editions, 1996）: 36.

61 Kazuo Shinohara. “Beyond Symbol Spaces: An Introduction to Primary Spaces as Functional Spaces,” *Japan Architect*（April 1971）: 81–88.

黑川纪章，中银胶囊塔，1972 年

第七章
中银胶囊塔

2007 年 4 月，《建筑实录》（*Architectural Record*）杂志官网上出现了一则新闻，“黑川的中银胶囊塔将被拆除”[1]。这一消息迅速在专业和大众媒体中流传开来，引起了广泛关注和热烈讨论。全球的建筑师对此感到震惊不已，因为中银胶囊塔（Nakagin Capsule Tower，亦称中银大厦或中银舱体大楼）不仅仅是黑川纪章本人的代表作，也是新陈代谢派最知名的作品之一；更重要的是，这栋建筑已经被公认为日本现代建筑的一个标志。消息一传出来，黑川立即发起了一场抗争，呼吁全球有识之士和国际组织共同阻止物业管理公司拆除这座大楼。2007 年 10 月，建筑师本人不幸因病去世，但大楼由于舆论支持和一些经济客观条件暂时得以保存。然而，危机并未就此解除。由于大楼被认定为不再适宜居住，大部分居民选择了搬离，随后在 2010 年，大楼的热水供应也被切断。又过了十余年，由于始终无法找到新的业主接手，大楼最终在 2022 年 4 月——也就是建成 50 年后——被拆除了[2]。

竣工于 1972 年的中银胶囊塔由两座塔楼组成，一座 11 层，一座 13 层，两座塔楼之间在部分楼层有廊桥相连，共包含 140 个胶囊舱体，每个胶囊大小犹如一个小型集装箱，内部是一个微型住宅单元。这些胶囊通过柔性铰接，被各自独立地连接到其中一座塔楼上，因此理论上每个胶囊都可替换。这个独特的结构组合充分展示了新陈代谢派的基本理念：预制、模块化、可替换和空间秩序。早在 2006 年，中银胶囊塔就被现代主义运动记录与保护国际组织（International Committee for Documentation and Conservation of Buildings, Sites, and Neighborhoods of the Modern Movement，简称 DOCOMOMO）列为现代建筑遗产。然而，这项认定并没有给胶囊塔带来资金支持，也没能促使人们对它采取具体的保护措施。拆除大楼的建议第一次被提出时，建筑内部已经破败不堪了。由于大楼建造时遵循的是旧的建筑规范，胶囊内使用石棉作为保温材料，楼内的居民担心这种材料对健康的不利影响，同时也对大楼的抗震性和耐久性感到担忧。尽管有黑川的呼吁，大楼业主们仍然在 2007 年投票决定将其拆除，并支持在原地新建一座 14 层的塔楼。2011 年 3 月 11 日，虽然这座大楼安全渡过了震中位于东京市中心东北方向 370 余公里处的 9.0 级特大地震，但这仍然没有打消业主们的顾虑，他们担心胶囊塔在下一次离城市更近或震级更强的地震中倒下。经过

图 7.1
黑川纪章，
中银胶囊塔，
1972 年

若干年的搁置之后，中银胶囊塔的使命还是在 2022 年走到了尽头[3]。

在这十余年间，拯救中银胶囊塔的抗议发展成一场全球性运动。适逢人们对战后一系列先锋派建筑运动的兴趣日渐浓厚，当年新陈代谢派所倡导的未来主义概念开始重新获得关注和欣赏，当代设计潮流亦不时与这些概念产生共鸣。因此，这座建筑所经历的风风雨雨以及对新陈代谢运动的整体评价的变化，实际上也代表着过去半个世纪以来建筑文化的风向转变。人们发现，20 世纪 60 年代的新陈代谢运动所蕴含的意义还未被当代社会充分理解，仍有许多值得去探究的内容，这也是中银胶囊塔的命运引发全球关注的原因之一。

中银胶囊塔的存亡争议不仅在日本，也在其他国家和地区引发了关于新陈代谢运动遗产以及保护现代主义地标建筑的重要讨论。新陈代谢运动究竟是战后国际上围绕巨构形式的乌托邦主义的地域性变种，还是一场根植于日本文化的、跨越多设计尺度的变革？鉴于这一运动明确主张建筑应该具备持续变化和调整适应的能力，我们是否应该像保护其他的传统建筑一样去保护新陈代谢派作品？此外，鉴于新陈代谢派的大多数提案和设计概念最终都未付诸实施，它是否还能和当代社会产生有效的关联？简单地说，新陈代谢主义的真正有价值的遗产是什么？要回答这些问题，我们需要从建筑和城市的角度出发，追溯中银胶囊塔的过去和现在，以及它对城市未来的意义。

重新审视新陈代谢派的城市演变理念或许能为现代建筑保护所面临的困境带来新的视角。中银胶囊塔是近年来日本拆除的众多著名现代建筑之一。尽管城市发展和建筑保护之间的冲突在当代大都市中司空见惯，但在日本独特的社会文化背景下，保护城市历史肌理和地标更为不易[4]。日本大城市高昂的地价是影响这些拆除决定的重要因素，但从更深层次的角度来看，这种由重建和保护之间的矛盾造成的经常性拆除，其实反映的是日本人对当代城市不断变化和自我更新现象的认知。这种观念由来已久，在面对 2011 年东日本大地震和前几年的新冠疫情全球大流行等大灾难时显得更为突出，它奠定了新陈代谢城市理论的基础，也指引着中银胶囊塔作为其实验性项目，去尝试通过定期替换胶囊住宅单元来实现建筑的永继变化和更新。这种推动城市不断扩张和不断翻新的理念犹如一把双刃剑，它既曾经塑造了像中银胶囊塔这样的设计，如今又将这些建筑置于被拆除的境地。这意味着什么？城市发展和历史保护之间的矛盾是否有解决方案？中银胶囊塔的拆除和围绕这个事件的辩论提供了一个重新审视新陈代谢主义的遗产和未来的独特视角。

胶囊塔的设计与建造

尽管雷纳·班纳姆在其书中将巨构视为从战后现代主义中衍生

出的建筑思潮，但他也认识到，新陈代谢派的巨构项目是“日本对现代建筑做出的独特贡献”，通过探索和利用新的建筑技术，这一运动引领日本建筑达到新的高度，并摆脱了其他文化的“新殖民主义”（neocolonialism）影响[5]。虽然班纳姆并未在书中具体指出哪些技术创新是他所认为的“新陈代谢派的突破性创新”，但先进的预制建造技术的发展，如黑川在中银胶囊塔中使用的胶囊舱体，必然是其中之一。

黑川与其新陈代谢派同仁们构想了一系列基于胶囊建筑形式的未来城市，但直到1970年大阪世博会，这种新建筑形式及其建造技术和内部空间才得到细化，并开始被公众关注。在这次世博会上，黑川设计的塔卡拉美容馆成为了最受欢迎的展馆之一，它充分展示了预制胶囊建筑的潜力，以及其相较于传统建造方式的显著优势。与其他大多数世博会建筑一样，这座展馆也在展期结束后被拆除，但世博会的影响并未就此消失。时任中银房地产公司总裁的渡边山形（Torizo Watanabe）在参观大阪世博会后对塔卡拉美容馆印象深刻，不久就找到了它的建筑师黑川纪章，邀请他设计一座供永久使用的胶囊建筑。黑川和渡边携手打造了与传统公寓房产截然不同的胶囊公寓，这种胶囊公寓旨在为当代城市居民提供一种新型的工作兼生活空间。为此渡边还制定了一套针对中小企业主和高薪员工的销售策略，把潜在客户定位为那些已经在东京市区或郊区拥有一套房子或公寓，但还需要在东京市中心拥有一个小空间作为工作场所或偶尔过夜的住所的高收入中产。坐落于东京繁华的中央商务区银座的胶囊公寓恰恰能满足这样的需求[6]。

尽管黑川认同渡边对这种新住宅的潜在客户的定位，但他显然有更大的抱负。这位建筑师将胶囊建筑概念扩展到了一个新领域，宣称：“胶囊是为城市‘移动民’（homo movens）提供的住房。”[7]他创造了“移动民”这个词，用以凸显生活在后工业社会的当代人类的一个重要特征：随着享有的物质不断丰富，人们会自然而然地去追求更高的流动性和选择生活方式的自由，这催生了“城市游牧人”（urban nomad）这一群体的出现，他们不满足于一辈子只在一个城市生活，而是经常从一个地方搬迁到另一个地方。针对这类新人群，黑川构想了一个与当前自给自足、各自独立的城市相对立的“网络城市”

图 7.2
黑川坐在其中一个胶囊里面，1972 年

(Network City)[8]。胶囊作为一种新型公寓住宅原型，可以随着主人的迁移而移动，它将成为促进网络城市形成的一个关键因素。

非永久性、流动性和可替换性等孕育出胶囊建筑形式的基本理念，集中体现了新陈代谢派对未来人类栖息地的愿景，这些理念通常采用模块化和预制技术来实现。日本对这些技术的探索可以追溯到 1957 年，当时丹下健三的得力助手、新陈代谢派的实际创始人浅田孝设计了日本南极科考站“昭和”，这个项目被认为是现代日本的“第一座预制建筑”[9]。浅田于 1955 年在东京工业大学组织过一系列康拉德·瓦克斯曼的研讨课，他自己也深受瓦克斯曼启发。在“昭和”站设计中，浅田利用模块化技术设计了各种建筑组件和联结节点，以便在极端气候条件下快速组装住房单元。他的方法毫无疑问激发了新陈代谢派的灵感，促使他们以模块化为核心建立新的建筑范式，以应对人类社会未知的未来。

在构思胶囊塔时，黑川还受到了同一时期活跃在英国的建筑电讯派所设计的“纸上建筑”的影响。为了完善他们的巨构城市方案，如彼得·库克的插接城市，建筑电讯派成员深入研究了可应用于未来城市场景的小型单体建筑原型，设计了各种模块化居住单元。其中，沃伦·查克（Warren Chalk）于 1964 年设计的“胶囊屋”（Capsule Home）

图 7.3
黑川纪章，
中银胶囊塔，
1972 年，模型

就是一种可批量生产的、插接式的独立住宅单元，这与几年后黑川设计的胶囊公寓颇为相似。在 1966 年的另一个方案中，大卫 · 格林（David Greene）发布了他的“生活舱”（Living Pod）设计，该设计受到当时美国国家航空航天局发起的阿波罗登月舱（Apollo Lunar Module）计划的启发，他设想的生活舱可以部署在地球上任何地点或外星球某些地方[10]。这两个项目的目标都是创造一个类似于太空舱的胶囊式居所，其设计可以随着技术的发展而更新。

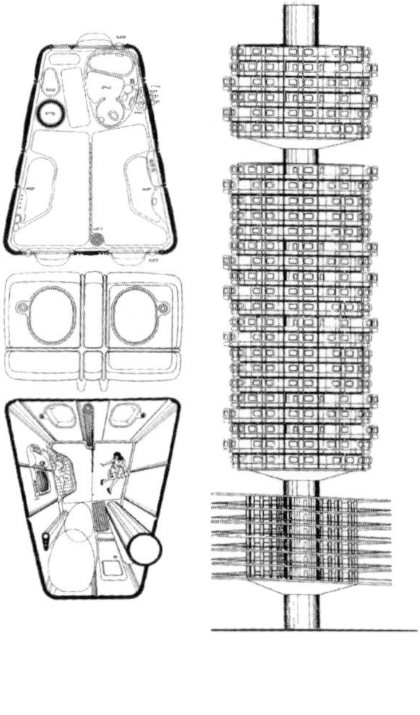

图 7.4
沃伦 · 查克，
胶囊屋，1964 年

黑川和其他新陈代谢派成员在这些想法的基础之上发展出全新的建筑体系，通过区分和组合具有不同“代谢周期”的组件来实现装配的灵活性。在中银胶囊塔的设计中，黑川使用三个基本组成部分来配置建筑：永久结构（两座钢筋混

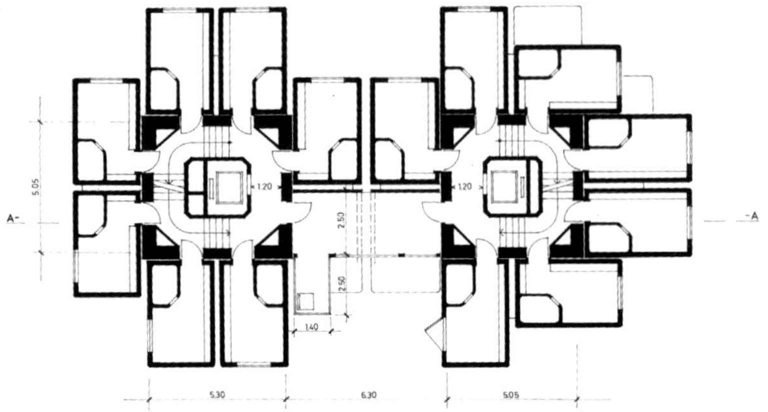

图 7.5
黑川纪章，
中银胶囊塔，
1972 年，平面图

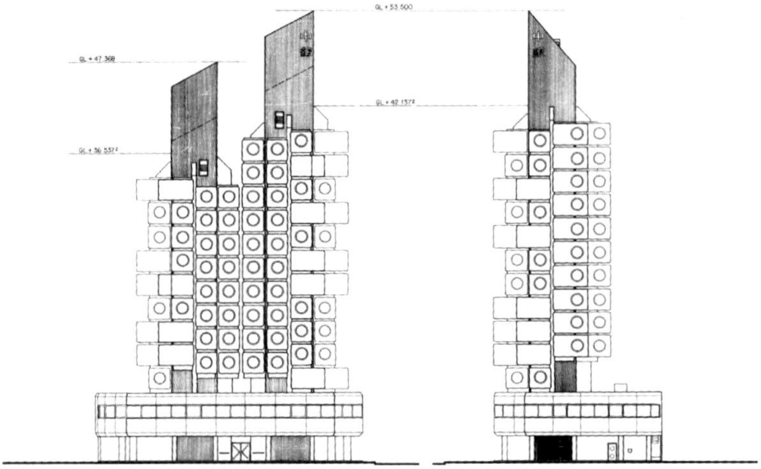

图 7.6
黑川纪章，
中银胶囊塔，
1972 年，立面图

凝土筒体）、模块化生活单元（140 个胶囊舱体）以及服务组件（机电设备和管道间）。它们的形式和材质取决于不同的使用年限要求。黑川设想主结构至少需持续使用 60 年，而胶囊需要在 25 ~ 35 年后进行更换。他指出胶囊的寿命与技术无关，而与社会变化相关，这意味着经济发展和生活方式变化将比建筑技术的发展更快，因此需要定期更换胶囊[11]。

中银胶囊塔的两座塔楼容纳了竖向交通和机电服务设施，双塔之间每三层通过室外廊桥相连。两座塔楼的筒体充当了垂直的“人造土

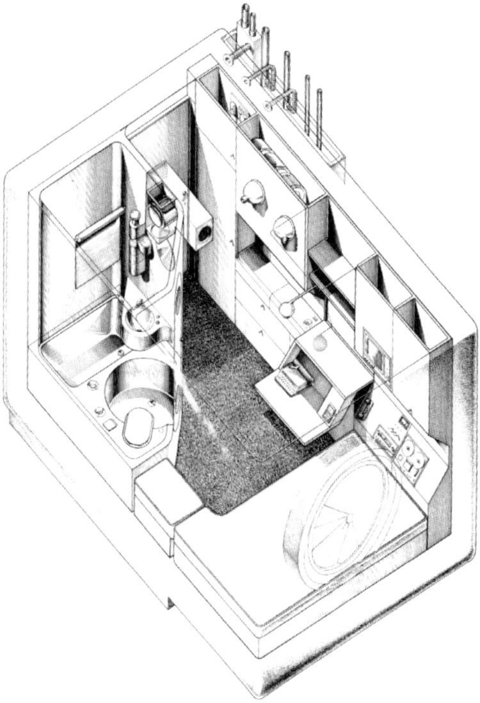

图 7.7
黑川纪章，中银胶囊塔，1972 年，舱体室内轴测

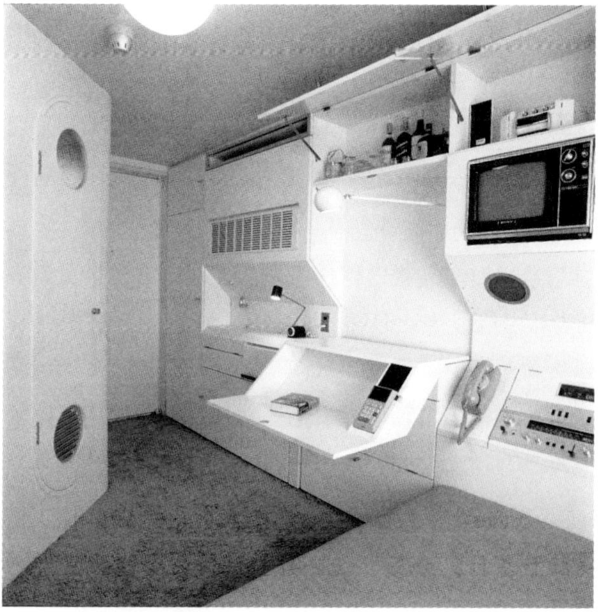

图 7.8
黑川纪章，中银胶囊塔，1972 年，舱体室内

图 7.9
一个胶囊舱体
正在工厂制造

地”，胶囊就安装在其上。设备管线附着在筒核外，逐层向上布设，并从胶囊舱体外部接入室内。两座塔楼高度不同，而 140 个胶囊看起来虽然像是一个叠一个垒起来的，其实是各自独立地锚定在塔楼上。建筑评论家查尔斯·詹克斯（Charles Jencks）将这独特的造型戏称为“摞起来的一堆洗衣机”[12]。不同于注重空间效率最大化的高楼设计，这些胶囊并没有占据筒体上的所有可用插槽。这种具有动感的构成意在展示一个正在进行的过程：筒体可以生长，可以放置更多的胶囊。黑川将这种看似未完成的外观视为“时间的美学”，展现了新陈代谢派将城市看作不断发展的进程的核心理念[13]。

每个胶囊均通过四个高张力螺栓固定在混凝土筒体上，上下端各两个。这意味着每个胶囊单元都可以轻松拆卸和更换。通过更换胶囊，整个系统得以更新。每个胶囊宽 2.5 米，深 4.0 米，高 2.2 米。它的建造方式类似于集装箱，采用轻型焊接钢框架，外覆镀锌加筋钢板，最后喷涂一层肯尼泰克斯（Kenitex）光泽油漆。每个胶囊的外墙上都有一个直径 1.3 米的有机玻璃舷窗，就像游轮上的窗户一样。

胶囊内部搭载了许多先进技术，创造出现代且舒适的居住环境。这个微型公寓内部布局十分精细，床铺安放在舷窗下方，窗户和门之

图 7.10
胶囊舱体的安装过程

间的一面长侧墙上装配了全墙橱柜，连着床头板，橱柜集成了一整套现代科技设备，包括彩色电视机、冰箱、厨房炉灶、空调、电话、立体音响、空气净化器、台灯、时钟和桌面计算器。另一侧靠门的转角则装有一个比飞机洗手间大不了多少的一体化集成卫浴室。这样的空间配置可谓麻雀虽小、五脏俱全，足以满足独身住客的现代城市生活需求。当这些胶囊单元在 1972 年投入市场时，它们的价格在 12 300 美元到 14 600 美元不等，相当于当时一辆德国产豪华轿车的价格[14]。

胶囊塔的建筑施工同时在多个地点进行，包括现场和非现场施工。两座塔楼和一层大堂的建造为现场施工，胶囊舱体则是由一家制造铁路车辆的厂商在东京郊外的厂房内完成预制和组装，运输到建筑工地后，由起重机吊起，从下至上依次固定到混凝土筒体上。每个胶囊都是独立锚固的，以悬臂状从筒体悬空伸出，这样可以在不影响其他单元的情况下拆除单个胶囊。整个项目建设仅用了一年时间。

胶囊塔的生与死

当 1972 年中银胶囊塔落成时，《JA》杂志安排了当年十月份的整期版面来报道黑川纪章的这座划时代的建筑。除了详细地分析中银胶囊塔的设计之外，撰稿人和评论家们还热烈讨论了这种创新的胶囊建筑的发展方向及其对建筑产业的潜在影响。作为全球首个可供居住的胶囊建筑，中银胶囊塔引入了一系列革命性的建筑概念和技术。它不仅代表了当时预制建筑的巅峰水平，也激发了采用集装箱等新兴工业技术进行建筑设计的灵感。此外，中银胶囊塔还催生了一种新的建筑类型——胶囊旅馆（capsule hotel），这种独特、紧凑、高效的住宿形式只会在日本大城市这种环境中应运而生。胶囊塔还衍生出了许多设计创意，后来纷纷被应用于工业产品上，如一体化集成卫浴室。

按照黑川纪章的设想，这种新型预制住宅建造方式具备快速和大规模生产的潜能，将有助于解决全球大城市普遍存在的住房短缺问题。然而，由于这种建造方式的生产成本显著高于传统建造模式，加之其空间有限，楼层布局选择不多，几乎无法满足除了单身人士以外其他任何规模家庭的需求，因此这一愿景很快被证明是不切实际的。在竣工 50 年后，中银胶囊塔仍然是独一无二的，这使它成为了一件无价的艺术品，但从满足城市住房需求的角度看，其设计无疑有诸多亟待完善之处。

黑川对胶囊概念寄予厚望，希望利用它极高的灵活性解决传统大规模住房设计随着生活方式变化而迅速过时的问题。他理解这种转型的必要性，并设想这些胶囊每 25～35 年更换一次。然而，具有讽刺意味的是，像东京这样的现代化城市，其发展和转型之迅猛，使城市“新陈代谢”的实际速度远超新陈代谢派所设想的代际更替速度。这样一来，需要更换的就不是胶囊这样的个别元素，而往往是整幢建筑。到中银胶囊塔要被拆除的时候，这一点已经变得十分明显：它已成为其所在片区最老的建筑之一，被周边更新、更高的塔楼所包围。五十

图 7.11
黑川纪章，中银胶囊塔，1972 年，舱体细部

年间，它矗立在繁华喧闹、瞬息万变的银座区，成为一个鲜明的地标，既象征着代谢城市的理念，也见证着大都市的转型。

城市重建的浪潮终究还是波及了胶囊塔。自 21 世纪初起，人们便开始探索针对其使用问题的解决方案，最终还是无法使胶囊塔逃过被拆除的命运。当然这并不是一个孤例，日本人在淘汰旧建筑一事上常常是毫不留情的。在过去的数十年间，丹下健三和若干新陈代谢派建筑师的著名作品也都被拆除了，哪怕这些建筑物的使用状态仍然良好。丹下 1957 年在丸之内区建造的东京都厅舍——距中银胶囊塔仅咫尺之遥——于 1992 年被拆除，取而代之的是拉斐尔·维诺利（Rafael Viñoly）设计的东京国际论坛大厦。（新东京都厅舍依旧由丹下设计，于此前一年在新宿区落成。）由黑川纪章操刀设计的大阪索尼大厦亦在 2006 年遭到拆除，这座大楼建于 1976 年，其中一个立面上也有垂直排列的胶囊单元，被称为中银胶囊塔的姊妹楼。菊竹清训 1994 年设

计的东京索菲特酒店以富有张力的造型传达了他“树形社区”的概念，但仅仅运营了13年便于2007年被拆除。2011至2012年间，丹下的另一代表作——东京赤坂王子饭店的拆除成为媒体关注的焦点。2019年，菊竹的都城市民会馆遭遇了同样的命运。丹下著名的旧香川县立体育馆也在2023年被拆除，取而代之的是SANNA设计的新体育馆。

在20世纪90年代房地产泡沫破灭之前，日本大城市的土地成本一直居高不下，引发了人们对于土地价值最大化的无止境的追逐，进而造成一系列拆除这些杰出现代建筑的决定。根据建筑历史学家博坦德·博格纳的说法，在日本城市中，一幢建筑的平均建造成本仅占其所在地块价值的约10%，这使得在日本拆旧建新的做法比翻新改造更为普遍，与世界上大多数国家的常规做法形成鲜明对比[15]，即便是那些由著名建筑师设计的地标性建筑也难逃一劫。新陈代谢派建筑受到

图 7.12
菊竹清训，
东京索菲特酒店，
1993 年建成，
2007 年拆除

的影响尤其严重，因为他们所设计的庞大混凝土建筑及其“巨型结构叠加个体单元”的组合模式导致翻新和扩建的可能性十分有限。尤其当建筑设计以“胶囊”为主题时，由于每个胶囊的尺寸较小而且彼此隔离，建筑实际可利用空间较少，经济效益不高，也无法打通改造。事实上，2007 年中银胶囊塔业主曾提出在原地新建一座同样高度的建筑来取代老的双塔，该提议将增加高达 60% 的使用面积。

由于预见到胶囊塔在使用 30 年后必然需要升级和更新，黑川纪章建筑事务所早在 1998 年便着手制定“中银胶囊塔翻新计划”。该计划提出在保持结构筒体不变的情况下更新服务设施，并换上全新的胶囊，以期使胶囊塔能像建筑师最初设想的那样实现自我更新。新的胶囊单元长 4 米、宽 2.5 米、高 2.5 米，尺寸略大于原有的胶囊，除了预制卫浴室外，不再内置其他家具与设备。黑川纪章认为更换胶囊的成本比拆除整个塔楼并建造新楼要少。然而，业主协会没有被说服，仍然要求进行彻底的重建。

当业主们拆除胶囊塔的意图在 2007 年公之于众时，黑川纪章发

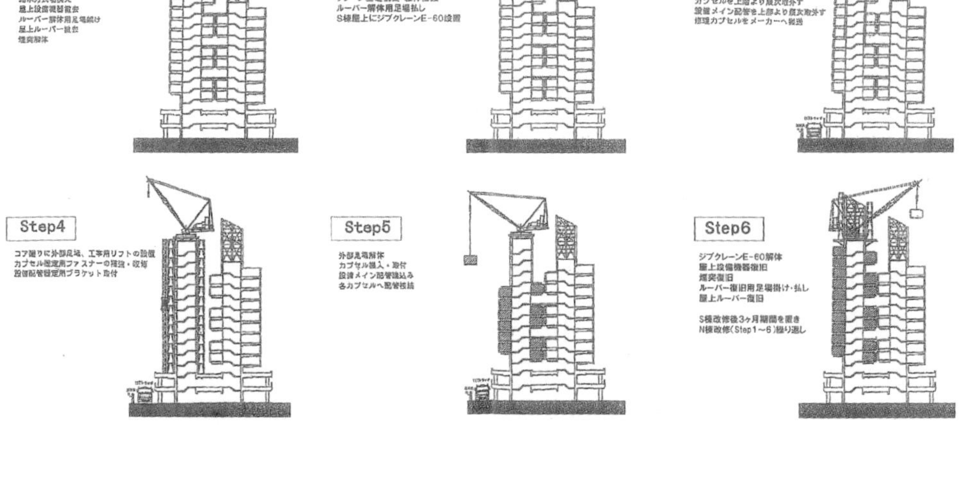

图 7.13
黑川纪章，中银胶囊塔更新计划，2007 年

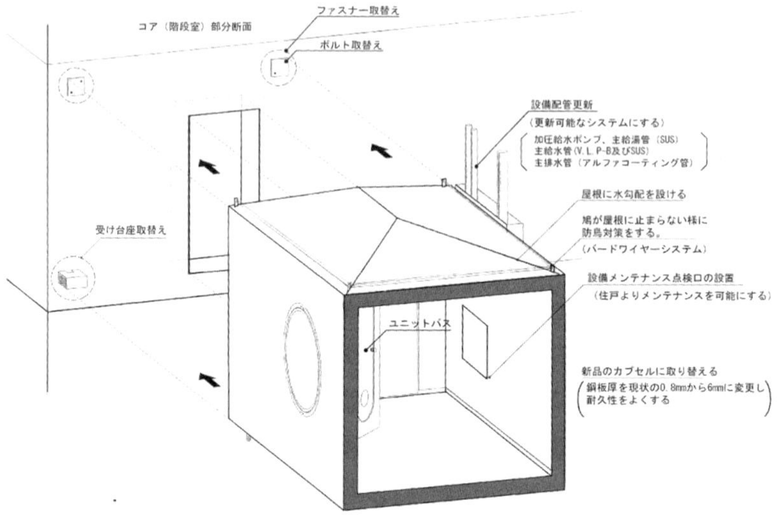

图 7.14
黑川纪章，
新的胶囊设计，
2007 年

起了一场捍卫胶囊塔的斗争，这一年也是黑川生命的最后一年[16]。他抨击了这一拆除计划，甚至称其为一场阴谋：他指出一家美国对冲基金介入了该地产的收购并将监督其重建工作。通过传统媒体和互联网博客，黑川的观点得到广泛传播。他还向多个专业团体发出求助，日本的主要建筑团体，包括日本建筑师协会、日本建筑师和建筑工程师协会联合会，以及 DoCoMoMo 日本都一致支持黑川关于保留中银胶囊塔及翻新该建筑的提案[17]。世界各地的建筑师和设计师也纷纷对黑川纪章的理念表达共鸣。根据伦敦媒体《世界建筑新闻》（*World Architecture News*）一项覆盖 100 个国家逾 10 000 名建筑师的调查，95% 的受访者投票赞成保留胶囊塔，75% 的受访者支持黑川纪章更换胶囊的想法[18]。建筑界和历史保护群体的广泛支持，凸显了人们对于中银胶囊塔作为一项珍贵的建筑遗产的普遍认同。

这些参与问卷调查的建筑师和设计师赞成黑川的理念的一个原因是，替换中银胶囊塔的胶囊单元有助于探索“模块化的可能性”[19]。这座建筑的存在本身就是一种提醒，使人们不致忘却新陈代谢派及同期建筑师的作品中传达的模块化设计、可循环利用等各种理念。从近年的一系列建筑展览中不难看出，人们对这些理念重新燃起兴趣，建筑评论界也从这个角度对现代建筑给予了新的评价。2008 年在纽约

MoMA 举办的“家居速递：现代预制住宅”（Home Delivery: Fabricating the Modern Dwelling）展览就展示了中银胶囊塔的模型，策展人评价其“浓缩了 20 世纪 60 年代日本新陈代谢派的整个建筑思想体系”[20]。《纽约时报》的建筑评论家尼古拉·乌鲁索夫（Nicolai Ouroussoff）在 2009 年参观中银胶囊塔后，也在文章中为维护这栋建筑慷慨陈词。他表示：“对于那些认为对待文化遗产的方式是社会文明进步标尺的人来说，这座建筑的拆除将是一个令人痛心的损失。”[21]

与此同时，全球新一代建筑师对模块化和胶囊建筑的兴趣愈发浓厚，他们继续探索经济效益更高、更为可持续和人性化的大规模住房解决方案。2016 年，SHoP 建筑事务所完成了坐落于布鲁克林的大型开发项目“太平洋公园”（Pacific Park）内的两座住宅塔楼，它们被称为当时世界上最高的模块化建筑。[22]“微型公寓”（Micro-Units Housing）也开始焕发新生：2013 年，纽约市举办了第一届微型公寓设计竞赛。nArchitects 的获奖设计在两年后落成，该项目包含了 55 个公寓，所有单元都是预制的，面积从 23 到 34 平方米不等。它的建造采用了类似胶囊塔的技术，在市区外的工厂建造，然后运输到现场统一吊装。相较于黑川纪章的设计，新的微型公寓单元提供了更为丰富的内部布局和装修选择。

建筑师、房地产开发商以及业主对中银胶囊塔存亡的不同看法，反映了建筑保护的社会文化价值与全球化经济下的城市化逻辑之间的深刻矛盾。东京的房地产市场和日本当代城市文化的独特性进一步加剧了这种矛盾，催生了一种奇特的建筑保护模式：由于在原址上保留历史建筑物会损害土地所有者的经济利益，日本许多历史建筑被迁移到偏远地区，集中安置在一个封闭的文化园区内。明治村（Meiji Village）就是在这一背景下产生的露天建筑博物馆。它位于名古屋市郊约 25 公里处，汇集了日本明治时代（1868—1912）、大正时代（1912—1926）和昭和时代（1926—1989）初期的逾 60 座历史建筑。这些建筑被安置在精心设计的园林景观中，其中最为人所熟知的历史建筑是由赖特设计的、1923 年建成于东京市中心的帝国饭店（Imperial Hotel）。但是，对于第二次世界大战后的现代建筑物，目前并没有类似的露天博物馆保护计划。

图 7.15
nArchitects，
纽约卡尔姆住宅楼，2016 年，微型公寓现场吊装照片

在这场持续逾 15 年的中银胶囊塔命运之争中，政府机构和非政府组织（NGOs）的沉默也值得关注。虽然日本政府和一些国际 NGO［如联合国教科文组织世界遗产公约（UNESCO World Heritage Convention）］拥有拯救现代建筑的权力，但它们没有采取任何行动[23]。日本对其国宝（Japan's National Treasures）和“重要文化财产”（Important Cultural Properties）的保护计划以成效显著、影响力大而闻名，彰显了政府对文化遗产保护的坚定承诺[24]。然而，第二次世界大战之后的优秀建筑并未被纳入到这些计划中，这暴露出公共政策领域存在的空白，以及现代建筑在官方保护计划中定位的不明确。建筑历史学家协会（The Society of Architectural Historians）在 2022 年 5 月，即胶囊塔开始拆除之际发表了一份公开声明，该声明指出了阻碍胶囊塔被列为建筑遗产的两个主要原因：一是被列为保护建筑要有至少 50 年的历史，二是住宅建筑基本上都不会被纳入保护范围[25]。中银胶囊塔既未达到 50 年历史的门槛，又是住宅建筑，这使得政府与 NGO 对这件事的失声似乎都有据可循。

但在不同的社会背景下，仍然存在相当多的例外情况[26]。归根到底，政府和社会组织对此事的冷漠态度还是与日本现代城市的特点以及该国主流的文化遗产观念相关。东京这样的大城市本就以其惊人的变化速度而闻名。英国作家约翰·萨卡拉（John Thackara）指出："（在日本，）人们在设计建筑时并不期望它们能经得起时间的考验，而是预设它们很快就会被拆除，并为更能适应未来经济和技术需求的新建筑所取代。"[27] 这导致东京始终是一个"新"城市：它如今的大多数建筑都是在第二次世界大战后兴建或重造的，统计数据也显示东京每隔十年便会有约 30% 的建筑物被取代[28]。

对物质环境持续变迁的接纳已深深融入日本的文化意识之中，这种文化意识的核心就是经久不衰的"无常"（impermanence）观念。该观念在伊势神宫定期重建的实践中体现得淋漓尽致——这一传统颂扬的便是顺应自然规律的变化与再生[29]。通过变化来实现延续，这一思想不仅启发了新陈代谢派和日本建筑师，也对战后数十年间日本历史遗产保护方法的形成产生了深远影响。正如日本作家长谷川如是闲所说：

> "（日本传统的重要性）不在于单纯保存过去的文化遗产，而在于塑造当代文化；不在于保留事物本身，而在于某些内在的特质如何在当代文化中得以传承和发扬。"[30]

黑川纪章提出的中银胶囊塔保护方案，正是这种文化态度的明证。更换胶囊单元的做法挑战了西方主流的遗产保护观念，即将建筑视为"固定于特定时空中的永久性纪念物"（the monument as permanent object fixed in time and specific to the site）。如果黑川纪章的翻新计划得以实施，胶囊单元被更换，那么在西方的遗产保护观念中，中银胶囊塔将不再符合建筑遗产的定义，因为它已经失去了"原真性"（authenticity）。而在日本的文化语境下，胶囊塔的再生过程恰恰与人们对遗产的理解相吻合，即永恒是通过变化来维系的。讽刺的是，日本社会在文化层面对于变革的宽容乃至推崇，最终导致了更为激进的解决方案——对该建筑进行彻底重建。

胶囊塔的遗产

中银胶囊塔的命运是一个典型的范例，它反映了当代日本及亚洲大城市正面临的保护与活力之间的矛盾，以及各种抉择交织的境况。经济全球化的浪潮加速了亚洲国家的城市化进程，推动城市景观快速演变。在这一进程中，不仅黑川纪章的杰作被拆除，许多具有历史意义的现代建筑也难逃此劫。城市环境变化如此之快，就像中银胶囊塔自 1972 年落成以来，它所处的城市环境已经经历了翻天覆地的变化，尤其在拆除前的十年间，周边地块不断更新，一座由让·努维尔（Jean Nouvel）设计的摩天办公楼也在其马路对面拔地而起。在这样的发展压力之下，无论是以永久性纪念物为核心的西方保护理念，还是日本的远距离迁移策略，似乎都不再可行。

自胶囊塔拆除的决议尘埃落定之后，保护主义者们进行了多方面的努力，试图通过非常规办法保护和弘扬黑川纪章的设计及其遗产价值，保护内容不局限于建筑本身，还包括扩大其影响力。日本数字技术公司 Gluon 获得授权，对整座建筑——包括外部及内部结构——进行了全方位扫描，共获得了逾 20 000 张图像。基于扫描和实地测量所得数据，该公司制成了一个增强现实（augmented reality）模型，让人们能够全方位地欣赏胶囊塔复杂的结构与精妙的空间布局。此外，通过运用大数据技术，这个数字档案还能展现该建筑随着人们对居住空间的调整以及时间的推移而产生的变迁[31]。

与此同时，一些在地组织和艺术机构也试图保存单个的胶囊单元。其中，由几位原中银胶囊塔居民组成的团队发起了“中银胶囊塔 1972/A606”项目，旨在保存其中一个胶囊单元，并将其改造成一个“移动胶囊”，实现黑川纪章关于“移动民之屋”的最初构想[32]。巴黎蓬皮杜艺术中心、纽约 MoMA、香港 M+ 博物馆等大型艺术机构也纷纷出手收集胶囊，作为永久收藏。

技术的进步也带来了新的可能性。黑川纪章建筑事务所已与一家投资公司合作，利用非同质化代币（NFT）技术出售重建胶囊塔的权利。他们设置了两种可供竞标的许可：一种是在全球范围内任何实际基地上重建胶囊塔的权利，另一种是在元宇宙中基于中银胶囊塔的数字版本进行再创作的权利[33]。中标者可以在实地或元宇宙中对其设计进行修改，并且有权转售和发行。这些计划如果得以实现，便意味着尽管原始建筑已经不复存在，黑川纪章的构想仍然能够得到继续传播。在传统保护手段失败之际，数字媒体的崛起提供了一种保存图像和记忆，延续思想、形态及历史的替代方案。

从 1972 年建成到 2022 年拆除，中银胶囊塔宛如一座活化石，充分展示了日本战后先锋建筑的兴衰，并见证了东京城市文化的持续演变。即便在中银胶囊塔被拆除之后，人们依然铭记它作为新陈代谢派杰出代表作所承载的城市理想和社会理念——流动、灵活的城市，以及能够响应快速持续变化的社会需求的系统。尽管中银胶囊塔是一个有缺陷的住宅建筑示范，但它所承载的价值已经超越了传统地标，它对当代社会的意义，也绝不仅仅是作为一次挑战现代主义范式的建筑探索。孕育这座建筑的设计理念和社会理想，以及它所代表的新陈代谢运动，依然与当今众多社会与设计问题相关联，而对这些问题的应答方式仍然在塑造我们当下的甚至未来的社会。诸如“代谢城市”“人造土地”“海洋城市”“生命细胞”和“胶囊”等概念已经为当代建筑师所采纳，用于应对 21 世纪大规模城市转型和全球气候变化等挑战。这些城市概念强调通过涵盖从建筑到城市尺度的途径，在建筑形态、技术和城市生活之间建立一种新型关系，它们提供了强有力的原初理念，持续启发着当代城市的宏伟愿景。从这个意义上讲，中银胶囊塔的生死不仅关乎对历史文物的拯救或对昔日乌托邦的迷恋，它更提供了一个无与伦比的机会，让人们去深入理解当代城市及其发展进程——这才是中银胶囊塔最值得纪念的遗产价值。

注释

1 参见：Yuki Solomon.“Kurokawa's Capsule Tower to be razed,” *Architectural Record* vol. 195, no.6（June 2007）: 34. 这个报道最早于 2007 年 4 月 30 日出现在 *Architectural Record* 网站上（https://www.architecturalrecord.com/articles/3635-kurokawa-s-capsule-tower-to-be-razed）。

2 Carolina A. Miranda.“Essential Arts: The demolition of Tokyo's legendary Nakagin Capsule Tower begins”, *Los Angeles Times*,（2022-04-16）. https://www.latimes.com/entertainment-arts/newsletter/2022-04-16/essential-arts-demolition-begins-on-nakagin-capsule-tower-tokyo-essential-arts.

3 拟议的中银胶囊塔替代建筑的设计细节并未公开。由于 2008 年全球经济衰退后资金不足，该项目被搁置。

4 最近的一个案例是路易·康设计的印度管理学院艾哈迈达巴德分校（Indian Institute of Management, Ahmedabad）建筑群，尽管大众呼吁保留康的原始设计，业主仍在研究重建的方案。

5 Reyner Banham. *Megastructure: Urban Futures of the Recent Past*（New Tork: Harper & Row, 1976）: 45.

6 中银胶囊塔建成后，有大量职场人士（包括旅行社代理、会计师和建筑师）搬进了这座建筑，并将胶囊作为他们的工作空间。参见：Hiroshi Watanabe. *The Architecture of Tokyo*（Stuttgart/London: Edition Axel Menges, 2001）: 148.

7 Jin Hidaka. "Nakagin Capsule Tower Building," UIA 2011 Tokyo Congress Circular, June 2011.

8 Kisho Kurokawa. "From the Age of Machine to the Age of Life," *Japan Architect* 7（Summer 1992）: 98-109.

9 Peter Šenk. *Capsules: Typology of Other Architecture*（Abingdon, UK: Routledge, 2017）: 69.

10 Šenk: 43-51.

11 Kisho Kurokawa. "Challenge to the Capsule: Nakagin Capsule Tower Building," *Japan Architect* 47（October 1972）: 17.

12 Charles Jencks. *The Language of Post-Modern Architecture*（London: Academy Editions, 1977）: 40.

13 同上。

14 Watanabe. *The Architecture of Tokyo*.

15 Botand Bognar. "What Goes Up, Must Come Down," *Harvard Design Magazine* 3（Fall 1997）: 35.

16 黑川纪章于 2007 年 10 月 12 日因心力衰竭去世。

17 "Recent Situation about Nakagin Capsule Tower," Kisho Kurokawa Architect & Associates, [2006-05-30]. http://www.kisho.co.jp.

18 "Nakagin Tower WAN Poll Result," World Architecture News, [2005-09-23]. http://www.worldarchitecturenews.com/index.php?fuseaction=wanappln.projectview&upload_id=162.

19 同上。

20 参见：MoMA. *Home Delivery: Fabricating the Modern Dwelling*（New York: Museum of Modern Art, 2008）. 国际建筑师协会（International Union of Architects，UIA）于 2011 年在东京举办的第 24 届世界建筑师大会（The 24th World Congress of Architects）发布了一份通告，呼吁"重新考虑新陈代谢派的模式"。参见：Hidaka. "Nakagin Capsule Tower Building."

21 Nicolai Ouroussoff. "Future Vision Banished to the Past," *New York Times*,（2009-07-06）[2025-03-19]. https://www.nytimes.com/2009/07/07/arts/design/07capsule.html.

22 "B2," SHoP Architect, [2025-05-04]. https://www.shoparc.com/projects/b2/

23 日本 DoCoMoMo 曾请求联合国遗产部门保护中银胶囊塔，但未能成功。参见：Hidaka. "Nakagin Capsule Tower Building."

24 日本于 1950 年颁布了《文化财产保护法》。截至 2022 年，日本拥有 906 项艺术和工艺品类别国宝，230 项建筑类别国宝；此外，总共有 13 368 项重要文化财产，其中建筑类别有 2548 项。数据来源于日本文化厅国家文化财产数据库（https://www.bunka.go.jp/seisaku/bunkazai/index.html）。

25 Society of Architectural Historians Heritage Conservation Committee. "Statement on the Demolition of the Nakagin Capsule Tower, Tokyo," Society of Architectural Historians, [2025-03-19]. https://www.sah.org/about-sah/news/news-detail/2022/06/07/sah-statement-on-the-demolition-of-the-nakagin-capsule-tower-in-tokyo.

26　例如，美国的菲利普·约翰逊、鲁道夫·辛德勒（Rudolf Schindler）和理查德·诺伊特拉（Richard Neutra）设计的一些住宅建筑都被作为遗产建筑保留下来。

27　John Thackara. “In Tokyo They Shimmer, Chatter and Vanish,” *The Independent*, 1991-09-25（12）.

28　Bognar: 35.

29　Arata Isozaki. *Japan-ness in Architecture*（Cambridge, MA: MIT Press, 2006）: 131, 323.

30　Hasegawa Nyozekan. *The Japanese Character: A Cultural Profile*, John Bester trans.（Tokyo: Kodansha International, 1965）: 101-102.

31　“3D Digital Archive: Nakagin Capsule Tower,” Gluton, [2025-03-19]. https://gluon.tokyo/en/projects/3d-digital-archive-nakagin-capsule-tower.

32　Lizzie Crook. “Rights to rebuild Nakagin Capsule Tower for sale,” *Dezeen*,（2022-08-16）[2025-03-19]. https://www.dezeen.com/2022/08/16/nakagin-capsule-tower-rebuild-auction/.

33　同上。

菊竹清训，Ecopolis 生态都市，1992 年

第八章
透过历史看未来

本书研究了以丹下健三和新陈代谢派为核心的日本先锋派建筑师在第二次世界大战结束后对城市主义新路线的探索，以及他们在职业生涯形成期的实验性规划与设计。新陈代谢运动始于 1960 年东京世界设计大会，结束于 1970 年大阪世博会。但相关建筑师和城市设计师的职业生涯远远不止这短短十年，他们一直保持着极高的创作能量，直至今日仍具有不凡的影响力。他们当中若干人成为国际名人，包括三位普利兹克建筑奖得主。2022 年黑川纪章的中银胶囊塔被拆除，是年年底矶崎新在冲绳家中逝世，2024 年中槙文彦也因病去世，象征着一个时代的彻底落幕。

在某种程度上，这六十多年的时光所见证的不仅是新陈代谢运动的兴起与陨落，更是日本现代建筑一步一个脚印地迈向国际前沿、发展到今日枝繁叶茂的历程。中银胶囊塔的拆除虽然令人惋惜但也难以避免，而那场为了拯救这个现代地标而发起的运动所激发出来的热情，又似乎意味着新陈代谢主义的无形遗产在当今建筑文化中得到了重生，鼓舞了更多学术反思和专业创新。在《日本项目》（*Project Japan*）一书中，雷姆·库哈斯（Rem Koolhaas）将新陈代谢运动誉为“改变建筑学的最后一个运动”（the“ last movement that changed architecture”）[1]。这一饱含激情的评价证明了丹下及新陈代谢派早期作品在当代建筑学和社会背景下的重要意义。

然而，赞誉并非一直是数十年来有关新陈代谢运动的主流论调。从 1970 年大阪世博会落幕之后，围绕着这一运动的热情、曝光度、欣赏和争议在 20 世纪余下的岁月里逐渐销声匿迹。直到 21 世纪头十年，对新陈代谢主义和那些战后从现代主义里分离出来的先锋派运动的研究才重新兴起。新生代历史学家们投身到对这段近史的重新审视中，建筑师和规划师们则把新陈代谢主义概念和意象当作突破传统设计思维的灵感来源。

虽然业界对新陈代谢主义的兴趣不减，学术领域也出现了新的研究成果，但是新陈代谢的城市主义论述及其对现代社会的影响仍未被厘清，这在很大程度上是由于 20 世纪史学界对“巨构”所持的较为负面的态度持续至今。我们还必须摆脱采用西方建筑词汇——如“粗野主义”（béton brut）——来解读新陈代谢运动的倾向，才能够真正地从更全面的角度理解丹下及新陈代谢派的作品，并结合催生那些激进设计概念的日本政治和社会背景来理解他们的城市愿景。要实现这一转变，还必须对巨构以外的其他新陈代谢城市主义论述也进行重新探讨，包括“群造型”和“废墟”，它们都是从新陈代谢运动中发展出来的。这三个理念分别孕育了一个城市设计范式，从不同角度解答了城市增长和转型的问题。这些范式至今仍然影响着当代城市，为意识形态和社会经济愿景更为多元化的当代大都市注入新的活力。

新陈代谢主义在社会层面上的影响值得格外关注。20 世纪 50 年代以来日本的城市重建、经济奇迹和文化崛起，都为新陈代谢派的乌托邦建筑设计和规划方法提供了生长的土壤。新陈代谢派的前瞻性城市项目也满怀重塑日本民族认同、解决后工业社会新兴问题的雄心。他们的作品处在城市主义和乌托邦主义的交叉点上，反映了战后的日本审美、技术潮流和社会理念的转变，试图通过未来主义城市设计及其鲜明有力的原创图像来表达激发社会变革的愿景，以此为当代世界留下了重要遗产。有关新陈代谢主义的新论述将与当下围绕着全球网络、移动科技和数字媒体展开的技术与社会关系的讨论联系在一起，这种延续性为当下研究亚洲的城市化提供了更广阔的视角。

新陈代谢主义的复兴

雷纳·班纳姆 1976 年出版的《巨构》一书代表了 20 世纪西方理论界看待新陈代谢主义的典型视角。该书并非在日本本土以外系统介绍新陈代谢主义作品的最早著作，班纳姆也并非“巨构”一词的创造者[2]。事实上，“巨构”一词首次出现在槙文彦关于“群造型”的论文中[3]。这篇文章在 1964 年发表时，新陈代谢派正凭借在美国 MoMA 的亮相引发现象级国际关注。同年，丹下健三设计的东京代代木国立综合体育馆正式竣工，向世界展示了日本建筑师的技术实力和现代审美水平。在六年后的大阪世博会上，丹下的巨构规划及年轻建筑师们运用各种巨构形态设计的展馆更是出尽风头，进一步凸显了这一概念在整个 20 世纪 60 年代的影响力。

虽然巨构在各类重大国际活动中一时风头无两，也影响着世界各地的大型城市开发项目，但从60年代末期开始，巨构逐渐引发了越来越多的争议，在城市中心应用巨构设计的尝试也遭遇更大的阻力。在大规模抗议的压力下，旧金山政府宣布废除丹下健三为耶尔巴布埃纳花园项目制定的规划，纽约市也放弃了保罗·鲁道夫（Paul Rudolph）设计的曼哈顿下城高速路项目（Lower Manhattan Expressway）。这两个规划均设计于1967年，它们的结局表明巨构的理论愿景与其现实效果大相径庭。在《巨构》一书中，班纳姆批评新陈代谢派的理论“单纯到令人感到麻木”，并指责丹下的东京湾规划导致巨构项目在法国和意大利的风行，产生了“破坏性影响”[4]。

到了70年代，受全球能源危机和随之而来的经济衰退的影响，巨构在建筑界和公众当中的人气持续下降，对巨构的批判成为了主流。

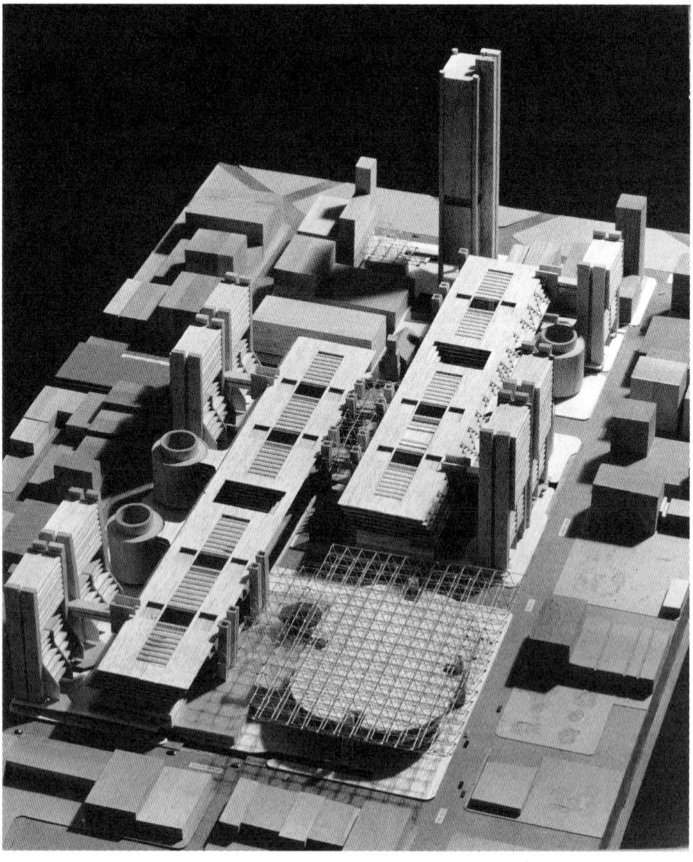

图8.1
丹下健三，耶尔巴布埃纳花园规划，旧金山，1967年，模型照片

班纳姆的书创作于全球学生运动浪潮之后、环境运动开端之时，这本书揽括了一系列依靠尖端技术进行大尺度城市干预的理念和实践，但班纳姆嘲笑它们是“新近逝去的城市未来”（urban futures of the recent past）和“现代主义运动的恐龙”[5]。他秉持的怀疑和批判态度成为之后几十年人们对新陈代谢主义和战后先锋派的普遍看法。

但近年来，建筑评论界对包括十次小组、建筑电讯派、超级工作室、尤纳·弗里德曼和新陈代谢派在内的未来主义城市设计的观点开始转变，这种转变在学术界对新陈代谢运动重燃的研究热情上体现得尤为明显。自 2010 年本书的第一版出版以来，一系列关于新陈代谢主义的新论著在过去十多年间接连问世，一些以新陈代谢运动为主题或以新陈代谢派作品为内容的展览也备受瞩目[6]。如此高的出版和展览曝光度在建筑学领域中是很罕见的，不但佐证了人们对新陈代谢运动的兴趣日益高涨，也表明它与当前建筑和城市规划领域热点话题的相关性。与早前对丹下健三和新陈代谢派作品的零散研究相比，这些新论著的特点是将重点从建筑创作转移到了城市命题上。人们对先锋主义的态度也在发生变化，尽管对巨构的批评依然存在，但对其未来主义城市设计方法的赞赏成为了主流态度。

全球化和经济新自由主义在过去几十年间带来了超乎想象的巨大财富，创造了普遍繁荣的景象，培养了一种近似日本经济奇迹时期的乐观主义心态，也使得新陈代谢主义及其理念再度盛行。同时，这也是一个辉煌的媒体时代，图像、纸上建筑和理想城市概念常常比实体建筑流传更广。历史学家往往将新陈代谢派和同期的先锋派建筑师——如建筑电讯派、塞德里克·普莱斯和情境主义国际——视为将建筑和城市规划当作传媒手段的第一代设计师[7]。他们在设计中融入广告和视觉材料、运用电子技术，其作品强调建筑的非物质特质，而不是具体形式。他们既使用建筑图纸和模型等传统工具，也借助拼贴画、动画、电子显示屏和视频等非传统表现手法来展示小到一个生活舱、大到整座理想城市的各种理念。新陈代谢派还精通展览策划和出版物制作，对上电视也应对自如。他们的作品与现代媒体的紧密结合以及前瞻性的设计方法，都与当代生活方式和审美产生了共鸣。

新陈代谢理论也触及当代城市主义的其他方面。随着中银胶囊塔将被拆除的新闻和争论在全球范围内广泛流传，不但在建筑师群体中激发了对新陈代谢倡导的预制建造、模块化、可循环性和适应性等前沿设计概念的重新探索，也引导人们关注他们关于现代社会的独特构想。建筑评论家尼古拉·乌鲁索夫就认为：

> “胶囊塔不仅仅是一座华丽的建筑；与所有伟大的建筑一样，它是更深层的文化理想的结晶。它的存在有力地提醒着人们，不要忘记那些人类探索过但未选择去走的道路，以及由一套不同价值观所塑造的、完全不同的世界的可能性。”[8]

从根本而言，像胶囊塔这样的建筑以及很多未落地的项目并不是为某个特定场地或具体问题而提出的解决方案，它们是新陈代谢派为后工业时代的城市形态和社会关系提供的一条不同路线的局部原型。尽管他们雄心勃勃的城市规划几乎无一被付诸实施——唯一的例外是大阪世博会这个为期六个月的未来城市实验——但他们的城市乌托邦无愧为 20 世纪下半叶宝贵的思想遗产。在一定程度上，他们城市项目中的乌托邦精神保留了这些前瞻性思想的精髓，并使其经久不衰：因为这些规划不局囿于现状，而是着眼于更广泛、更长远的全球性城市议题。他们的实验性项目为探索现代技术塑造建筑环境的可能性提供了理论模型，成为当代城市规划的伟大先例。

三种城市范式

丹下健三的东京规划 1960 明确揭示了新陈代谢派的常用策略，即以乌托邦项目为武器批判传统城市规划范式，并宣传进步的社会理想。然而，正如 1960 年的新陈代谢宣言所显示的，新陈代谢派内部并没有统一的城市主义论述。在“城市发展作为一个有机过程”这一共识之下，建筑师们采用不同的设计范式来实现不同的政治理念。这些设计有时相互补充，有时又相互制约。这就决定了新陈代谢运动对城市主义的影响并不像过去的史学著作所描述的那般直接。新陈代谢主义基于对技术、城市和社会的不同理解，形成了不同的设计方法，其多元性与日本文化体系的复杂性有密切关系，这使得新陈代谢运动成为乌托邦城市主义研究中的一个独特现象。虽然新陈代谢主义因巨构设计而闻名，但这个运动也催生了另外两种城市范式——一个来自对“群造型”的研究，另一个基于“废墟”的概念。这三种范式从不同的角度诠释城市增长与更新的趋势，每种范式都对城市规划产生了重要影响，并引发对当代城市形态的持续讨论。

班纳姆称赞东京规划 1960“可能是丹下——无疑也是新陈代谢运动——对 20 世纪城市规划思想最大的贡献”。与 1909 年丹尼尔·伯纳姆（Daniel Burnham）和爱德华·本尼特（Edward H. Bennett）提出的芝加哥规划及 1922 年勒·柯布西耶设计的“当代城市”类似，丹下的东京规划掀起了一股“不做小规划”（Make no small plans）的新浪潮[9]。整个 20 世纪 60 年代，建筑杂志上充斥着诸如空间城市、插接城市、机动化、控制论和胶囊等激进概念，提倡者除了新陈代谢派，还有欧洲和北美先锋派建筑师如弗里德曼、建筑电讯派、摩西·萨夫迪和保罗·鲁道夫。他们的影响力体现在许多大型项目的规划上，如纽约巴特利公园城（Battery Park City）的 1969 年版规划方案。尽管这些巨构项目都描绘了宏伟的愿景并塑造了惊人的视觉效果，但最终绝大多数都没能落地。由于技术的限制，即使是少数建成的巨构雏形，如萨夫迪的居所 67、丹下的山梨文化会馆、黑川的中银胶囊塔以及英国的坎伯诺德新城中心（Cumbernauld Town Center），也都显得颇为笨拙且缺乏灵活性，并没有达到它们改变城市规划和建筑设计基本方式的预期。

到了 80 年代，在“泡沫经济”的推动下，大型工程项目在日本再度兴起。尽管这些项目往往涉及大规模填海造地，规划方法上仍将城市视为“白板”（tabula rasa），但它们的规划师淡化了上一代人的政治雄心，采用更灵活的布局，意图实现渐进式发展。新陈代谢派建筑师大高正人主持规划的横滨 21 世纪未来港就是这类巨构城市重组的典范。这个新型商务区以发展第三产业导向的经济为规划布局的核心，并辅以类型多样的住房和娱乐设施[10]。新陈代谢派对未来城市的形象刻画提升了这类大型开发项目的可信度，并提供了一种优先建设基础设施以支持城市长期持续发展的规划模式。这些策略启发了整个亚太地区的城市政策和规划，导致东亚和东南亚各国相继追随日本经济自由化的脚步，投入大规模城市开发的洪流中。

巨构还在世界各地一些特殊类型的开发项目中留下了痕迹。自20世纪90年代以来，机场、大型购物中心、超级摩天楼如雨后春笋般涌现，成为在设计中应用巨构原型的实例。它们不仅规模越来越大，而且往往成为集购物、餐饮、娱乐和酒店等多种功能于一体的综合体，里面还配备了专用的交通系统以保证其全天候运转，这使它们成为实质上的“城中之城”。世界博览会和大型展览会代表了另一种持续受到巨构影响的项目类型，它们往往通过庞大的立体交通系统将各个展馆连接起来。2010年上海世博会的“世博轴”几乎重现了1970年大阪世博会横跨整个园区的线性“主干设施”，而这两个世博会的规划都让人联想到丹下的东京湾规划的核心——巨构的城市之轴。

对全球环境严峻挑战的认识也促使建筑师们去构思规模庞大、可自给自足的巨型建筑，希望这些建筑不仅能提供安全的人类栖息地，还能减少能源消耗和碳足迹。保罗·索莱里（Paolo Soleri）便是探索这种环保型巨构概念的先锋建筑师之一，他把“建筑”与“生态”融

图 8.2
横滨 21 世纪未来港

合成新的“生态建筑学”（arcology）概念，形成自己独特的理想城市设计方法[11]。这些大体量生态建筑在经济运作上自成一体，在环境上自给自足，可以建在地球上一些自然环境最不理想的地方——如沙漠、沼泽和海面，以保护农林牧用地，减少城市住区对自然系统的影响。

人们对气候变化日渐加深的忧虑使新陈代谢主义和索莱里的思想再次成为关注焦点，也推动建筑师和规划师们从全新角度构思和设计人类栖息地。显然，要应对全球范围的复杂环境问题，一种将建筑、规划、景观和生态设计结合起来的整体性方法十分必要，其成果则往往以巨构的综合性形态出现。人们需要利用最新技术，遵循绿色设计原则，以更为生态友好的方式进行建筑和环境设计。

卡特里娜飓风（Hurricane Katrina）过后，建筑师凯文·肖普弗（Kevin Schopfer）为新奥尔良市设计了一个名为“诺亚”（New Orleans Arcology Habitat，意为“新奥尔良生态建筑栖息地”，简称NOAH）的巨构方案，并主张将其作为沿海城市应对海平面上升等环境危机的建筑原型。NOAH是一个漂浮在密西西比河上的巨大的三角形平台，上面能容纳40 000名居民，提供各种设施以支持这座立体城市的运转[12]。建筑师文森特·卡勒博特（Vincent Callebaut）以仿生学方法设计的巨大垂直农场也体现了相似的设计思路。这个项目被假定坐落在罗斯福岛上，形似一只巨大的蜻蜓，与新陈代谢主义把城市视作有机体的隐喻遥相呼应，也与将农业和城市社会融为一体的经典乌托邦理念不谋而合。

虽然巨构始终是新陈代谢运动最具影响力的城市设计范式，在新城新区规划中尤为常见，群造型却代表了从这个运动中孕育而来的另一种城市主义范式，它对既有城市街区的改造更新具有重大影响。相较于巨构严格且层级分明的组织形式，槙文彦更倾向于通过独立个体要素的有机扩展形成城市的内部秩序，这一特征在乡土村落中颇为常见：每个单体建筑都遵循一个统一的设计原型，这个原型决定了建筑群的整体特征，却可以产生无穷无尽的变化。正如槙文彦在其代官山集合住宅设计中所展示的那样，群造型理念代表着一个更为灵活的城市体系，能更好地适应当代社会日新月异的需求。群造型遵循既有的城市肌理，潜移默化地引导城市的演进，这个模式事实上已刻在东京不断变化的城市风貌中。

图 8.3
凯文·肖普弗，
新奥尔良生态建
筑栖息地（NOAH），
2009 年

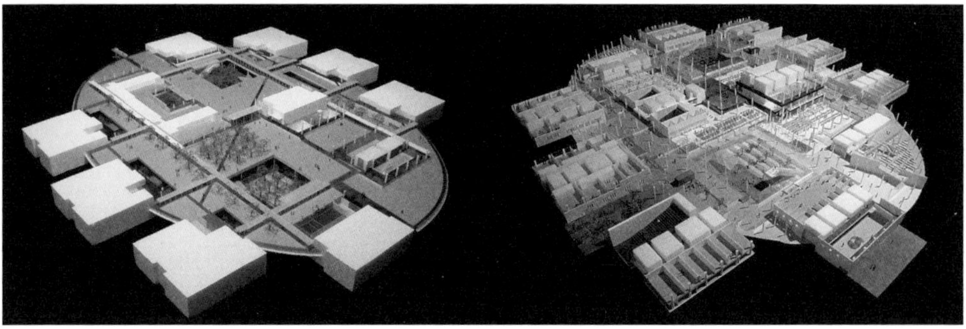

图 8.4
槙文彦，新加坡
共和理工学院，
2009 年，数字
模型

建筑学者亚历山大·迪胡格（Alexander D'Hooghe）认为群造型是“城市肌理与纪念性建筑之间的第三领域”（a third realm between the fabric of the city and the monument）[13]。这一形式尤其适合于一些特殊片区，例如由不同建筑单体相互连接组成的松散式建筑群，大学校园便是其中之一，其特点是“仿佛碎片之间象征性的聚集、拥抱与对话”[14]。槙文彦为新加坡共和理工学院（Republic Polytechnic in Singapore）所制定的规划便体现了这样的特点。为了契合这所大学强调灵活性、适应性和效率的独特教育体系，他设计了 11 个平面尺寸均为 40 米 × 40 米的立方体，组成一系列的“学习舱”（learning pods）以提供各式学习空间和满足多种其他用途。其中有几个学习舱坐落在一个平面尺寸为 240 米 × 160 米的基座之上，这个基座位于校园中心，作为全校的“学习中心”（leaning hub）或“城市广场”（agora），多条通道犹如网络般将广场与 11 个学习舱的垂直交通系统连接起来。

群造型不仅仅是一种设计方法，更对建筑学中的文脉主义（contextualism）和平民主义（populism）理念研究做出了重要贡献。群造型理论形成于 20 世纪 60 年代，当时人们对乡土建筑的兴趣日渐浓厚。这一时期有两个代表性事件：一个是伯纳德·鲁道夫斯基 1963 年在纽约 MoMA 举办的“没有建筑师的建筑”展览，另一个是同年由伊藤郑尔和矶崎新主持的关于“日本都市空间”的研究[15]。建筑师对乡土建筑文化的日益关注催生了文脉主义和平民主义的城市设计方法。与借助总体规划框架来制约或推进城市扩张的做法不同，群造型以认可并尊重现有城市肌理为原则，强调利用城市固有的自然更新过程作为城市干预的范本。这一观念首先影响了学术界，然后在实践中蓬勃发展。甚至柯林·罗（Colin Rowe）和弗雷德·科特（Fred Koetter）所著的《拼贴城市》（*Collage City*）也被视为这种城市主义思想在 70 年代的发展[16]。

群造型理念也有助于充分考虑社会的多元构成，提升公共领域的包容性。在这个理念影响下，越来越多的人认同把非正规社区（informal settlement）作为城市主义的有效范式之一。那些常常被称为棚户区、贫民窟、违章自建区或“城中村”的非正规社区，是由无数个体在无监管状态下自发建造的建筑经年累月形成的城市肌理。近年来，它们吸引了许多建筑师、城市规划师、地理学家和社会学家，从不同角度对其物质形态和社会构造展开研究。在这里，秩序与混乱的关系被重新定义，这敦促设计师、规划师和管理部门以谨慎和尊重的态度来对待这些平民社区的城市更新[17]。

新陈代谢运动为 21 世纪城市主义做出的第三个理论贡献是矶崎新倡导的“废墟”概念。这个概念起初指向城市在遭受灾难后的状态，但随后演变成一种激进的设计观念，成为对当代城市转型以及对日本城市文化的回应。尽管矶崎新与其他新陈代谢派成员一样对巨构和未来技术抱有极大热情，但他认为，城市增长不应被视为一个连续和可预测的过程，突发性事件随时可以打断城市社会发展进程。他的拼贴画作品，如 1962 年的《孵化过程》和 1968 年的《未来城市的毁灭》，反映了日本社会普遍存在的末日情绪，这种情绪在战后几十年间也渗透到科幻小说等各种艺术形式的创作中[18]。

图 8.5
都市实践
URBANUS，
城中村更新，
2005 年，模型

图 8.6
矶崎新，筑波科学中心，1983 年，一幅描绘废墟意象的渲染图

城市和废墟之间错综复杂的关系启发了反传统的建筑师，帮助他们摆脱现代主义乌托邦的束缚。这催生了日本后现代主义的兴起，并带来全新的设计理念。矶崎新在作品中经常运用矛盾的手法，把历史批判融入其中，让他的建筑呈现出一种隐喻性的衰败和死亡氛围，比

如 1983 年的筑波科学中心。历史学家博坦德・博格纳也观察到 20 世纪 80—90 年代的日本建筑普遍呈现出“轻盈、表面、分裂、溶解”等特质，如槙文彦的“云状形态”、伊东丰雄的“流动空间”，以及坂茂（Shigeru Ban）的“纸建筑”等[19]。废墟概念不断向建筑师们提醒着现代城市的物质环境中瞬息万变的元素和蕴藏的不可见维度，它与近期被反复讨论的建筑与城市“去物质化”（dematerialization）议题相呼应，也回应了不断消解现实与虚拟界限的数字技术日益增长的影响力。

矶崎新的废墟理念推翻了社会永恒进步的幻想，批判了现代社会对技术的膜拜，但它不应被简单地视为一种悲观态度。在矶崎新看来，城市革命既是破坏性的，也是建设性的，因此人类社会将在“城市”与“废墟”状态之间循环往复。作为城市的反面，废墟的存在时刻提醒人们事物发展进程中的对立与反复。东京就是诠释矶崎新关于“城市质变”（metamorphosis）这一观点的绝佳例子。自 1923 年的关东大地震以来，这座城市屡次遭受灾难性毁灭，也不断被重建。2011 年 3 月的大地震与海啸对东京的基础设施造成了严重打击，打乱了城市生活秩序，并引发了福岛核电站的灾难性核泄漏。这一方面凸显了城市社会在天灾人祸面前的脆弱性；另一方面，东京的每一次灾后重建都展现了这座城市的韧性，也证明了人类社会的进步从来都不是一个线性过程。

21 世纪前二十年发生的一系列事件，预示着人类社会有可能再次陷入末日境地。以美国为例，2001 年的“9・11”恐怖袭击摧毁了纽约这座繁荣而强大的世界中心城市；2008 年的政策失误使得美国的金融系统土崩瓦解，造成了严重的经济衰退；气候变化引发的风暴和洪水等灾害频繁发生，往往致使整座城市或整个州陷入瘫痪，成千上万居民因此丧生。2019 年末新冠疫情的暴发和反复打乱了全球城市社会的运行，导致学校关闭、企业停摆、贸易中断、街道空无一人、城市如同废墟般死寂。这些事件都发出强烈警示：城市的建造与发展不应仅仅是为了塑造宏伟壮观的景象、推动城市化或刺激经济发展，还必须建立一个具有完备物质和社会基础设施的韧性系统，以应对可能出现的“废墟”状况，并使城市在任何灾难后都能迅速恢复，重振旗鼓。

废墟并非仅是灾难的结果。在更广泛的意义上，它们存在于日常

图 8.7
建设中的上海浦东陆家嘴金融中心，1996 年

生活中，是城市演进过程的一部分，因此在不同的背景下以不同形态呈现。中国和印度等国家正经历着迅猛的城市化进程，其城市重建与扩张往往伴随着老城区或村庄的大规模拆除。这番景象仿若矶崎新所描绘的“未来城市的毁灭”：废墟尚未清理，以摩天楼群为标志的“未来城市”已从旧日的残垣断瓦中拔地而起。1980 年以来，中国已经兴建了数千座新城——工业园区、高科技园区、主题小镇、中央商务区和生态城市如雨后春笋般涌现。一座新城的崛起往往伴随着旧城镇或社区在推土机的轰鸣声中消失，这样的景象无处不在[20]。这样的大规模城市化对传统城市发展模式提出了挑战，同时也印证了矶崎新的预言：正是“城市”与“废墟”这两种状态的循环往复，推动着城市社会的演进。

作为遗产的乌托邦

新陈代谢城市乌托邦的影响在当代城市的某些方面仍有迹可循。这些现象往往出现于不同意识形态和经济发展议程的竞争中，反映着不同利益群体和城市塑造力量的博弈。就像追求宏大叙事和理性规划的目标催生了 20 世纪 60 年代的巨构项目，如今，这种雄心仍然体现在诸如市政中心、中央商务区、新城区、奥林匹克公园、世界博览会以及大型基础设施等众多政府的重点项目中。群造型成为了不少自下而上的城市街区更新或非正规居民区的形态特点，开明的建筑师们常常基于这一概念，以更细腻敏锐的方式介入城市历史肌理的梳理和发展。废墟概念指明了大规模城市化进程中“建设”与“摧毁”这一矛盾关系，表现在对旧居民区的粗暴拆除和居民的转移安置。这些城市化进程的重叠交织导致了城市的异质化，呈现为截然不同的片段肌理的并置，如超级街区、巨型办公楼、迷宫般的传统街巷、购物街，以及少数族裔或外来人口的贫民窟如拼图般地共存。这样的城市往往呈现出一种混乱感，但混乱中又包容动态的秩序，一道推动着城市不断演变和再生——恰似一个有机体的运行[21]。在这层意义上，“新陈代谢主义”仍能为理解当今大都市转型的复杂机制提供令人深思的启发。

新陈代谢运动留给当代世界的遗产更多是这些建筑师通过前瞻性规划提出的社会问题，而非他们为这些问题提出的实践解决方案。当时正值后工业时代即将来临之际，他们试图通过乌托邦项目引入新的城市理念，在空间和时间维度上引导后工业城市的发展。他们在 20 世纪 60 年代所倡导的那些城市形态和建筑原型，在今天看起来已流于僵化和冗余，但是他们当时提出的许多主题依然经久不衰，如模块化建筑系统、可循环利用性、人造土地、适应性基础设施，以及集群形态与个体选择之间的关系，等等。

丹下健三和新陈代谢派是现代高密度城市形态的倡导者，并面向大规模市场设计了相应的建筑原型，这一议题直至今日仍颇有意义。随着世界上许多区域城市化进程的加速，给不断增长的人口提供住房仍然是 21 世纪迫在眉睫的挑战。大规模生产和消费也造成了建筑和文化领域里大众化与个性化的冲突，新陈代谢派为应对这些挑战而设想的空间规划方法，尝试在整体基础设施框架内将单体建造的主动权交给居民，使他们能建造自己的住宅。模块化设计和胶囊原型的运用也旨在鼓励这样的参与式设计，通过定制建造实现个性化。诚然，这些理想概念尚不足以提供实质性的技术解决方案，他们对当代社会结构的理解也过于简单，但是，新陈代谢派的项目敏锐地把握了集体与个体之间的矛盾和统一，透过这一关系寻找面向未来的可能路径，也许答案就存在于如今无处不在的对等网络（peer-to-peer network）和群体智慧中[22]。

新陈代谢派与同一时期其他巨构主义设计师的区别在于，他们更关注系统的灵活应变能力而非巨构本身的建造，体现在像“我们不应试图预测会发生什么，而应试着为那些无法预见的事做好准备”这样的主张中[23]。新陈代谢派摒弃了传统设计方法，转而研究能够适应瞬息万变的社会经济状况的互动式系统。虽然他们所设想的适应性系统的技术可行性仍值得推敲——就像中银胶囊塔暴露出来的问题那样——但他们将建筑元素按不同生命周期作出区分的理念，为打造这样的系统提供了一种图解式模型。当然，他们主张的建造方式仍然极度依赖一个大型永久性系统，这样的等级模式的内在矛盾性意味着它无法有效回应如今日渐扁平化的社会所面临的需求。

新陈代谢派反对将城市看作纪念性的场所，而是一个接受各种干预而不断演变的场地。意大利未来主义运动先锋安东尼奥·圣埃里亚（Antonio Sant' Elia）在他 1914 年的宣言中强调了现代城市的短暂性：“事物并不如我们那么持久。每一代人都必须建设属于他们自己的城市。”[24] 但新陈代谢派认为文化延续可以通过精心规划的转型来实现，

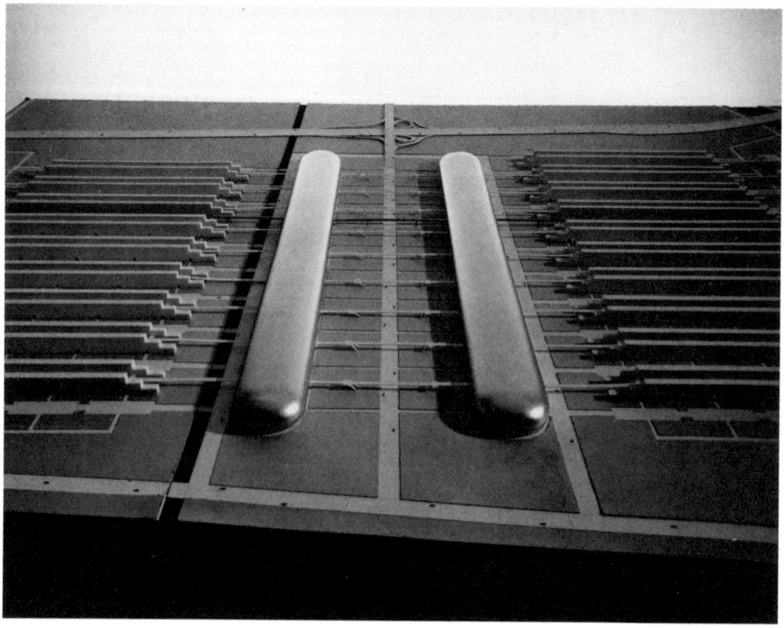

图 8.8
矶崎新，计算机辅助城市，1972 年，模型

就像伊势神宫的定期重建保留了神道教的建筑精粹一样。他们的城市规划项目试图建立一种能够积极顺应技术变革的模式，让建筑通过经历建设、拆除和重组的全周期来实现连续的进化。讽刺的是，在全球资本流的驱动下，当代经济逻辑与新陈代谢派的乌托邦主张并不一致，导致了诸如拆除中银胶囊塔这样的损失。

当前，技术创新正以前所未有的速度推动城市演进。从工业时代迈入数字时代，永恒与瞬变之间的传统分野被打破。城市设计实践也将重点从实体结构转向城市的内在组织，以及以数字的或生态的方式呈现的“柔性”基础设施。人流、物流、创意和数据网络已经四通八达、创造了一个普世性的社群，也打破了固有的物理区隔和社会结构[25]。与此同时，虚构不再是现实的对立面；相反，它强化了现实，与现实并行，成为了未来的现实。新陈代谢主义通过其创造的乌托邦，依然存在于当下，其思想也将伴随我们迈向一个新的未来。

注释

1　Rem Koolhaas, Hans Ulrich Obrist. *Project Japan: Metabolism Talks...*（Cologne: Taschen, 2011）: 12.

2　Reyner Banham. *Megastructure: Urban Futures of the Recent Past*（New York: Harper & Row, 1976）.

3　Fumihiko Maki. *Investigations in Collective Forms*（St. Louis: Washington University School of Architecture, 1964）.

4　Banham: 47, 57.

5　同上，7 页。

6　本书的第一版由作者 2006 年提交给宾夕法尼亚大学的博士论文改编而成，于 2010 年出版。第一版的中译版则于 2011 年出版。2011 年，历史学家八束初出版了一本名为《新陈代谢·关联》（メタボリズム・ネクサス）的日文图书，同年他还在东京的森美术馆共同策划了题为“新陈代谢：未来之城”（Metabolism: The City of the Future）的展览。2011 年，建筑师雷姆·库哈斯（Rem Koolhaas）和策展人汉斯·奥布里斯（Hans Ulrich Obrist）在《日本项目：新陈代谢对谈》（*Project Japan: Metabolism Talks...*）一书中发表了他们对新陈代谢派建筑师的采访。随后艾格尼丝·尼拉斯（Agnes Nyilas）、威廉·加德纳、凯西·麦克（Casey Mack）和 Raffaele Pernice 拉斐尔·佩尼斯也相继撰写或编著了关于新陈代谢运动的著作。参见：Koolhaas and Obrist. *Project Japan: Metabolism Talks...*; Mori Art Museum. *Metabolism: The City of the Future*（Tokyo: Mori Art Museum, 2011）; Agnes Nyilas. *Beyond Utopia: Japanese Metabolism Architecture and the Birth of Mythopia*（New York: Routledge, 2018）; William O. Gardner. *The Metabolist Imagination: Visions of the City in Postwar Japanese Architecture and Science Fiction*（Minneapolis: University of Minnesota Press, 2020）; Casey Mack. *Digesting Metabolism: Artificial land in Japan 1945–2202*（Berlin: Hatje Cantz Verlag, 2022）; Raffaele Pernice ed. *The Urbanism of Metabolism: Visions, Scenarios and Models for the Mutant City of Tomorrow*（London: Routledge, 2022）.

7　以下书籍探讨了战后先锋派建筑与媒体之间的关系：Simon Sadler. *Archigram: Architecture without Architecture*（Cambridge, MA: MIT Press, 2005）; Stanley Matthews. *From Agit Prop to Free Space: The Architecture of Cedric Price*（London:Black Dog Publishing, 2007）; Ken Knabb ed. *Situationist International Anthology*（Berkeley, CA: Bureau of Public Secrets, 2006）.

8 Nicolai Ouroussoff. "Future Vision Banished to the Past," *New York Times*,（2009-07-06）[2025-03-19]. https://www.nytimes.com/2009/07/07/arts/design/07capsule.html.

9 Banham: 49.

10 以横滨 21 世纪未来港为例，比较分析新陈代谢派的巨构概念与日本经济泡沫时期的大型项目之间的异同，可参见：Zhongjie Lin. "From Megastructure to Megalopolis: Formation and Transformation of Mega-Projects in Tokyo Bay," *Journal of Urban Design* vol. 12, no. 1（February 2007）: 73-92.

11 索莱里在一本名为《生态建筑学：人类图景中的城市》的专著中阐述了他的生态建筑学理论。该书共收录了 30 个生态建筑项目。参见：Paolo Soleri. *Arcology: The City in the Image of Man*（Cambridge, MA: MIT Press, 1969）.

12 Yuka Yoneda. "NOAH: Mammoth Pyramid Megacity for New Orleans," *Inhabitat*,（2009-08-19）[2025-03-19]. http://inhabitat.com/noah-mammoth-pyramidal-arcology-designed-for-new-orleans/.

13 Alexander D'Hooghe. *The Liberal Monument: Urban Design and the Late Modern Project*（New York: Princeton Architectural Press, 2010）: 49.

14 同上。

15 Bernard Rudofsky. *Architecture without Architect: A Short Introduction to Non-pedigreed Architecture*（New York: Museum of Modern Art, 1964）; 都市デザイン研究体 ."日本の都市空間", 建築文化 vol.18, no. 206（December 1963）.

16 Colin Row, Fred Koetter. *Collage City*（Cambridge, MA: MIT Press, 1978）.

17 相关研究例子包括：Alfred Brillembourg. *Informal City: Caracas Case*（New York: Prestel Publishing, 2005）; Manish Chalana. "Making way for a Global Metropolis: Mumbai's Rapidly Transforming Informal Sector," *The Emerging Asian City: Concomitant Urbanities & Urbanisms,* Vinayak Bharne ed.（London: Routledge, 2012）: 193-203; Lucy Bullivant. *Masterplanning Futures*（London: Routledge, 2012）.

18 威廉・加德纳的书将新陈代谢派的城市愿景与战后几十年间的日本科幻小说联系起来。参见：William O. Gardner. *Visions of the City in Postwar Japanese Architecture and Science Fiction.*

19 Botand Bognar. "What Goes Up, Must Come Down," *Harvard Design Magazine* 3（Fall 1997）: 38.

20 中国城市规划设计研究院 2020 年出版的调查报告显示，自 1980 年以来，中国已建设了 3800 多个新城和新区。参见：王凯，刘继华，王宏远，等. 中国新城新区 40 年：历程评估与展望（北京：中国建筑工业出版社，2020）.

21 雷姆・库哈斯指出，在东京，"混乱不仅有详细记载，也被广为认同，并且已经成为一种消费对象……智性力与受虐狂在那里并存，混乱迅速成为建筑和城市规划的主旋律"。参见：Rem Koolhaas. "Urbanism after Innocence: Four Projects," *Assemblage* 18（August 1992）: 94.

22 2006 年的《建筑设计》秋季刊特刊探讨了设计中的集体智慧问题。参见：*Architectural Design*（*Special Issue: Collective Intelligence in Design*）vol. 76, no. 5（September/October 2006）.

23 Nicholas John Habraken. *Support: An Alternative to Mass Housing*（London: Architectural Press, 1972）: 42.

24 Antonio Sant'Elia. "The Manifesto of Futurist Architecture 1914," *Futurist Manifestos*, Umbro Apollonio ed.（Boston, MA: Museum of Fine Arts Publications, 2001）: 172.

25 2000 年在纽约公共图书馆举办的一场名为"元世界"的展览探讨了互联网如何扩展乌托邦的概念。参见：Roland Schaer, Gregory Claeys, and Lyman Tower Sargent eds. *Utopia: The Search for the Ideal Society in the Western World*（New York: New York Public Library and Oxford University Press, 2000）.

参考资料

一、丹下健三的文章与专著

丹下健三 . "MICHELANGELO 頌— Le Corbusier 論への序説として ." 現代建築 vol.12（Dec. 1939）: 36-47.

_______. "建設をめぐる諸問題 ." 建築雑誌 vol. 63, no.737（Jan. 1948）.

_______. 地域計画の理論 . 日本建築学会研究報告 , 1950.

_______. "現代建築の創造と日本建築の伝統 ." 新建築 vol.31（June 1956）: 25-33.

_______. "都市の地域構造と建築形態 ." 東京大学博士学位論文 , 1959.

_______. "流動と安定 25 000 人のためのコミュニティ計画 ." 建築文化 vol. 15, no. 167（Sep. 1960）: 43-46.

_______. "新東京計画が実現すれば ." 週刊朝日（Oct. 16, 1960）.

_______. "東京の構造改革計画 ." 朝日ジャーナル（1961-02-12）: 15-18.

_______. "都市計画家の発想と現実 ." 朝日ジャーナル（1962-01-07）: 31-33.

_______. "空間と象徴 ." 建築文化 20（June 1965）: 102-103.

_______. "都市と建築：東京計画 1960. " 現代日本建築家全集 10：丹下健三 , 栗田勇 , 编 . 東京 : 三一書房 , 1971: 94-108.

_______. "21 世紀に向けて 都市と建築への私の提言 ." SD スペースデザイン（特集 : 丹下健三）no.320,（May 1991）: 184-190.

_______. SD スペースデザイン（特集 : 丹下健三 Kenzō Tange and Urtec）no 184,（Jan. 1980）.

_______. 丹下健三——一本の鉛筆から . 東京 : 日本図書センター, 1997.

丹下健三 , 等 . "座談会 メタボリズムをめぐって ." 近代建築 vol.14, 1960（11）: 67-72.

丹下健三・都市・建築設計研究所 . *Process Architecture no.73*. 東京 : プロセスアーキテクチュア（Jun. 1987）.

丹下健三研究室 . "東京計画 1960：その構造改革の提案 ." 新建築 , 1961（3）: 79-119.

_______. 東京計画 1960：その構造改革の提案 . 東京 : 新建築社 , 1961.

丹下健三 , 藤森照信 . 丹下健三 . 東京 : 新建築社 , 2002.

丹下健三 , 川添登 , 渡辺義雄 . 伊勢：日本建築の原形 . 東京 : 朝日新聞社 , 1962.

ワルター・グロピウス , 丹下健三 , 石元泰博 . 桂：日本建築における伝統と創造 . 東京 : 造型社 , 1960.

栗田勇 , 编 . 現代日本建築家全集 10：丹下健三 . 東京 : 三一書房 , 1970.

Bettinotti, Massimo, ed. *Kenzō Tange 1946–1996*. Milan: Electa, 1996.

Kultermann, Udo, ed. *Kenzō Tange 1946–1969: Architecture and Urban Design*. New York: Praeger Publishers, 1970.

_______. *Kenzō Tange*. Barcelona: G. Gili, 1989.

Tange Kenzo. " Ashita ni sonaeru toshizo" [明天的城市形态]. *Asashi shinbun*（Feb. 14, 1958）: 6.

_______. " An Approach to Tradition." *Shinkenchiku*（Jan./Feb. 1959）: 55-58.

_______. "Technology and Humanity," *Japan Architect*(Oct. 1960) : 11-12.
_______. "Aestheticism and Vitalism." *Japan Architect*(Oct. 1960) : 8-10.
_______. "A Plan for Tokyo, 1960." *Ekistics* 12(July 1961) : 9-19.
_______. "From Architecture to Urban Design." *Japan Architect*(May 1967) : 23-27.
_______. "Tokaido-Megalopolis: The Japanese Archipelago in the Future." *Kenzō Tange 1946–1969: Architecture and Urban Design*. Udo Kultermann, ed. New York: Praeger Publishers, 1970
_______. "Function, Structure, and Symbol." *Kenzō Tange 1946-1969: Architecture and Urban Design,* Udo Kultermann, ed. Artemis Zurich: Verlag für Architektur, 1970: 240-243.
_______. "The Expo '70 Master Plan and Master Design." *Japan Architect*(May-June, 1970) : 18-20.
_______. "Past Lineage and Future Vector of Urban Design at the Tange Studio." *Japan Architect* (Sep. 1971) : 43-50.
_______. *Japan Architect (Special Issue: Lineage of Urban Design)* 46(Sep.-Oct. 1971) .
_______. "Images of the Future Urban Environment." *Human Identity in the Urban Environment*, Gwen Bell and Jacquelaine Tyrwhitt, eds. London: Pelican, 1972.
_______. "Development of Design Concept and Methodology." *Japan Architect*(Aug/Sep 1976) : 11-14.
_______. "Recollections: Architect Tange Kenzō, Part 1." *Japan Architect*(Apr. 1985) : 7-12.
_______. "Recollections: Architect Tange Kenzō, Part 2." *Japan Architect*(May 1985) : 6-12.
_______. "Recollections: Architect Tange Kenzō, Part 3." *Japan Architect*(June 1985) : 6-14.
_______. "Recollections: Architect Tange Kenzō, Part 4." *Japan Architect*(July 1985) : 6-15.
_______. "Recollections: Architect Tange Kenzō, Part 5." *Japan Architect*(Aug. 1985) : 6-12.
_______. "Recollections: Architect Tange Kenzō, Part 6." *Japan Architect*(Sep. 1985) : 6-15.
_______. "Recollections: Architect Tange Kenzō, Part 7." *Japan Architect*(Oct. 1985) : 6-14.
_______. "A Plan for Tokyo, 1986." *Japan Architect* 367/368(Nov.-Dec. 1987) : 8-45.
_______. "Creating a contemporary system of aesthetics." *Japan Architect* vol. 65, no.1(Jan. 1990) : 8-9.
Tange, Kenzō, Antonin Raymond. "Dialogue: Questions by Mr. Kenzō Tange and Answers by Mr. Antonin Raymond Broadcast on April 27th, 28th and 29th, 1960 in Japanese." *Architectural Design* vol. 31, no. 2(1961) : 56-57.
Tange, Kenzō, Kuzuo Shinohara. "After Modernism: a dialogue between Kenzō Tange and Kuzuo Shinohara." *Japan Architect* vol. 58, no.11-12(Nov.-Dec. 1983) : 7-12.
Tange, Kenzō, Noboru Kawazoe. *Ise: Prototype of Japanese Architecture*. Cambridge: MIT Press, 1965.
Tange, Kenzō, Noboru Kawazoe. "Some Thoughts about Expo '70." *Japan Architect*(May/June 1970) : 29-34.

二、新陈代谢派成员和矶崎新的文章与著作

川添登 ."今日の言葉…… ユートピアと建築家 ." 近代建築 vol. 13(Nov. 1959) : 9-11.
_______. "メタボリズムの基礎 ." 近代建築 vol. 14, 1960（11）: : 31-37.
_______. "1960 年の建築を回顧して「現代世界に於ける建築家の役割」" . 近代建築 vol. 14(Dec. 1960) : 9-11.

________. “大東京最後の日 .” 建築文化 vol. 16, no.171 (Jan. 1961) : 5-12.

________. “丹下健三論— その存在の現代的意味 .” 朝日ジャーナル (1965-03-21) : 89-97.

________. “メタボリズム 1960–2001—21 世紀への実験 .” 季刊大林 (特集 : Metabolism 2001) , 2001 (48) : 2-19.

________. “メタボリストたちと学んだ時と今 .” メタボリズムとメタボリストたち : Metabolism & Metabolists, 大高正人 , 川添登 , 編 . 東京 : 美術出版社 , 2005.

川添登 , 編 . メタボリズムとメタボリストたち Metabolism and the Metabolists. 東京 : 美術出版社 , 2005.

大高正人 . “都市及建築の群理論 .” 近代建築 vol.14, 1960 (11) : 26-30.

大高正人 , 川添登 , 編 . メタボリズムとメタボリストたち : Metabolism & Metabolists. 東京 : 美術出版社 , 2005.

黒川紀章 . 黒川紀章ノート : 思索と創造の軌跡 . 東京 : 同文書院 , 1994.

________. “メタボリズムの方法論 .” 近代建築 vol. 14 (Nov. 1960) : 50-63.

________. “メタボリズムの方法と展開 .” 建築文化 vol. 22 (Nov. 1967) : 107-134.

磯崎新 . “都市破壊業 K. K.” 新建築 vol.37 (Sep. 1962) . 亦收录于 : David B. Stewart, Hajime Yatsuka eds. *Arata Isozaki: Architecture 1960–1990*. New York: Rizzoli, 1991: 49-51.

________. “プロセス・プランニング論 .” 空間へ . 東京 : 美術出版社 , 1971: 76-97.

________. “スコピエ計画の解剖 .” 空間へ . 東京 : 美術出版社 , 1971: 352-379.

________. “見えない都市 .” 空間へ . 東京 : 美術出版社 , 1971: 380-404.

________. 空間へ . 東京 : 美術出版社 , 1971.

________. “イセ—始源のもどき .” 伊勢神宮 . 東京 : 岩波書店 , 1995.

磯崎新 , 編 . 建築の一九三〇年代 : 系譜と脈絡 . 東京 : 鹿島出版会 , 1978.

菊竹清訓 . “塔状都市 .” 国際建築 26 (Jan. 1959) : 12-19.

________. “海上都市 .” 国際建築 26 (Feb. 1959) : 36-39.

________. 代謝建築論 : か・かた・かたち . 東京 : 彰国社 , 1969.

________. コミュニティと都市 . 産業能率短期大学出版部 , 1976.

________. 菊竹清訓 : 構想と計画 . 東京 : 美術出版社 , 1978.

菊竹清訓 , 川添登 , 大高正人 , 等 . METABOLISM 1960 : 都市への提案 . 東京 : 美術出版社 , 1960.

岩田知夫 . “作家論 : 丹下健三の日本的性格 .” 新建築 vol.30 (Jan. 1955) : 62-69.

________. “伝統と民衆の発見をめざして .” 新建築 vol.31 (July 1956) : 13-15.

栗田勇 , 編 . 現代日本建築家全集 18 : 大谷幸夫 , 大高正人 . 東京 : 三一書房 , 1971.

________. 現代日本建築家全集 19 : 菊竹清訓 , 槇文彦 . 東京 : 三一書房 , 1971.

Kawahara, Ichiro, and Otaka Masato. “Toward a New Living Space.” *Shinkenchiku* (Jan. 1957) : 24-25.

Kawazoe, Noboru. “A step toward the future.” *Japan Architect* 34 (Mar. 1959) : 24-31.

Kawazoe, Noboru. “City of the Future.” *Zodiac* 9 (1961) : 98-111.

________. “A New Tokyo: In, on, or above the Sea?” *This is Japan* 9 (1962) : 57-65.

________. *Contemporary Japanese Architecture.* David Griffith, trans. Tokyo: Japan Cultural Society, 1968.

________. “Metabolism.” *Japan Architect* 44 (Dec. 1969) : 101-108; 45 (Jan. 1970) : 97-101.

________. “Thirty Years of Metabolism.” *Thesis, Wissenschaftliche Zeitschrift der Bauhaus-Universität Weimar* 44 (1998) : 146-151.

_______. “On the Notion of Replaceability.” *World Architecture* 32（1995）: 26-27.
_______. “Metabolism and Habitat.” *World Architecture* 32（1995）: 28-47.
_______. *Kiyonori Kikutake: From Tradition to Utopia*. Milano: L'Arca Edizioni, 1997.
Kurokawa, Kisho. “Challenge to the Capsule: Nakagin Capsule Tower Building.” *Japan Architect* 47（Oct. 1972）: 17-38.
_______. *Metabolism in Architecture*. Boulder: Westview Press, 1977.
_______. *From Metabolism to Symbiosis*. London: Academy Editions, 1992.
_______. “From the Age of Machine to the Age of Life.” *Japan Architect* 7（Summer 1992）: 98-109.
_______. “The Architecture of the Age of Life Principle.” *Japan Architect* 18（Summer 1995）: 4-13.
_______. *Each One a Hero: The Philosophy of Symbiosis*. Tokyo: Kodansha International, 1997.
_______. “Recent Situation about Nakagin Capsule Tower.” Kisho Kurokawa Architect & Associates. [2009-03-30]. http://www.kisho.co.jp.
Isozaki, Arata. *Japan-ness in Architecture*. Cambridge: MIT Press, 2006.
_______. “Invisible City.” *Architecture Culture, 1943–1968: A Documentary Anthology*, Joan Ockman, ed. New York: Rizzoli, 1993: 402-407.
_______. “Theory of Process Planning（1963）.” *GA Architect 6: Arata Isozaki 1959–1978.* 1991: 30.
_______. *The Island Nation Aesthetic*. London: Academy Editions, 1996.
Maki, Fumihiko. *Investigations in Collective Form*. St. Louis: Washington University, 1964.
_______. “The Future of Urban Environment.” *Progressive Architecture* 45（Oct. 1964）: 178.
_______. “Some Thoughts on Collective Form.” *Structure in Art and in Science,* Gyorgy Kepes, ed. New York: George Braziller, 1965.
_______. *Movement Systems in the City.* Cambridge: Graduate School of Design, Harvard University, 1965.
_______. “The Theory of Group Form.” *Japan Architect*（Feb. 1970）: 39.
_______. “The Potential of Planning.” *Architecture in Australia* 60（Aug. 1971）: 695.
_______. “Street Space and Urban Scene.” *Japan Architect* 49（Jan. 1974）: 42-44.
_______. “Notes on Collective form.” *Japan Architect* 16（Winter 1994）: 247-297.
_______. *Fumihiko Maki: Buildings and Projects.* New York: Princeton Architectural Press, 1997.
_______. “Acceptance Speech at the 1993 Ceremony for Pritzker Architecture Prize.” Hyatt Foundation. *The Pritzker Architecture Prize 1993, Presented to Maki Fumihiko*（Los Angeles: Jensen & Walker, 1993）.
_______. *On Maki Architecture / Maki on Architecture*. Tokyo: Fumihiko Maki Traveling Exhibition Executive Committee, 2001.
Stewart, David B., Hajime Yatsuka, eds. *Arata Isozaki: Architecture 1960–1990*. New York: Rizzoli, 1991.

三、其他文献

时匡，Gary Hack, 林中杰．全球化时代的城市设计．北京：中国建筑工业出版社，2006.
王凯，刘继华，王宏远．中国新城新区 40 年：历程、评估与展望．北京：中国建筑工业出版社，2020.
八束はじめ．思想としての日本近代建築．東京：岩波書店，2005.
_______.“近代建築の「機械」.”アーキラボ：建築・都市・アートの新たな実験 1950—

2005. 森美術館 , 編 . 東京 : 平凡社 , 2005.

八束はじめ , 吉松秀樹 . メタボリズム : 1960 年代—日本の建築アヴァンギャルド . 東京 : INAX 出版 , 1997.

浜口隆一 . ヒューマニズムの建築 . 東京 : 雄鶏社 , 1947.

_______. "日本国民建築様式の問題 part 4." 新建築 vol. 20, no.8 (Oct. 1944) : 270-279.

白井成雄 . "縄文のなるもの ." 新建築 (Apr. 1956) : 8-9.

村松貞次郎 . 日本近代建築の歴史 . 東京 : 日本放送出版協会 , 1977.

東京都立大学都市研究センター. 東京 - 成長と計画 : 1868 - 1988. 東京 : 東京都立大学都市研究センター, 1988.

東京国立博物館 . 土器の造形 : 縄文の動 · 弥生の静 . 東京 : 東京国立博物館 , 2001.

都市デザイン研究体 . "日本の都市空間 ." 建築文化 vol. 18, no. 206 (Dec. 1963) .

_______. 日本の都市空間 . 東京 : 尚古書房 , 1968.

岡本太郎 . 日本再発見 : 芸術風土記 . 東京 : 新潮社 , 1958.

季刊大林 . "メタボリズムの時代 ." 季刊大林 (特集 : Metabolism) no. 48, 2001: 96-99.

菊池誠 , 編 . メディアとしての建築 : ピラネージから EXPO '70 まで . 東京 : 東京大学総合研究博物館 , 2005.

堀口捨己 . "芸術と建築との感想 ." 分離派建築会の作品 vol.2. 東京 : 岩波書店 , 1921.

浅田孝 . "組織と適応の時代 ." 近代建築 vol. 14 (Nov. 1960) : 24.

日本都市計画学会 . 近代都市計画の百年とその未来 . 東京 : 日本都市計画学会 , 1988.

石田頼房 . 日本近代都市計画の百年 . 東京 : 自治体研究社 , 1987.

藤崎圭一郎 . "菊竹先生、あの夜、カーンと何があったのですか ?" . *Casa Brutus* vol. 52 (July 2004) : 74-76.

藤森照信 . "伝統論争 ." 新建築 (創刊 70 周年記念号 : 現代建築の軌跡 : 1925-1995「新建築」に見る建築と日本の近代) (Dec. 1995) : 16-30.

_______. 日本の近代建築 . 全 2 巻 . 東京 : 岩波書店 , 1993.

伊東忠太 . 伊東忠太著作集 : 日本建築の研究 . 全 2 巻 . 東京 : 原書房 , 1982.

伊藤ていじ , 等 . "建築界' 60 年の断面 ." 建築文化 , 1961, 16 (1) : 73-80.

西山夘三 . "山岳都市 ." 西山夘三著作集 3 : 地域空間論 . 東京 : 勁草書房 , 1978.

_______. 日本のすまい . 全 3 巻 . 東京 : 勁草書房 , 1975, 1976, 1980.

_______. まちづくりの構想 . 東京 : 都市文化社 , 1990.

志賀重昂 . 日本風景論 . 東京 : 岩波書店 , 1937.

Wendelken, Cherie, 五十嵐光二 . "メタボリズム —国際的なパースペクティヴにおけるその諸相 ." 建築文化 (特集 : メタボリズム再考) vol. 55, no. 646 (Aug. 2000) : 124-132.

Abercrombie, Patrick. *Greater London Plan 1944*. London: His Majesty's Stationery Office, 1945.

Alberti, Leone Battista. *De re aedificatoria*. 1450. Argentorati: Excudebat M. Lacobus Cammerlander, 1541.

Alexander, Christopher. " A city is not a Tree." *Architectural Forum* vol. 122, no.1 (1965) : 58-62 ; vol. 122, no.2 (1965) : 58-61.

_______. *The Timeless Way of Building*. New York: Oxford University Press, 1979.

Alexander, Christopher, Sara Ishikawa, and Murray Silverstein. *A Pattern Language: Towns, Buildings, Construction*. New York: Oxford University Press, 1977.

Alexander, Peter, and Roger Gill, eds. *Utopias*. London: Duckworth, 1984.

Altherr, Alfred. *Three Japanese Architects: Mayekawa, Tange, Sakakura*. Teufen : Niggli, 1968.

Apter, David E., and Nagayo Sawa. *Against the State: Politics and social protest in Japan.* Cambridge: Harvard University Press, 1984.

Architectural Design (Special Issue: Collective Intelligence in Design) 76（Sep./Oct. 2006）.

Architectural Forum. "Tokyo into Venice?" *Architectural Forum*（Sep. 1961）: 142-143.

Ashihara, Yoshinobu. *The Hidden Order: Tokyo through the Twentieth Century*. Tokyo: Kodansha International, 1989.

Banham, Reyner. *Encyclopaedia of Modern Architecture.* Gerd Hatje, ed. London: Thames and Hudson, 1963: 70-73.

_______. *The New Brutalism: Ethic or Aesthetic?* London: Architectural Press, 1966.

_______. *Megastructure: Urban Futures of the Recent Past*. New York: Harper and Row, 1976.

Banham, Reyner, and Hiroyuki Suzuki. *Contemporary Architecture of Japan 1958–1984*. New York: Rizzoli, 1985.

Barnett, Jonathan. *The Elusive City: Five Centuries of Design, Ambition and Miscalculation*. New York: Harper & Row, 1986.

Barshay, Andrew. "Imaging Democracy in Postwar Japan: Reflections on Maruyama Masao and Modernism." *Journal of Japanese Studies* 18（Summer 1992）: 365-406.

Barthes, Roland. *Empire of Signs*. Richard Howard, trans. New York: Hill and Wang, 1982.

Berns, Toren. "Why Metabolism was Never Modern?" *Architecture et idâees*（Summer-Fall 2000）: 56-71.

Bognar, Botond. *Contemporary Japanese Architecture: Its Development and Challenge*. New York: Van Nostrand Reinhold, 1985.

_______. "Archaeology of a Fragmented Landscape," *Architectural Design* vol. 58, no.5/6（1988）: 15-25.

_______. *Tokyo: World Cities*. London: Academy Editions, 1997.

_______. "What Goes Up, Must Come Down: Recent Urban Architecture in Japan." *Harvard Design Magazine* 3（Fall 1997）: 33-43.

Boyd, Robin. *Kenzō Tange*. New York: George Braziller, 1962.

_______. *New Directions in Japanese Architecture*. New York: George Braziller, 1968.

Bulmer, Kenneth. *City Under the Sea*. New York: Avon Books, 1957.

_______. *Beyond the Silver Sky*. New York: Ace Double, 1961.

Burgess, Erness. "The Growth of the City: An Introduction to a Research Project." *The City*. Robert Park, Ernest Watson Burgess, and Roderick Duncan McKenzie, eds. Chicago: University of Chicago Press, 1925: 47-62.

Busbea, Larry. *Topologies: The Urban Utopias in France, 1960–1970*. Cambridge: MIT Press, 2007.

Calza, Gian Carlo. *Hokusai*. New York: Phaiden, 2003.

Chalk, Warren, Peter Cook, and David Greene. *Archigram: The Book*. London: Circa Press, 2018.

Chang, Ching-Yu. *Japanese Spatial Conception: A Critical Analysis of Its Elements in the Culture and Tradition of Japan and Its Post-war Era*. Doctoral dissertation. Philadelphia: University of Pennsylvania, 1982.

Cho, Hyunjung. "Kenzo Tange's *A Plan for Tokyo, 1960*: a plan for urban mobility." *Architectural Research Quarterly* vol. 22, no. 2（2018）: 139-150.

Cho, Hyunjung, and Chunghoon Shin. "Metabolism and Cold War Architecture." *The Journal of*

Architecture vol. 19, no. 5 (2014) : 623-644.

Coaldrake, William H. *Architecture and Authority in Japan.* London: Routledge, 1996.

Coleman, Nathaniel. *Inventing an Exemplary Architecture: The Function of Utopia in Architectural Imagination*. Doctoral dissertation. Philadelphia: University of Pennsylvania, 2000.

_______. *Utopias and Architecture*. London: Routledge, 2005.

Collins, George R. "The Linear City." *Pedestrian in the City: Architects' Year Books XI.* David N. Lewis, ed. London: Elek Books, 1965: 204-217.

_______. "Linear Planning throughout the World." *Journal of the Society of Architectural Historians* vol. 18, no.3 (1959) : 74-93.

Colquhoun, Alan. *Essays in Architectural Criticism: Modern Architecture and Historical Change*. Cambridge: MIT Press, 1981.

_______. "Post-modernism and Structuralism: A Retrospective Glance." *Modernity and the Classical Tradition, Architectural Essays 1980–1987*. Cambridge: MIT Press, 1989: 243-255.

Conrads, Ulrich, ed. *Programs and Manifestoes on 20th-century Architecture*. Cambridge: MIT Press, 1971.

Considerant, Victor. *Description du Phalanstére et considerations socials sur l'architectonique*. Paris: Librairie Sociétaire, 1848.

Cook, Peter. *Archigram*. London: Studio Vista, 1972.

_______. *Architecture: Action and Plan*. London: Studio Vista, 1967.

_______. "Archigram Effect." *Croqui* 8 (Apr.-May, 1989) : 4-40.

Crilley, Darrel. "Megastructures and Urban Change: Aesthetics, Ideology and Design." *The Restless Urban Landscape*. Paul L. Knox, ed. Upper Saddle River, NJ: Prentice Hall, 1993.

Crook, Lizzie. "Rights to rebuild Nakagin Capsule Tower for sale." *Dezeen*.com, (2022-08-16) [2025-03-19]. https://www.dezeen.com/2022/08/16/nakagin-capsule-tower-rebuild-auction/.

Curtis, William. *Modern Architecture since 1900*. Upper Saddle River, NJ: Prentice Hall, 1996.

Cybriwsky, Roman. *Tokyo: The Changing Profile of an Urban Giant*. Boston: G.K. Hall & Co., 1991.

Dahinden, Justus. *Urban Structures for the Future*. Gerald Onn, trans. New York: Praeger, 1972.

Davis, Ian. "Skopje Rebuilt: Reconstruction Following the 1963 Earthquake." *Architectural Design* vol. 45, no. 11 (Nov. 1975) : 660-663.

De Long, David G. ed. *Frank Lloyd Wright and the Living City*. Weil am Rhein: Vitra Design Museum, 1998.

Deyong, Sarah. "Planetary Habitat: The Origins of a Phantom Movement." *Journal of Architecture* vol. 6 (Summer 2001) : 113-128.

D'Hooghe, Alexander. *The Liberal Monument: Urban Design and the Late Modern Project.* New York: Princeton Architectural Press, 2010.

Dickson, Gordon R. *The Space Swimmers*. New York: Berkley Publishing Corporation, 1963.

Donat, John, ed. *World Architecture*. vol. 2. New York: Viking Press, 1965.

Dower, John W. "Peace and Democracy in Two Systems: External Policy and Internal Conflict." *Postwar Japan as History*. Andrew Gordon, ed. Berkeley: University of California Press, 1993.

Doxiadis, C. A. "On Linear Cities." *Urban Structure: Architects' Year Books XII.* David N. Lewis, ed.

London: Elek Books, 1968: 49-51.

Drew, Philip. *Third Generation: The Changing Meaning of Architecture.* New York: Praeger publishers, 1972.

Drexler, Arthur. *The Architecture of Japan.* New York: Museum of Modern Art, 1955.

Dreysse, D. -W. *May-Siedlungen: Architecturürer durch acht Siedlungen des Neuen Frankfurt, 1926–1930.* Frankfurt am Main: Fricke, 1987.

Eaton, Ruth. *Ideal Cities: Utopianism and the (Un)Built Environment.* London: Thames & Hudson, 2002.

"Editorial." *Japan Architect* (April 1961) : 7.

Eto, Jun. *A Nation Reborn: A Short History of Postwar Japan.* Tokyo: International Society for Educational Information, Inc., 1974.

Evenson, Norma. *Le Corbusier: The Machine and the Grand Design.* New York: George Braziller, 1969.

Ferguson, Russell, Elizabeth A. T. Smith, Zeynep Celik, et al., eds. *At the End of the Century: One Hundred Years of Architecture.* Los Angeles: Museum of Contemporary Art, 1998.

Fiévé, Nicolas, and Paul Waley, eds. *Japanese Capitals in Historical Perspective: Place, Power and Memory in Kyoto, Edo and Tokyo.* London: Routledge Curzon, 2003.

Filarete, Antonio Averlino detto Il. *Trattato di architettura.* Anna Maria Finoli, Liliana Grassi, eds. Milano: II Polifilo, 1972.

Fisher, Jack C. "The Reconstruction of Skopje." *Journal of American Institute of Planners* vol. 30, no.1 (Feb. 1964) : 46-48.

Fishman, Robert. *Urban Utopias in the Twentieth Century: Ebenezer Howard, Frank Lloyd Wright, and Le Corbusier.* Cambridge: MIT Press, 1982.

_______. "From the Radiant City to Vichy: Le Corbusier's Plans and Politics, 1928–1942." *The Open Hand: Essays on Le Corbusier.* Russell Walden, ed. Cambridge: MIT Press, 1977: 244-283.

Fourier, Charles. *Description du Phalanstére et considerations socials sur l'architectonique.* Paris: Librarie Sociétaire, Librairie Phalanstérienne, 1848.

Frampton, Kenneth. *Modern Architecture: A Critical History.* New York: Thames & Hudson, 1992.

_______. "Notes on Soviet Urbanism, 1917-32." *Urban Structure: Architects' Year Books XII.* David N. Lewis, ed. London: Elek Books, 1968: 238-252.

_______. "The Work and Influence of El Lissitzky." *Urban Structure: Architects' Year Books XII.* David N. Lewis, ed. London: Elek Books, 1968: 253-268.

_______ ed. *A New Wave of Japanese Architecture.* New York: The Institute for Architecture and Urban Studies, 1978.

_______. "The Rise and Fall of Mega-architecture: Arata Isozaki and Crisis of Metabolism, 1952–66." *Arata Isozaki.* Kenneth Frampton, Yukio Futagawa, eds. Tokyo: A.D.A. Edita, 1991: 8-15.

_______. "The Five Voices of Kisho Kurokawa," *Japan Architect* (Summer 1995) : 14-19.

_______. *Megaform as Urban Landscape: 1999 Raoul Wallenberg Lecture.* Ann Arbor: The University of Michigan A. Alfred Taubman College of Architecture and Urban Planning, 1999.

Gardner, William O. *The Metabolist Imagination: Visions of the City in Postwar Japanese Architecture and Science Fiction.* Minneapolis: University of Minnesota Press, 2020.

Garon, Sheldon. "Rethinking Modernization and Modernity in Japanese History: A Focus on State-Society Relations." *The Journal of Asian Studies* vol. 53, no.2 (May 1994) : 346-66.

Gayle, Curtis Anderson. *Marxist History and Postwar Japanese Nationalism*. London: Routledge Curzon, 2003.

Geddes, Patrick. *Cities in Evolution: An Introduction to the Town Planning Movement and to the Study of Civics*. London: William & Norgate, 1915.

Geoghegan, Vincent. *Utopianism and Marxism*. London: Methuen, 1987.

Gluton. "3D Digital Archive: Nakagin Capsule Tower." Gluton, [2025-03-19]. https://gluon.tokyo/en/projects/3d-digital-archive-nakagin-capsule-tower.

Goldhagen, Sarah W., and Réjean Legault, eds. *Anxious Modernisms: Experimentation in Postwar Architectural Culture*. Cambridge: MIT Press, 2000.

Gordon, Andrew, ed. *Postwar Japan as History*. Berkeley: University of California Press, 1993.

Gordon, David. *Battery Park City: Politics and Planning on the New York Waterfront*. Amsterdam: Gordon and Breach, 1997.

Gottmann, Jean. *Megalopolis: The Urbanized Northeastern Seaboard of the United States*. New York: Twentieth Century Fund, 1961.

Gregory, Rob. "Lost in Translation [Exhibition Review]." *The Architectural Review* (June 2005) : 38-41.

Guiheux, Alain. *Kisho Kurokawa, architecte: Le Métabolisme, 1960–1975*. Paris: Centre Georges Pompidou, 1997.

Habraken, Nicholas John. *Supports: An Alternative to Mass Housing*. London: Architectural Press, 1972.

Harootunian, Harry. "America's Japan / Japan's Japan." *Japan in the World*. Masao Miyashi, H. D. Harootunian, eds. Durham: Duke University Press, 1993: 196-221.

Hein, Carola. "Visionary Plans and Planners." *Japanese Capitals in Historical Perspective: Place, Power and Memory in Kyoto, Edo and Tokyo*. Nicolas Fiévé, and Paul Waley eds. London: Routledge Curzon, 2003: 309-346.

_______. "The Transformation of Planning Ideas in Japan and Its Colonies." *Urbanism: Import or Exported?*. Joe Nasr, Mercedes Volait, eds. Chichester: Wiley-Academy Press, 2003.

Hein, Carola, Jeffrey Diefendorf, and Yorifusa Ishida, eds. *Rebuilding Urban Japan after 1945*. London: Palgrave Macmillan, 2003.

Hidaka, Jin. "Nakagin Capsule Tower Building." UIA 2011 Tokyo Congress Circular, 2011. 6.

Hirro, Ichikawa. "Reconstructing Tokyo: The Attempt to Transform a Metropolis." *Rebuilding Urban Japan After 1945*. Carola Hein, Jeffrey Diefendorf, and Yorifusa Ishida, eds. New York: Palgrave Macmillan, 2003: 50-67.

Kokusai Bunka Shinkōkai, ed. *Architectural Beauty in Japan*. Tokyo: Kokusai Bunka Shinkōkai, 1955.

Howard, Ebenezer. *Garden Cities of Tomorrow*. London: S. Sonnenschein & Co. Ltd., 1902.

Hürsch, Erhard. *Tokyo*. Tokyo: Charles E. Tuttle, 1965.

International Union of Architects. "International Competitions, 1965." *UIA: revue de l'Union international des architects* vol. 37 (Feb 1966) : 9-30.

Ito, Chuta. "Shin Nihon kenchiku nit suite" [走向新的日本建筑]. *Kenchiku chishiki* vol.1, no.1

(Jan. 1935) : 1-6.

Ito, Teiji. "Moratorium and Invisibility." *Arata Isozaki: Architecture 1960–1990*. David Stewart, Hajime Yatsuka, eds. Los Angeles: Museum of Contemporary Art.

Jacobs, Jane. *The Death and Life of Great American Cities*. New York: Random House, 1961.

"Japan World Exposition, Osaka, 1970." *Japan Architect* 45 (May/June 1970) .

Japanese Illustrated Encyclopedia. *Japanese History: 11 Experts Reflect on the Past*. Tokyo: Kodansha International, 1996.

Jencks, Charles. *The Language of Post-Modern Architecture*. London: Academy Editions, 1977.

Jerome, Mike. "Whatever Happened to the Metabolists?" *Architectural Design* (May 1967) : 208-217.

Jinnai, Hidenobu. *Tokyo: A Spatial Anthropology*. Kimiko Nishimura, trans. Berkeley: University of California Press, 1995.

Johnson, Chalmers A. *MITI and the Japanese Miracle: The Growth of Industrial Policy, 1925–1975*. San Francisco: Stanford University Press, 2004.

Johnson, Eugene J., and Michael J. Lewis. *Drawn from the Source: The Travel Sketches of Louis I. Kahn*. Cambridge: MIT Press, 1996.Kahn, Louis I. "Toward a Plan for Midtown Philadelphia." *Louis I. Kahn: Writings, Lectures, Interviews*. Alessandra Latour, ed. New York: Rizzoli, 1991: 28-52.

_______. "Form and Design." *Louis I. Kahn: Writings, Lectures, Interviews*. Alessandra Latour, ed. New York: Rizzoli, 1991: 113-116.

_______. "New Frontiers in architecture: CIAM in Otterlo 1959: Talk at the conclusion of the Otterlo Congress." *Louis I. Kahn: Writings, Lectures, Interviews*. Alessandra Latour, ed. New York: Rizzoli, 1991: 81-99.

Keizai Koho Senta. *Japan: An International Comparison*. Tokyo: Keizai Koho Center [Japan Institute for Social and Economic Affairs], 1983.

Kestenbaum, Jacqueline Eve. *Modernism and tradition in Japanese architectural ideology, 1931–1955*. Ph. D. dissertation of Columbia University, 1996.

Klauser, Wilhelm. "Introduction: Rules and Identities." in *Shaking the Foundation: Japanese Architects in Dialogue*. Christopher Knabe and Joerg Rainer Noennig, eds. Munich: Prestel, 1999: 10-14.

Kokusai Bunka Shinkokai. *Architectural Beauty in Japan*. Tokyo: Kokusai Bunka Shinkokai, 1955.

Koolhaas, Rem. "Urbanism after Innocence: Four Projects." *Assemblage* vol. 18 (Aug. 1992) : 82-113.

Kopp, Anatole. *Town and revolution, Soviet architecture and city planning, 1917-1935*, Thomas E. Burton, trans. New York: George Braziller, 1970.

Koschmann, J. Victor. "Intellectuals and Politics." *Postwar Japan as History*. Andrew Gordon, ed. Berkeley: University of California Press, 1993.

Koshalek, Richard, and Stewart, David B. *Arata Isozaki: Four Decades of Architecture*. New York: Universe, 1998.

Kumar, Krishan. *Utopianism*. Minneapolis: University of Minnesota Press, 1991.

Kural, René. *Architecture of the Information Society: The World City Expressed through the Chaos of Tokyo*. Kenja Henriksen, trans. Copenhagen: Royal Danish Academy of Fine Arts, 2000.

Lang, Peter, and William Menking. *Superstudio: Life Without Objects*. Milano: Skira Editore, 2003.

Laotse. *The I Ching*. Richard Wilhelm, trans. Princeton: Bollinggen, 1967.

Larson, Kent ed. *Louis I. Kahn: Unbuilt Masterwork*. New York: Monacelli Press, 2000.

Le Corbusier. *The City of Tomorrow and Its Planning*. Frederick Etchells, trans. New York: Dover, 1987.

_______. *The Radiant City: Elements of a Doctrine of Urbanism to be Used as the Basis of Our Machine-age Civilization*. New York: Orion Press, 1967.

_______. *The Athens Charter*. Anthony Eardley, trans. New York: Grossman Publisher, 1973.

_______. *The Marseilles Block*. Geoffrey Sainsbury, trans. London: Harvill Press, 1953.

_______. *Precisions on the Present State of Architecture and City Planning*. Edith Schreiber Aujame, trans. Cambridge: MIT Press, 1991.

Ledoux, Claude-Nicholas. *L'architecture considérée sous le rapport de l'art, des mœurs et de la législation*. Paris: Chez l'auteur, 1804.

Lem, Stanislaw. *Solaris*. New York: Walker, 1962.

Lévi-Strauss, Claude. *Structural Anthropology*. Claire Jacobson and Brooke Grundfest Schoepf, trans. New York: Basic Books, 1963.

Lin, Zhongjie. "From Megastructure to Megalopolis: Formation and Transformation of Mega-projects in Tokyo Bay." *Journal of Urban Design* vol. 12, no. 1 (Feb. 2007) : 73-92.

Lissitzky, El. "Alte Stadt – Neue Baukorper." *1929 Russland: Architektur für eine Weltrevolution*. Reprinted in *Bauwelt Fundamente*. vol. 14. Boston: Birkhäuser Boston, 2000: 32-38.

_______. *Russia: An Architecture for World Revolution*. Eric Dluhosch, trans. Cambridge: MIT Press, 1970.

Locker, Angus. "The Logic of Spectacle c.1970." *Art History* vol. 30, no.4 (Sep. 2007) : 571-589.

Loos, Adolf. *Spoken into the Void: Collected Essays, 1897–1900*. Jane O. Newman and John H. Smith, trans. Cambridge: MIT Press, 1982.

Lynch, Kevin. *The Image of the City*. Cambridge, MA: Technology Press, 1960.

Mack, Casey. *Digesting Metabolism: Artificial land in Japan 1945-2202*. Berlin: Hatje Cantz Verlag, 2022.

Mannheim, Karl. *Ideology and Utopia: An Introduction to the Sociology of Knowledge*. Louis Worth and Edward Shils, trans. New York: Harcourt, Brace; London: Routledge & Kegan Paul, 1954.

"Marina City, Chicago." *Architectural Record* vol. 134 (Sep. 1963) : 214-216.

Marx, Karl. The *Communist Manifesto*. Fredric L. Bender, ed. New York: W. W. Norton & Company, 1988.

McBride, Blair. "Nakagin Capsule Tower: Architecture of the Future." http://pingmag.jp. (accessed Dec 2008) .reposted in: https://deathtoarchitecture.blogspot.com/2011/04/nakagin-capsule-tower-exercise-in.html

Mcleod, Mary. "Le Corbusier and Algiers." *Oppositions 19/20: Le Corbusier 1933–1960,* (Winter/Spring 1980) : 54-85.

Meller, Helen E, ed. *The Ideal City*. Leicester: Leicester University Press, 1979.

Meyerson, Martin. "Utopian Traditions and the Planning of Cities." *The Future Metropolis*. Lloyd Rodwin, ed. New York: George Braziller, 1961.

Miliutin, Nikolay Alexandrovich. *Sotsgorod: The Problem of Building Socialist Cities*. Arthur

Sprague, trans. Cambridge: MIT Press, 1974.

Miranda, Carolina A. “Essential Arts: The demolition of Tokyo’s legendary Nakagin Capsule Tower begins.” *Los Angeles Times*,(2022-04-16). https://www.latimes.com/entertainment-arts/newsletter/2022-04-16/essential-arts-demolition-begins-on-nakagin-capsule-tower-tokyo-essential-arts.

Moos, Stanislaus von. *Le Corbusier: Elements of a Synthesis*. Cambridge: MIT Press, 1979.

More, Thomas. *Utopia*. Clarence H. Miller, trans. New Haven: Yale University Press, 2001.

Mori Art Museum. *Metabolism: The City of the Future. Dreams and Visions of Reconstruction in Postwar and Present Day Japan*. Tokyo: Mori Art Museum, 2011.

Mumford, Eric. *The CIAM Discourse on Urbanism: 1928–1960*. Cambridge: MIT Press, 2000.

Mumford, Lewis. “Utopia: the City and the Machine.” *Daedalus: Journal of the American Academy of Arts and Sciences (Special Issue: “Utopia”)*, vol. 94, no. 2(Spring 1965): 271-292.

_______. “Yesterday’s City of Tomorrow.” *Urban Prospect*. New York: Harcourt, Brace & World, 1968.

_______. *The Story of Utopias*. New York: P. Smith, 1941.

Museum of Modern Art. *The Changing of the Avant-garde: Visionary Architectural drawing from the Howard Gilman Collection*. New York: Museum of Modern Art, 2002.

_______. *Home Delivery: Fabricating the Modern Dwelling*. New York: Museum of Modern Art, 2008.

Nevzgodine, Ivan V. “‘Press – Fight for Socialist Cities!’: Perception and Critique of the Architecture of Novosibirsk, 1920–1940.” *Thema* vol. 7(Jan. 2003).

Newman, Oscar. *New Frontiers in Architecture: CIAM’59 in Otterlo*. New York: Universe Books, 1961.

Nishiyama, Uzō. “A Plan for Kyoto,” *Japan Architect*(Feb 1965): 61-80.

_______. “Image Planning.” *World Design Conference 1960 in Tokyo*. The World Design Conference Organization, ed. 東京：美術出版社, 1961: 189-191.

Nishiyama, Uzō, Mimura Hiroshi, and Katayose Toshihide. “Home City: Future Image of City.” *Kendai Kenchiku* vol. 15(Mar. 1962): 52-58.

Nitschke, Günter. “The Metabolists of Japan.” *Architectural Design* vol. 34, no. 10(Oct. 1964): 509-524.

_______. “Tokyo: ‘Olympic Planning’ versus ‘Dream Planning’,” *Architectural Design* vol. 34, no. 10(Oct. 1964): 482-508.

_______. “‘Ma’: The Japanese Sense of ‘Place’ in Old and New Architecture and Planning.” *Architectural Design* vol. 36, no. 3(Mar. 1966), 116-156.

Noffsinger, James Philip. *Kenzō Tange: Modern Japan’s Genius Architect*. Vance Bibliographies, Architecture Series, 1980.

Nyozekan, Hasegawa. *The Japanese Character: A Cultural Profile*. John Bestor,trans. Tokyo: Kodansha International, 1965.

Nyilas, Agnes. *Beyond Utopia: Japanese Metabolism Architecture and the Birth of Mythopia*. New York: Routledge, 2018.

Ockman, Joan ed. *Architecture Culture, 1943–1968: A Documentary Anthology*. New York: Rizzoli, 1993.

Oshima, Ken Tadashi. “Manfredo Tafuri and Japan: An Incomplete Project.” *Architectural Theory*

*Review: The Journal of the Department of Architecture, Planning and Allied Art*s vol. 8, no. 1 (Apr. 2003) : 15-29.

_______. "Rediscovering Japanese Urban Space in a World Context." *Journal of Urban History* vol. 42, no. 3 (2016) : 623-633.

Ouroussoff, Nicolai. "Future Vision Banished to the Past." *New York Times*, (2009-07-06) [2025-03-19]. https://www.nytimes.com/2009/07/07/arts/design/07capsule.html

Packard, George R. *Protest in Tokyo: The Security Treaty Crisis of 1960*. Princeton: Princeton Press, 1966.

Raymond, Antonin. *An Autobiography*. Rutland: Charles E. Tuttle, 1973.

_______. "Interview with Antonin Raymond." *Architectural Design* vol. 31, no. 2 (Feb. 1961) : 56-57.

Reed, Peter Shedd. *Towards Form: Louis I. Kahn's Urban Designs for Philadelphia, 1939–1962*. Dissertation of University of Pennsylvania, 1989.

Reischauer, Edwin, and Albert Craig. *Japan: Tradition & Transformation.* Boston: Houghton Mifflin Company. 1978.

Pernice, Raffaele, ed. *The Urbanism of Metabolism: Visions, Scenarios and Models for the Mutant City of Tomorrow*. London: Routledge, 2022.

Reynolds, Jonathan M. "Ise Shrine and a Modernist Construction of Japanese Tradition." *The Art Bulletin* vol. 83, no. 2 (June 2001) : 316-341.

_______. *Maekawa Kunio and the Emergence of Japanese Modernist Architecture*. Berkeley: University of California Press, 2001.

Riani, Paolo. *Kenzō Tange.* London: Hamlyn, 1969.

Richards, J. M. "Expo 70." Editorial. *The Architectural Review* (Aug. 1970) : 67, 70.

Risselada, Max, and Dirk van den Heuvel, eds. *Team 10, 1953–81: In Search of Utopia of the Present.* Rotterdam: NAi Publishers, 2006.

Pohl, Frederick, and Jack Williamson. *Undersea Quest*. New York: Gnome Press, 1954.

_______. *Undersea Fleet*. New York: Gnome Press, 1956.

_______. *Undersea City*. New York: Gnome Press, 1958.

Ross, Michael. F. *Beyond metabolism: the new Japanese architecture*. New York: Architectural Record, 1977.

Rossi, Aldo. *The Architecture of the City*. Diane Ghirardo and Joan Ockman, trans. Cambridge: MIT Press, 1982.

Rowe, Colin, and Fred Koetter. *Collage City*. Cambridge: MIT Press, 1978.

Rudofsky, Bernard. *Architecture without Architects: A Short Introduction to Nonpedigreed Architecture*. New York: Museum of Modern Art, 1964.

Sabsovich, Leonid. *SSSR cherez 10 let*. Moscow: Gosizdat RSFSR "Moskovskii rabochii," 1930.

Sadler, Simon. *The Situationist City*. Cambridge: MIT Press, 1998.

_______. *Archigram: Architecture without Architecture*. Cambridge: MIT Press, 2005.

Sant'Elia, Antonio. "The Manifesto of Futurist Architecture 1914." *Futurist Manifestos*. Umbro Apollonio, ed. Boston: Museum of Fine Arts Publications, 2001. 172.

Sasaki, Takabumi. "A Passage through the Dys-topia of Expo '70." *Japan Architect* (Special Edition: May/June 1970) : 143-150.

Saussure, Ferdinand de. *Course in General Linguistics*. Wade Baskin, trans. New York: Philosophical

Library, 1959.

Sawa, Nagayo. *Against the State: Politics and Social Protest in Japan*. Cambridge, MA: Harvard University Press, 1984.

Schaer, Roland, Gregory Claeys, and Lyman Tower Sargent, eds. *Utopia:The Search for the Ideal Society in the Western World*. New York: New York Public Library and Oxford University Press, 2000.

Schirren, Matthias, ed. *Bruno Taut: Alpine Architektur, eine Utopie*. Munich: Prestel, 2004.

Schumacher, E. F. *Small is Beautiful: Economics as if People Mattered*. New York: Perenial Library, Harper & Row, 1975.

Schmertz, Mildred F. "Expo '70." *Architectural Record*(June 1970) : 115-119.

Scott, Felicity. "Architecture or Techno-Utopia." *Grey Room* no. 3(Apr. 2001) : 112-126.

Scoville, J.G. "The Taylorization of Vladimir Ilich Lenin." *Industrial Relations* vol. 40, no. 4 (2001) : 620-626.

Šenk, Peter. *Capsules: Typology of Other Architecture*. Abingdon, UK: Routledge, 2017.

Serenyi, Peter. "Le Corbusier, Fourier and the Monastery of Ema." *The Art Bulletin* vol. 49, no. 4 (Dec. 1967) : 277-286.

Shinohara, Kazuo. "Beyond Symbol Spaces: An Introduction to Primary Spaces as Functional Spaces." *Japan Architect*(Apr. 1971) : 81-88.

Shively, Donald H., ed. *Tradition and Modernization in Japanese Culture*. Princeton: Princeton University Press, 1971.

Simeoforidis, Yorgos. "Notes for a Cultural History and the Contemporary Urban Condition." *Mutations*. Stefano Boeri and Multiplicity, Rem Koolhaas and Harvard Design School Project on the City, Sanford Kwinter and Daniela Fabricius, *et al*., eds. Barcelona: Actar, 2001: 414-425.

Smithson, Alison, ed. *Team 10 Primer*. Cambridge: MIT Press, 1968.

_______, ed. *Team 10 Meeting: 1953–1984*. New York: Rizzoli, 1991.

Smithson, Alison, and Peter Smithson. "The Re-birth of Japanese Architecture." *Architectural Design*, Special Japan Issue(Feb. 1960) : 55-81.

_______. *Urban Structuring: Studies of Alison and Peter Smithson*. New York: Reinhold Publishing Corporation, 1967.

Smithson, Peter. "Reflections on Kenzō Tange's Tokyo Bay Plan." *Architectural Design* vol. 34, no. 10(Oct. 1964) : 479-480.

Solomon, Yuki. "Kurokawa's Capsule Tower to be Razed." *Architectural Record* vol. 195, no.6(June 2007) : 34.

Sorensen, André. *The Making of Urban Japan: Cities and Planning from Edo to the Twenty-first Century*. London: Routledge, 2002.

Soria y Mata, Arturo. *La cité linéaire: conception nouvelle pour l'aménagement des villes*. Paris: École nationale supérieure des Beaux Arts, 1984.

Steiner, Hadas A. *Beyond Archigram: The Structure of Circulation*. New York: Routldege, 2009.

Stewart, David. *The Making of a Modern Japanese Architecture: 1868 to the Present*. Tokyo: Kodansha International, 1987.

_______. *The Making of a Modern Japanese Architecture: From the Founders to Shinohara and Isozaki*. Tokyo: Kodansha Amer Inc, 2003.

Strauven, Francis. *Aldo van Eyck's Orphanage: A Modern Monument.* New York: NAi Publishers, 1996.

Sussman, Elizabeth, ed. *On the Passage of a few People through a rather Brief Moment in Time: the Situationist International, 1957–1972.* Cambridge: MIT Press, 1989.

Suzuki, Hiroyuki. "Tokyo has a Thousand Eyes." *Japan Architect* 57 (Apr. 1982) : 10-16.

Suzuki, Hiroyuki, Reyner Banham, and Katsuhiro Kobayashi, eds. *Contemporary Architecture of Japan 1958–1984.* New York: Rizzoli, 1985.

Tafuri, Manfredo. *Architecture and Utopia: Design and Capitalist Development.* Barbara Luigia La Penta, trans. Cambridge: MIT Press, 1976.

_______. *Theories and History of Architecture.* Giorgio Verrecchia, trans. New York: Harper & Row, 1980.

_______. *The Sphere and the Labyrinth: Avant-gardes and Architecture from Piranesi to the 1970s.* Cambridge: MIT Press, 1987.

Tafuri, Manfedo, and Francesco Dal Co. *Modern Architecture.* Robert Erich Wolf, trans. New York: H. N. Abrams, 1979.

Tatayama, Aika. "Datong toshi keikaku oboka" [大同城市规划备忘录]. *Geidai kenchiku* 4 (Sep. 1939) : 48-57.

"Taraka Beautilion." *The Architectural Review* (Aug. 1970) : 100.

Tarr, Joel A. "The Metabolism of the Industrial City: The Case of Pittsburgh." *Journal of Urban History* vol. 28, no. 5 (July 2002) : 511-545.

Taut, Bruno. *Alpine Architektur: in 5 Teilen und 30 Zeichnungen des Architekten Bruno Taut.* Hagen: Folkwang-Verlag, 1919.

_______. *Houses and People of Japan.* Estille Balk, trans. Tokyo: Sanseido, 1937.

Taylor, David. "Archigram Wins Royal Gold Medal." *The Architect's Journal*, (2002-02-14) [2025-04-21]. https://www.architectsjournal.co.uk/archive/archigram-wins-royal-gold-medal.

Taylor, Fredrick. *The Principles of Scientific Management.* New York: Harper & Brothers, 1911.

Taylor, Jennifer. *The Architecture of Fumihiko Maki: Space, City, Order and Making.* Basel: Birkhäuser, 2003.

Thackara, John. "In Tokyo they shimmer, chatter and vanish." *The Independent*, 1991-09-25 (12) .

The Editorial Committee of the Second Architectural Convention of Japan. *Structure, Space, Mankind, Expo '70: A Photographic Interpreter.* Tokyo: Shinkenchiku-sha, 1970.

The Hyatt Foundation. *The Pritzker Architecture Prize 1993, Presented to Maki Fumihiko.* Los Angeles: Jensen & Walker, 1993.

Tokyo Metropolitan Government. *A Hundred Years of Tokyo City Planning.* Tokyo: Tokyo Metropolitan Government Publications, 1994.

Trotsky, Leon. *Literature and Revolution.* Rose Stunsky, trans. Ann Arbor: University of Michigan Press, 1960.

Tyrwhitt, Jaqueline, *et al.* eds. *The Heart of the City: Towards the Humanisation of Urban Life.* London: Lund Humphries, 1952.

Ulam, Adam. "Socialism and Utopia." *Daedalus: Journal of the American Academy of Arts and Sciences (Special Issue: "Utopia")* vol. 94, no. 2 (Spring 1965) : 382-400.

Urushima, Andrea Y. F. "Genesis and Culmination of Uzō Nishiyama's Proposal of a 'Model Core of a Future City' for the Expo '70 Site (1960–73)." *Planning Perspective* vol. 22 (Oct. 2007): 391-416.

Veblen, Thorstein. *The Engineers and the Price System*. New York: Viking Press, 1921.

Venturi, Robert. *Complexity and Contradiction in Architecture*. New York: Museum of Modern Art, 1966.

Venturi, Robert, Denise Scott Brown and Steven Izenour. *Learning from Las Vegas: The Forgotten Symbolism of Architectural Form*. Cambridge: MIT Press, 1972.

Wachsmann, Konrad. *The Turning Point of Building: Structure and Design*. Thomas E. Burton, trans. New York: Reinhold, 1961.

Watanabe, Hiroshi. "Kahn and Japan." *Progressive Architecture* vol. 65 (Dec. 1984): 78-81.

_______. *The Architecture of Tokyo*. Stuttgart/London: Edition Axel Menges, 2001.

Welter, Volker M. *Biopolis: Patrick Geddes and the City of Life*. Cambridge: MIT Press, 2002.

Wendelken, Cherie. "Putting Metabolism Back in Place: The Making of a Radically Decontextualized Architecture in Japan." *Anxious Modernisms: Experimentation in Postwar Architectural Culture*. Sarah Williams Goldhagen and Réjean Legault, eds. Cambridge: MIT Press, 2000.

White, Anthony G. *Kenzō Tange: A Selected Bibliography*. Monticello, IL: Vance Bibliographies, 1990.

Wiener, Norbert. *Cybernetics or Control and Communication in the Animal and the Machine*. New York, Wiley, 1948.

Wilde, Oscar. "The Soul of Man Under Socialism." *De Profundis and Other Writings*. Hesketh Pearson, ed. Harmondsworth: Penguin Books, 1973.

Wolf, Peter. "City Structuring and Social Sense in 19th and 20th Century Urbanism." *Perspecta* vol. 13/14 (1971): 220-233.

Wolman, Abel. "The Metabolism of Cities." *Scientific American* vol. 213, no. 3 (1965): 179-190.

World Architecture News, "Nakagin Tower WAN Poll Result." World Architecture News, [2005-09-23]. http://www.worldarchitecturenews.com/index.php?fuseaction=wanappln.projectview&upload_id=162.

World Design Conference in Japan Executive Committee, ed. *World Design Conference 1960 in Tokyo*. 東京：美術出版社，1961.

Wright, Frank L. *New Frontier: Broadacre City*. Spring Green: Taliesin Fellowship, 1940.

_______. *When Democracy Builds*. Chicago: University of Chicago Press, 1945.

_______. *The Living City*. New York: Horizon Press, 1958.

Yatsuka, Hajime. "Internationalism Versus Regionalism," *At the End of the Century: One hundred Years of Architecture*. Richard Koshalek, Elizabeth A.T. Smith, and Celik Zeynep, eds. New York: Harry N. Abrams, 1998: 186-198.

_______. "The 1960 Tokyo Bay Project of Kenzō Tange." *Cities in Transition*. Arie Graafland and Deborah Hauptmann, eds. Rotterdam: 010 Publishers, 2001: 178-91.

_______. "Architecture in the Urban Desert: A Critical Introduction to Japanese Architecture after Modernism." *Oppositions* 23 (Winter 1981): 2-35.

_______. "Between West and East Part III: What Has – And Has Not Happened in the Japanese Cities?" *Telescope* 8 (Autumn 1992): 86-95.

_______. "Between West and East Part IV: Nippon Postmodern." *Telescope* 9 (Jan.-Feb. 1993): 144-161.

_______. "Japan, the Object of Dual Aestheticization." *Thesis, Wissenschaftliche Zeitschrift der Bauhaus-Universität Weimar* vol. 44 (1998) : 18-27.

Yokohama Minato Mirai 21 Corporation. *Yokohama Minato Mirai 21: A City of Creative Experimentation*. Yokohama: Yokohama Minato Mirai 21 Corporation, 2002.

Young, Louis. *Japan's Total Empire: Manchuria and the Culture of Wartime Imperialism*. Berkeley: University of California Press, 1999.

"Yume o kizuku 'kaijō toshi'" [建筑梦中的"海上都市"]. *Shūkan yomiri* (Jan. 8, 1961) : 112-117.

四、相关采访

丸山欣也 Kinya Maruyama，2004 年 6 月 22 日
黑川纪章 Kisho Kurokawa，2004 年 6 月 24 日
香山寿夫 Hisao Kohyama，2004 年 6 月 25 日
寺岛亮司 Ryoji Terajima，2004 年 6 月 28 日
八束初 Hajime Yatsuka，2004 年 6 月 30 日
槙文彦 Fumihiko Maki，2004 年 7 月 1 日
中村俊夫 Toshio Nakamura，2004 年 7 月 2 日
丹下宪孝 Paul Tange, 2004 年 7 月 5 日
八束初 Hajime Yatsuka，2005 年 8 月 16 日
大卫 · B. 斯图尔特 David B. Stewart，2005 年 9 月 15 日
八束初 Hajime Yatsuka，2005 年 11 月 16 日
张清岳 Ching-yu Chang，2006 年 6 月 22 日
菊竹清训 Kiyonori Kikutake，2008 年 7 月 23 日
槙文彦 Fumihiko Maki，2008 年 7 月 25 日
黑川未来夫 Mikio Kurokawa，2008 年 8 月 6 日
矶崎新 Arata Isozaki，2008 年 11 月 12 日

图片来源

本书作者和出版社在此感谢所有提供本书中图片使用许可的个人和机构。个别图片年代较为久远，我们已尽最大可能联系版权所有人，如仍有纰漏，我们乐意在将来的版本中补充纠正。

冲绳国际海洋博览会 : 图 3.31

川澄明男 : 图 1.1, 图 2.33, 图 4.8, 图 4.9, 图 4.13, 图 4.14, 图 4.17, 图 4.18, 图 4.21

村井写真馆 : 图 2.23, 图 3.1, 图 3.27, 图 4.2, 图 5.5, 图 5.6, 图 5.9, 图 5.10, 图 5.13, 图 5.14, 图 5.16, 图 6.6, 图 6.14, 图 6.19

大高正人建筑事务所 : 图 3.28, 图 4.6

丹下都市建筑设计 : 图 2.28, 图 2.34, 图 3.13, 图 3.26, 图 4.3, 图 4.10, 图 4.16, 图 4.19, 图 4.20, 图 4.22, 图 5.3, 图 5.4, 图 5.12, 图 6.11, 图 8.1, 第四章题图

东京国立博物馆 : 图 2.18, 图 2.19, 图 3.30

东京美术出版社 : 图 2.6

渡边义雄 : 图 2.30, 图 2.31

都市实践 Urbanus: 图 8.5

黑川纪章建筑事务所 : 图 2.10, 图 2.11, 图 2.12, 图 2.13, 图 2.14, 图 3.6, 图 3.7, 图 3.8, 图 3.12, 图 3.15, 图 3.16, 图 3.17, 图 3.19, 图 3.20, 图 6.2, 图 6.3, 图 6.4, 图 6.5, 图 6.16, 图 6.20, 图 6.21, 图 6.22, 图 6.23, 图 7.2, 图 7.3, 图 7.5, 图 7.6, 图 7.7, 图 7.9, 图 7.13, 图 7.14

黑川纪章建筑事务所 / 大桥富夫 : 图 3.21, 图 7.1, 图 7.8, 图 7.10, 图 7.11, 第一章题图

矶崎新工作室 : 图 2.24, 图 2.25, 图 3.2, 图 3.38, 图 3.39, 图 3.40, 图 3.41, 图 8.6

菊竹清训 : 图 2.1, 图 2.3, 图 2.4, 图 2.5, 图 2.7, 图 2.8, 图 2.9, 图 3.14, 图 3.18, 图 3.23, 图 4.7, 第二章、第六章及第八章题图

堀内弘司 : 图 4.24

林中杰 : 图 2.2, 图 2.17, 图 2.20, 图 3.35, 图 4.23, 图 5.8, 图 5.11, 图 6.17, 图 7.12, 图 8.2, 第五章及第七章题图

刘磊 : 图 3.5

时惠来 : 图 3.24

石元泰博 : 图 2.21, 图 2.29, 图 5.1

粟津洁 : 图 3.22

西山卯三纪念图书馆 : 图 6.7, 图 6.8, 图 6.9, 图 6.10

小山隆 : 图 6.1

新建筑社 : 图 6.12, 图 6.13

彰国社 : 图 2.22, 图 2.32, 图 5.7, 图 8.8, 第三章题图

槙综合计画事务所 : 图 2.15, 图 2.16, 图 3.32, 图 3.34, 图 3.36, 图 3.37, 图 8.4

© 2009 Artists Right Society（ARS）, New York / VG Bild-Kunst, Bonn: 图 3.9

© 2009 Artists Right Society（ARS）, NY / Frank Llloyd Wright Foundation, Scottsdale, AZ:

图 3.11

© 2009 Artists Right Society（ARS），New York / ADAGP, Paris / FLC: 图 3.25

© 2009 Artists Right Society（ARS），New York / Beeldrecht, Amsterdam: 图 3.29

CNAC/MNAM/Dist. Réunion des Musées Nationaux / Art Resource, NY: 图 6.15

Jieun Kim: 图 3.4

Louis I. Kahn Collection, University of Pennsylvania and the Pennsylvania Historic and Museum Commission: 图 4.11, 图 5.15

Mark Henley / Panos Pictures: 图 8.7

Museum of Modern Art/Licensed by SCALA /Art Resource, NY: 图 6.18

M+ Museum: 图 7.4

nArchitects/mir.no.: 图 7.15

Peter Wong: 图 3.3

Tangram 3DS: 图 8.3

Thames and Hudson: 图 1.2

下列图片翻印自出版物：

国際建築 1942 年 12 月号 : 图 2.26, 图 2.27

菊竹清訓 等 . METABOLISM 1960：都市への提案 (東京 , 1960): 图 2.6

Alison Smithson ed. *Team 10 Primer*（Cambridge, 1968）: 图 4.12

Andrè Sorensen. *The Making of Urban Japan*（London, 2002）: 图 4.4, 图 4.5

Architectural Design (Oct. 1964): 图 4.15

Fumihiko Maki. *Investigations in Collective Form*（St. Louis, 1964）: 图 3.33

Max Risselada and Dirk van den Heuvel eds. *Team 10, 1953–81*（Rotterdam, 2006）: 图 5.2

N. A. Miliutin. *Sotsgorod*（Cambridge, 1974）: 图 3.10

Tokyo Metropolitan Government. *A Hundred Years of Tokyo City Planning*（Tokyo, 1994）: 图 4.1

光明城

LUMINOCITY

“光明城”是同济大学出版社城市、建筑、设计专业出版品牌，致力以更新的出版理念、更敏锐的视角、更积极的态度，回应今天中国城市、建筑与设计领域的问题。